“十三五”国家重点出版物出版规划项目

名校名家基础学科系列

Textbooks of Base Disciplines from Top Universities and Experts

# 基础物理实验

## 上 册

主 编 唐 芳 董国波

副主编 严琪琪 熊 畅 王 菁 高 红

机械工业出版社

《基础物理实验》分上、下两册，本书为上册，内容包括实验误差与不确定度评定、物理实验数据处理的基本方法、实验预备知识和基本实验。

本书采用系列专题形式编排，每个专题包含不同层次的多个相关实验，学生可根据自己的能力或爱好选做其中一个或多个实验，以激励他们更好地发挥其潜能。专题拓展内容为学有余力的学生做研究性或完成课题型实验提供思路和参考，10 个独具特色的“实验方法专题讨论”栏目放在 10 个相关实验之后，旨在帮助学生归纳总结实验的基本理论与方法。该部分内容也可待学生做完全部实验后再通读一遍，更有助于对实验内容和实验方法的深入理解。每个专题用到的仪器可扫二维码观看视频中的仪器介绍，便于学生在课前预习时熟悉仪器的使用。

本书适合于理工科相关专业大二上学期学生使用，要求有一定的大学物理和高等数学知识储备。

**图书在版编目（CIP）数据**

基础物理实验．上册/唐芳，董国波主编．—北京：机械工业出版社，2019.12（2024.7 重印）

（名校名家基础学科系列）

“十三五”国家重点出版物出版规划项目

ISBN 978-7-111-63959-6

Ⅰ．①基…　Ⅱ．①唐…　②董…　Ⅲ．①物理学－实验－高等学校－教材　Ⅳ．①O4－33

中国版本图书馆 CIP 数据核字（2019）第 224437 号

机械工业出版社（北京市百万庄大街 22 号　邮政编码 100037）

策划编辑：张金奎　责任编辑：张金奎

责任校对：张　薇　封面设计：鞠　杨

责任印制：任维东

河北鑫兆源印刷有限公司印刷

2024 年 7 月第 1 版第 4 次印刷

184mm×260mm · 12.75 印张 · 314 千字

标准书号：ISBN 978-7-111-63959-6

定价：34.80 元

电话服务　　网络服务

客服电话：010-88361066　　机　工　官　网：www.cmpbook.com

010-88379833　　机　工　官　博：weibo.com/cmp1952

010-68326294　　金　书　网：www.golden-book.com

**封底无防伪标均为盗版**　　机工教育服务网：www.cmpedu.com

# 前 言

党的二十大报告指出："培养什么人、怎样培养人、为谁培养人是教育的根本问题。"本书作为公共基础物理实验教材，注重落实立德树人根本任务，有效融入课程思政元素，蕴含科学精神，体现荣校爱校的北航特色。在物理实验知识的构建中，将价值塑造、知识传授和能力培养三者融为一体，着力构建彰显两性一度要求的高质量物理实验教学人才培养体系。

本套书是北京航空航天大学教师长期坚持教学改革与教学实践的结晶。物理学院教学与实验中心始终坚持教材建设，近 30 年来，实验教材出版过多个版本，包括：1993 年版（北京科学技术出版社，张士欣主编），1998 年版（北京航空航天大学出版社，邬铭新主编），2005 年版（北京航空航天大学出版社，梁家惠主编），2010 年版（北京航空航天大学出版社，李朝荣主编）。本套书主要做了如下修改与继承。

① 分为上、下两册，上册包含误差和不确定度理论知识、实验预备知识和基本实验，下册包含综合性实验和设计性实验。

② 上册基本实验仍采用系列专题形式编排，每个专题包含不同层次的多个相关实验内容，学生可根据自己的能力选做其中一个或多个实验，以激励学生更好地发挥其潜能。除对一些章节进行了较大的修改、补充和完善以外，在每个专题后增加了拓展内容，为学生首次做研究性或完成课题型实验提供思路和参考。保留了独具特色的"实验方法专题讨论"栏目，共分 10 个专题，放在 10 个相关实验之后，旨在帮助学生归纳总结实验的基本理论与方法。该部分内容也可待学生做完全部实验后再通读一遍，更有助于对实验内容和实验方法的深入理解。

③ 上册保留了数据处理示例，以利于学生尽快理解相应数据处理方法。

④ 下册新增了 10 个具有鲜明特色或有较强训练价值的综合性实验，这些实验已开设多年，相对成熟，包括：太阳能电池特性测量及应用、燃料电池综合特性测量、各向异性磁阻传感器与地磁场测量、巨磁电阻效应及其应用、法拉第磁光效应实验、弗兰克-赫兹实验、密立根油滴实验、双光栅测弱振动、光栅的自成像现象研究及 Talbot 长度测量。由于行波的声光衍射相对声驻波理论简单容易接受，将超声驻波中的光衍射与声光调制换成了"晶体的声光效应"，以介绍行波的声光衍射实验内容为主，也包含了声光调制的应用，在此基础上驻波的声光衍射可作为拓展实验内容。

⑤ 下册对于光纤陀螺寻北实验、多普勒效应测量超声声速、劳埃镜的白光干涉、阿贝成像原理和空间滤波等实验进行了修改，力求实验背景更贴近科技前沿、实验原理简洁明了、思路更清晰、实验目的更明确。

⑥ 鉴于很多学生初次接触大学物理实验，对一些通用仪器很陌生，本套书将文字版的

仪器介绍变成有声有物的视频，便于学生预习和熟悉相关仪器，在实验前就能对仪器有直观的认识。学生扫描相关二维码即可观看。

本套书除继承了以往教材的成果外，还增选了部分综合性实验。在本套书编写过程中，先由唐芳、董国波、严琪琪、熊畅、王菁和高红分工对各章节做了补充、修改和完善，最后上册由唐芳统稿、下册由董国波统稿。刘文艳、王慕冰、李清生、李英姿、梁厚蕴、张淼、李朝荣、苗明川、郑明、李华等教师参与了教材编写和视频拍摄工作。在本书定稿时，尽管我们做了很大的努力，但由于学识和水平所限，加之时间仓促，仍可能存在缺陷甚至错误之处，敬请读者批评指正，以便再版时修正。

**编　者**

# 目　录

# 绪 论

# 怎样做好物理实验

## 1. 开设物理实验课程的目的

物理实验是高等理工科院校对学生进行科学实验基本训练的必修基础课程，也是本科生接受系统实验方法和实验技能训练的开端。完成设定内容的系列实验，将使学生得到系统的实验方法和实验技能的训练，了解科学实验的主要过程和基本方法，为实验能力的培养和综合素质的提高奠定基础；同时，本课程的实验思想和方法、实验设计和测量方法以及分析问题与解决问题的方法也将对学生的智力发展特别是创新意识的培养大有裨益。

## 2. 物理实验课程的任务㊀

本课程的具体任务如下：

① 培养学生的基本科学实验技能，提高学生的科学实验基本素质，使学生初步掌握实验科学的思想和方法。通过物理实验课的教学，使学生掌握误差分析、数据处理的基本理论和方法；学会常用仪器的调整和使用；了解常用的实验方法；能够对常用物理量进行一般测量；具有初步的实验设计能力。

② 培养学生的科学思维和创新意识，使学生掌握实验研究的基本方法，提高学生的分析能力和创新能力。通过物理实验引导学生深入观察实验现象，建立合理的模型，定量研究物理规律；能够运用物理学理论对实验现象进行初步的分析判断，逐步学会提出问题、分析问题和解决问题，激发学生创造性思维；能够完成符合规范要求的设计性内容的实验，进行简单的具有研究性或创意性内容的实验。

③ 提高学生的科学素养，培养学生理论联系实际和实事求是的科学作风，认真严谨的科学态度，积极主动的探索精神，遵守纪律、爱护公共财产的优良品德以及互助合作的团队意识。

## 3. 怎样做好物理实验

### (1) 做好物理实验要抓好三个环节

#### 1) 预习

预习，是指上实验课前的准备工作。有条件时，可到实验室结合仪器进行预习，也可以扫一扫每个实验的二维码观看仪器介绍。预习首先要明确本次实验要达到的目的，然后以此为出发点，弄明白实验所依据的理论、所采用的实验方法；搞清控制物理过程的关键及必要的实验条件；知道实验要进行的内容和实施的步骤，仪器如何选择、安排和调整；分析实验

---

㊀ 引自《理工科类大学物理实验课程教学基本要求》(2008 年版)。

中可能出现的问题等。在此基础上写出实验预习报告。

预习效果的好坏至关重要。它不仅影响实验者能否主动、顺利地进行实验，而且会在很大程度上决定接受训练的质量和收获的大小。

**2）实验**

在实验中要努力弄懂为何要这样安排实验，如此规定实验步骤的道理是什么；要掌握正确的调整操作方法；要注意观察实验现象：什么现象说明调节已达到规定的要求；观察到的现象是否与预期的一致；这些现象说明什么问题；出现故障如何根据现象分析其产生的原因；应正确地记录数据，包括正确地设计出数据表格，正确地判断数据的科学性，如实、清楚地记录下全部原始实验数据和必要的环境条件、仪器型号与规格以及正确的有效数字等。

实验中要做到四多（多观察、多动手、多分析、多判断），三反对（反对侥幸心理、反对机械地操作、反对实验的盲目性）。

实验过程是物理实验教学的中心环节，内容非常丰富，是学生主动研究、积极探索的好时机，一堂课收获的大小，很大程度上取决于个人主观能动性的发挥程度。

**3）报告**

实验报告是实验结果的文字报道，是实验过程的总结。为了写好实验报告，应该做到：认真学习实验数据的处理方法；有根据地、具体地进行误差分析；正确地表示出测量结果，并对结果做出合乎实际的说明和讨论；记录并分析实验中发生的现象；认真回答思考题等。

书写出一份字迹清楚、文理通顺、图表正确、数据完备和结果明确的报告是对大学生的起码要求，也是大学生应具备的基本能力。

**（2）严格基本训练，培养动手能力**

基础实验训练是成才的基本功。“不积小流，无以成江海”，严格训练要从一点一滴、一招一式做起。例如基本仪器的正确使用，就涉及仪器位置的摆放、连线与拆线的方法、操作顺序、调零、消视差、读数记录和整理等最基本的步骤。

实验不能仅满足于测几个数据，要充分利用实践机会来培养自己的动手能力。可以通过重复实验、改变实验条件或参量数值以及做对比分析来判断测量结果的正确性；遇到困难或数据很差，不要一味埋怨仪器不好或简单重做一遍，而要做认真地分析，找出原因，自己动手排除障碍，尽力把实验做好。

经典的传统实验，集中了许多科学实验的训练内容，每个实验都包括一些具有普遍意义的实验知识、实验方法和实验技能。完成实验以后，可结合该实验的目的和要求进行必要的归纳总结，提高自己驾驭知识的能力，例如总结不同实验中体现出来的基本实验方法——比较法、放大法、模拟法、补偿法、干涉法及转换测量法等；总结实验中用到的数据处理的一些基本方法——列表法、作图法、逐差法和回归法等。为了帮助学生把握具体实验背后的普遍性精华，挖掘这些在分散中闪亮的思想、观点和方法并加以分析和综合，我们增加了一个“实验方法专题讨论”栏目，共分10个专题放在10个相关实验之后。该部分内容也可单独成篇，待做完全部实验后再通读一遍，更有助于对实验内容和实验方法的深入理解。

### 4. 关于教材与实验安排

全书分上、下两册：上册包含误差和不确定度理论知识及数据处理方法介绍、实验预备知识和基本实验；下册包含综合性实验和设计性实验。物理实验课包括四种类型的实验，它们是基本实验、综合性实验、设计性实验和研究性实验。基本实验为学生获得最初步的实验基本知识、方法和技能提供训练平台；综合性实验为物理学的现代工程应用提供若干基础性的知识和技术平台；设计性实验为学生提供灵活应用学过的知识独立解决实际问题的训练平台；研究性实验即自主创新实验，则是为优秀学生提供个性发展和创新意识培养的训练平台。

第一学期以基本实验为主。由于绝大多数学生都是第一次接受比较严格的实验基本功训练，为了帮助大家缩短适应期，我们在教材编写上采取了一些措施：①重新修订了实验思考题并增加了预习要点，希望有助于大家做实验特别是预习时的思考；②每个实验提供了仪器介绍视频的二维码，以便学生预习时认识仪器更加方便直观；③提供了若干数据处理的实例并加有旁注，希望有助于克服处理数据时的困难；④结合具体的实验，增写了10个实验方法的专题讨论，希望能推动同学们在实验后的总结与归纳㊀；⑤实验题目按专题形式安排，每个专题包含不同层次的多个实验内容，学生可根据自己的能力选做其中一个或多个实验，希望这种个性化的培养方式能激励学生充分发挥各自的潜能，以不同的速度尽早达到各自的最佳水平；⑥在实验后增加了一些拓展内容，为学生做深入研究或完成课题型实验提供思路和参考。

第二学期安排了综合性实验和设计性实验。为了让学生结合自身专业和兴趣有更多的选择余地，教材增加了十个综合性实验。

“凡做学问，贵在自悟”，我们希望这些措施能够成为学生培养能力、提高素质的有用元素，而不是越俎代庖甚至填写数据、对付作业的抄本。

### 5. 关于教学安排及方式

本课程总学时为60学时，分两学期（32学时+28学时）完成。第一学期做基本实验，第二学期做综合性实验和设计性（考试）实验。而研究性实验目前以“自主创新物理实验”选修课形式开出。

本课程采用“积分制”教学模式。我们预先根据每个实验题目的难易程度设置了不同的积分，每学期只规定学生必须获得若干积分，而不限定必须做几个实验，学生可根据自己的能力通过选做少数几个难度大的实验或多个难度小的实验来完成积分。实验时间和实验题目均由学生在选课网上自行选择。

第一学期基本实验以专题的形式开出，每个专题包含不同层次、不同难度的多个实验题目。学生可以（但不鼓励）多次重复选择同一专题的实验。

第二学期安排综合性实验和设计性（考试）实验（综合性实验20学时，设计性实验8学时）。综合性实验包含菜单型和课题型两种形式：菜单型实验是从开出的24个实验中选做4~5个；课题型实验不固定题目，可由实验室给出或由学生自行提出，实验方案和实验仪器也由学生自提，学生可自由组成课题组，合作完成整个实验项目。设计性（考试）实验是把设计性实验和考试方法结合起来的一种教学形式，实验题目在课前10分钟由计算机随机决定，教师不做讲解，每个学生课堂上要独立完成由设计、实验到处理数据、撰写报告的全过程。

课前必须做好预习，预习内容包括实验名称、实验目的、实验原理（理论依据、实验

---

㊀ 著名物理学家杨振宁把教学方法分成演绎法和归纳法。物理实验应当归入归纳法。它要求学生从具体实验的长期积累中归纳、抽象，并把握系统的实验规律，成为会做实验的人。

方法、主要计算公式及公式中各量的意义，电路图、光路图和实验装置，有些实验还要自拟实验方案、设计实验线路和选择仪器等）、实验的关键步骤和主要注意事项，数据表格等。重点是：在认真思考的基础上对实验原理和方法、操作步骤和关键进行归纳及整理。预习报告在上课前交教师审阅，经教师课堂提问、考查认可后方可进入实验阶段。

每个实验要求提交规范、正确的数据处理报告，每步要有公式、计算式，然后给出结果。原始数据要按列表法规范填写，不得有任何涂改痕迹，由任课教师在原始数据记录单上签字。数据处理不规范者不给积分，学生需重做数据处理，待全部符合标准后方可获得积分。对随意修改数据或结果者，不给积分并责其重做实验。

另外，学生在修完本课程后，可以按课外物理实验方式选修其他的综合性实验或自主创新实验，也可结合冯如杯、SRTP 和物理实验竞赛等项目进行实验。

#### 6. 关于成绩考核与评定

两学期单独考核评分。第一学期安排理论考试，第二学期安排实验考试（设计性实验）。

第一学期实验成绩由四部分组成：误差理论、平时实验、实验拓展和期末考试。

**期末考试：**全校统一笔试，考试范围为教材前三章及做过的所有实验。期末考试成绩所占比例虽然不大，但它划分为及格线、中线和优良线。也就是说，要得到某个成绩，期末考试必须过相应的分数线；反之，若期末考试过线了，总评却不一定能得到该成绩，要按上述比例合成。比如要达到及格，必须期末考试过及格线，同时总评成绩及格，两者缺一不可。期末理论考试未达到及格线的学生，本学期实验不及格，但有一次补考（理论）机会；补考仍不及格者，须参加重修；平时实验不及格者，一律重修，不能补考。

第二学期实验成绩由三部分组成：平时成绩、考试实验成绩、实验拓展。考虑到不同教师在掌握评分标准上的不同差异，其中考试成绩采用根据各教师平均分加权平均的方法进行处理。

在其他物理实验方面取得过好成绩（例如参加学生课外物理实验活动成绩突出，因物理实验项目获奖等）或撰写过优秀的研究性报告（例如被杂志录用）的学生，其实验成绩可以破格提档或评优。

# 第1章 实验误差与不确定度评定

## 1.1 测量、误差和不确定度

科学技术、工农业生产、国内外贸易、工程项目以至日常生活的几乎所有领域都离不开科学测量。物理学是一门实验科学，对它的研究离不开对各种物理量进行测量。在物理学的发展历程中，对物理现象、状态或过程中各种物理量的准确测量是实验物理学的核心任务。测量也是发现新物理规律、验证新物理理论、研究新物质材料和发明新装置必不可少的实践基础。

测量是以确定被测对象量值为目的的全部操作，它是物理实验的基础。测量的主要目的是确定被测量的量值。然而由于理论的近似性、测量设备与测量方法的不完善、测量环境的影响和测量者的主观影响等原因，测量值与被测量的真值之间不可避免地存在着差异，这种差异的数值表现即为误差。误差存在于一切科学实验与测量过程之中，没有误差的测量结果是不存在的。随着科学技术水平的不断提高，测量误差可以控制得越来越小，但却永远不会降低到零。因此，误差是反映测量结果好坏的最直接判据，正确、合理地处理测量数据，减小、控制和评定实验误差，是判定和改善测量结果的基础。

### 1.1.1 测量的基本概念

#### 1. 概念

① 测量——为确定被测对象的量值而进行的一组操作。例如，用（钢板）直尺去测量某钢丝的长度，把直尺作为标准的长度量具，使钢丝伸直与之对齐并记录钢丝两端相应的读数之差。

② 测量结果——由测量所得到的赋予被测量的值。测量结果即是根据已有的信息和条件对被测量量值做出的最佳估计，也就是真值的最佳估计。

③ 测量结果的重复性——在相同测量条件下，对同一被测量进行连续多次测量所得结果之间的一致性。相同测量条件亦称之为“重复性条件”，主要包括相同的测量程序、相同的测量仪器、相同的观测者、相同的地点、在短期内的重复测量和相同的测量环境等。

④ 测量结果的复现性——在不同测量条件下，对同一被测量进行多次测量时，其结果之间的一致性。这里所指的测量条件，包括测量原理、测量方法、观测者、测量仪器、参考物质标准、地点和测量环境等，所指的改变是其中的一个或几个发生变动。

**2. 测量的分类**

测量的分类有多种，这里只介绍一种按测量值获取方法进行的分类：直接测量和间接测量。

① 直接测量：无须对被测量与其他量的量值进行函数关系的辅助计算，而由仪器直接得到被测量量值的测量，如用卷尺量桌子长度、用电流表测线路中的电流等。

② 间接测量：根据直接测量法测得的量值与被测量之间的已知函数关系，通过计算间接得到被测量量值的测量。例如，测量长方形面积 $S$，$S$ 是被测量，一般无法用仪器直接测出，而是通过间接测量长方形的长 $a$ 和宽 $b$，由公式 $S=ab$ 计算得到被测量 $S$ 的量值。

### 1.1.2　误差的基本知识

物理实验离不开测量，但从事过测量工作的人几乎都会认识到：测量结果和实际值并不完全一致，即存在误差。造成误差的原因可以是：测量仪器本身的局限性（例如量具刻度不可能绝对准确均匀，最小刻度以下的尾数无法读出等），测量方法的局限性（例如电学测量中引线电阻的影响等），实验条件难以严格保证（如环境温度对测量的影响等），实验人员操作水平的限制（例如眼睛无法对平衡位置做出严格的判断等）以及主观因素的影响等。因此，作为一个测量结果，不仅需要提供被测对象的量值大小和单位，还需要对量值本身的可靠程度做出分析。不知道可靠程度的测量值是没有多大意义的。

**1. 真值和误差**

为了对测量及误差做进一步的讨论，下面介绍有关真值和误差的一些基本概念。

真值——被测量在其所处的确定条件下，实际具有的量值。

误差——测量值与真值之差，记为

$$\Delta N = N - A \tag{1.1.1}$$

式中，$N$ 是测量结果（给出值）；$A$ 是被测量的真值；$\Delta N$ 是测量误差，又称绝对误差。

真值是客观存在的，但它是一个理想的概念，在一般情况下不可能准确知道。然而在某些特定情况下，真值又是可知的。例如，三角形三个内角之和为 180°（理论真值）；按定义规定的国际千克基准的值可认为真值是 1 kg（计量学的约定真值）等。为了使用上的需要，也常用相对真值（如用满足规定精确度的更高准确度计量器具所得的值）代替真值。例如，为了估计用伏安法测电阻的误差，可以用可靠性更高的电桥的测量结果作为“真值”；对于氦氖激光器的波长，可以把为大量文献采用的 632.8 nm 作为“真值”等。这种与真值非常接近，从而在一定条件下能代替真值的给定值，常被称为约定真值。

按照定义，误差是测量结果与客观真值之差，它既有大小，又有方向（正负）。由于真值在多数情况下无法知道，因此误差也是未知的，只能用约定真值代替真值进行绝对误差的计算。

误差与真值之比称为相对误差，记为

$$E = \frac{\Delta N}{A} = \frac{N - A}{A} \times 100\% \tag{1.1.2}$$

对于约定真值已知的情况，绝对误差和相对误差均可近似算出。

**2. 误差的分类**

误差按其特征和表现形式可以分为三类：系统误差、随机误差和粗大误差。

为便于理解，我们先举两个具体的例子。

例 1　用天平称衡物体的质量。由于制造、调整及其他原因，天平横梁臂长不会绝对相等，因此测量结果与真值会产生定向的偏离。如果左臂比右臂短，当待测物体放在左盘时，称衡的结果将偏小，反之则偏大。

例 2　用停表测单摆周期。尽管操作者做了精心的测量，但由于人眼对单摆通过平衡位置的判断前后不一、手计时响应的快慢不匀，以及来自环境、仪器等造成周期测量微小涨落的其他因素，测量结果呈现出某种随机起伏的特点。表 1.1.1 给出了测量 50 个周期的 6 个数据。

表 1.1.1　单摆周期测量记录

| 项　目 | 测量次数 | | | | | |
|---|---|---|---|---|---|---|
| | 1 | 2 | 3 | 4 | 5 | 6 |
| $50T_i$/s | 1′49.70″ | 1′50.02″ | 1′49.83″ | 1′50.12″ | 1′49.93″ | 1′49.78″ |
| $T_i$/s | 2.194 0 | 2.200 4 | 2.196 6 | 2.202 4 | 2.198 6 | 2.195 6 |

我们把类似例 1 的误差称为系统误差，类似例 2 的误差称为随机误差。

**(1) 系统误差**

在同一被测量的多次测量过程中，保持恒定或以可预知方式变化的那一部分误差称为系统误差。

系统误差的特点是它的确定规律性。这种规律性可以表现为定值的，如天平的标准砝码不准造成的误差；可以表现为累积的，如用受热膨胀的钢尺进行测量，其指示值将小于真实长度，误差随待测长度成比例增加；也可以表现为周期性规律的，如测角仪器中刻度盘与指针转动中心不重合造成的偏心差（参见本章习题 5）；还有可以表现为其他复杂规律的。系统误差的确定性反映在：测量条件一经确定，误差也随之确定；重复测量时，误差的绝对值和符号均保持不变。因此，在相同实验条件下，多次重复测量不可能发现系统误差。

对操作者来说，系统误差的规律及其产生的原因可能知道，也可能不知道。已被确切掌握了大小和符号的系统误差，称为可定系统误差；对大小和符号不能确切掌握的系统误差称为未定系统误差。前者一般可以在测量过程中采取措施予以消除或在测量结果中进行修正；而后者一般难以做出修正，只能估计出它的取值范围。

**(2) 随机误差**

在同一测量条件下，多次测量同一量时，以不可预知的方式变化的那一部分误差称为随机误差。

随机误差的特点是单个具有随机性，而总体服从统计规律。在单摆实验中，不仅每一次数据难以相同，如果换一个人重测单摆周期，又会获得另一套数据，即使是同一个人去测量也不可能获得与表 1.1.1 完全相同的数据。这说明单摆周期的测量误差显示出没有确定的规律性，即在相同条件下，每一次测量结果的误差（绝对值和正负）无法预言，是不确定的；但这些数据又是“八九不离十”的，围绕着某个数值前后摆动，体现出总体（大量测量个体的总和）上的某种规律性。我们把这样一种现象称为随机现象。随机现象在个体上表现为不确定性，而在总体上又服从所谓的统计规律。随机误差的这种特点使我们能够在确定条件下，通过多次重复测量来发现它，而且可以从相应的统计分布规律来讨论它对测量结果的影响。

**(3) 粗大误差**

由于测量系统偶然偏离所规定的测量条件和方法或在记录、计算数据时出现失误而产生的误差，称为粗大误差，简称粗差，又称过失误差。这实际上是一种测量错误。对这种数据（习惯上称为坏数）应当予以剔除。需要指出的是，不应当把有某种异常的观测值都作为粗大误差来处理，因为它可能是数据中固有的随机性的极端情况。判断一个观测值是否为异常值时，通常应根据技术上或物理上的理由直接做出决定；当原因不明确时，可以按照一定的准则来判断，最后决定是否把该可疑数据剔除。

上面虽将误差分为三类，但它们之间又有着内在的联系，尤其是系统误差和随机误差，它们的产生根源都来自于测量方法、设备装置、人员素质及环境的不完善。在一定的实验条件下，它们有自己的内涵和界限；但当条件改变时，彼此又可能互相转化。例如，系统误差与随机误差的区别有时与空间和时间的因素有关。环境温度在短时间内可保持恒定或缓慢变化，但在长时间中却是在某个平均值附近做无规律变化，这种由于温度变化造成的误差在短时间内可以看成是系统误差，而在长时间内则宜作随机误差处理。随着技术的发展和设备的改进，有些造成随机误差的因素能够得到控制，某些随机误差就可确定为系统误差并得到改善或修正，而有些规律复杂的未定系统误差，也可以通过改变测量状态使之随机化，这种系统误差又可当作随机误差处理。事实上，对那些微小的未定系统误差，很难做到在测量时保证其确定的状态，因此它们就会像随机误差那样，呈现出某种随机性。例如，测弹性模量用的钢丝，由于制造和使用方面的原因，其截面不可能是严格的圆。因此对确定的钢丝位置，“直径”的测量值主要表现出系统误差，但对不同的截面和方位，这种系统误差却又呈现出某种随机性。事物的这种内在统一性，使我们有可能在减消或修正了各种可定系统误差以后，用统一的方法对其余部分做出估计和评定。

总之，系统误差和随机误差并不存在绝对的界限。随着对误差性质认识的深化和测试技术的发展，有可能把过去作为随机误差的某些误差分离出来作为系统误差，或把某些系统误差作为随机误差来处理。当测量条件偏离允许范围时，系统误差、随机误差也可能转化成粗大误差。

### 1.1.3 精密度、正确度和准确度

习惯上人们经常用“精度”一类的词来形容测量结果的误差大小。为此，我们对有关名词从误差角度做必要的说明。

精密度——表示测量结果中随机误差大小的程度。系指在规定条件下对被测量进行多次测量时，所得结果之间符合的程度。

正确度——表示测量结果中系统误差大小的程度。它反映了在规定条件下，测量结果中所有系统误差的综合。

准确度——表示测量结果与被测量的（约定）真值之间的一致程度。准确度又称精确度，它反映了测量结果中系统误差与随机误差的综合。

作为一种形象的说明，可以把它们比作打靶弹着点的分布，参照图 1.1.1 来帮助理解。

精度一词通常可理解为精密度的简称，但有时也被用来泛指正确度或准确度。

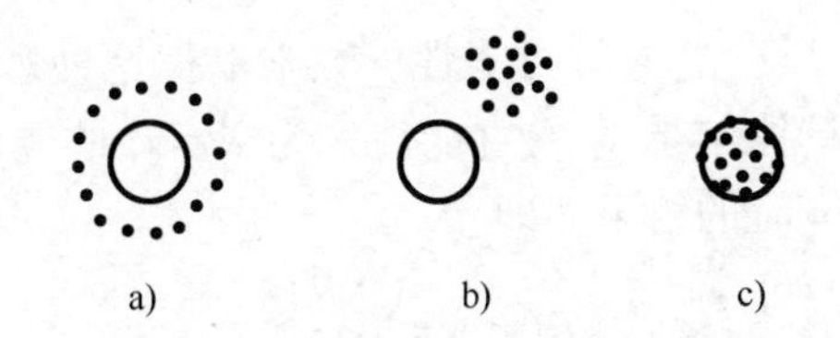


图 1.1.1　精密度、正确度和准确度

a）正确度好，精密度差　b）精密度好，正确度差　c）准确度好

### 1.1.4　不确定度

测量误差是普遍存在的。随着实验技术和设备的改善及操作人员水平的提高，误差可以被削弱和改善，但不可能（往往也没有必要）完全消除。通常人们关心的只是把误差控制在允许的范围内。

前面已经指出，对测量结果的表述，应当包括误差情况的报道，但是误差通常是无法知道的。对误差情况的定量估计，是通过不确定度来完成的。

不确定度是测量结果带有的一个参数，用以表征合理赋予被测量值的分散性。因此一个完整的测量结果应该包含被测量的估计与分散性参数两部分。用不确定度来表征测量结果是基于这样的理解：任何测量都是在多种误差存在的条件下进行的，这些误差的综合作用引起了测量结果的分散。尽管我们无法知道每次测量的具体误差，却可以对测量结果的分散性给出某种定量的描述。不确定度提供了测量分散范围的一个量度，它以很大的可能性包含了真值。

那么如何进行不确定度的定量计算呢？测量结果的不确定度按其数值评定方法，可分为 A 类不确定度和 B 类不确定度两大类。A 类不确定度是对测量数据进行统计分析而获得的不确定度分量；B 类不确定度是用非统计方法获得的不确定度分量。下面两节将以随机误差和仪器误差为例来介绍它的处理。

## 1.2　随机误差的统计处理

### 1.2.1　随机误差和正态分布

在重复性条件下，对同一被测量进行多次的测量，若每一次的测量结果中无粗大误差和系统误差，即只有随机误差，那么对这种误差有比较完整的处理方法。由于数学上的原因，我们将只限于介绍它的一些主要特征和结论，有兴趣的读者可参阅 1.8 节和 1.9 节。

重做测定单摆周期的实验（1.1 节例 2），并且次数足够多（例如 $k=63$），我们得到如表 1.2.1 所列的一组数据，把它画成 $k_i/k\text{-}T_i$ 曲线（图 1.2.1）。其中 $k$ 是测量的总次数，$k_i$ 是在 $k$ 次测量中周期为 $T_i$ 的次数（频数）。从图上可以看出，每次测量的周期尽管各不相同，但总是围绕着某个平均值（$T_0=2.198\ \text{s}$）而起伏。起伏本身具有随机性，但总的趋势是偏离平均值越远的次数越少，而且偏离过远的测量结果实际上不存在。如果再增加测量次数，图形也将发生变化。从细节上看这种变化是随机的，但从总体上看却具有某种规律性。当 $k\to\infty$ 时，$k_i/k$ 趋于某个确定值。对这类实验，无法预言下一次测量结果的确切数值，但可以从总体上把握结果取某个测量值的可能性。数学上把这种观测量称为随机变量（用 $X$ 表示），而把观测量取某个具体结果 $x_i$ 的可能性称为 $X = x_i$ 的概率，用概率函数 $P(x_i)$ 表示。$P(x_i)$ 可以理解为 $k\to\infty$ 时的结果，即

$$P(x_i) = \lim_{k\to\infty}\frac{k_i}{k}$$

表 1.2.1　单摆周期测量数据的统计

| 周期 $T_i$/s | 2.194 | 2.195 | 2.196 | 2.197 | 2.198 | 2.199 | 2.200 | 2.201 | 2.202 | 2.203 | 2.204 |
|---|---|---|---|---|---|---|---|---|---|---|---|
| 频数 $k_i$ | 1 | 3 | 6 | 10 | 14 | 11 | 8 | 4 | 3 | 2 | 1 |
| 频率 $k_i/k$ | 0.015 8 | 0.047 6 | 0.095 2 | 0.158 7 | 0.222 2 | 0.174 6 | 0.127 0 | 0.063 5 | 0.047 6 | 0.031 7 | 0.015 8 |

如果观测是离散取值的（如表 1.2.1 的单摆周期），则应有 $\sum_i P(x_i) = 1$（观测量取各种可能结果的总概率为 1）。如果 $X$ 是连续的（$X$ 离散取值的最小间隔→0），则概率函数关系将由一簇离散线（图 1.2.1）过渡到一条光滑的连续曲线。这时，在数学上应该用概率密度函数 $p(x)$ 来描写：观测量 $X$ 取值 $x \sim x + \mathrm{d}x$ 的可能性（概率）是 $p(x)\mathrm{d}x$。显然，$\int_{-\infty}^{\infty} p(x)\mathrm{d}x = 1$。

不同的观测量可以服从不同的概率（密度）分布。由误差理论可知，相当多的随机误差满足的概率密度是如图 1.2.2 所示的正态（高斯）分布。在减消了系统误差以后，$x_0$（概率极大的取值位置）就是测量真值 $A$。服从正态分布的随机误差具有下列特点：

单峰性——绝对值小的误差比绝对值大的误差出现的概率大，当 $x = A$ 时概率密度曲线有极大值 $p(A) = \max$；

对称性——大小相等而符号相反的误差出现的概率相同，即 $p(A - \Delta x) = p(A + \Delta x)$；

有界性——在一定测量条件下，误差的绝对值不超过一定限度，即有 $[p(x)]_{x>A+\Delta} \approx 0$ 和 $[p(x)]_{x<A-\Delta} \approx 0$；

抵偿性——误差的算术平均值随测量次数 $k$ 的增加而趋于零，即 $\int_{-\infty}^{\infty}(x - A)p(x)\mathrm{d}x = 0$ 或 $\lim_{k\to\infty}\frac{1}{k}\sum_{i=1}^{k}\Delta x_i = \lim_{k\to\infty}\frac{1}{k}\sum_{i=1}^{k}(x_i - A) = 0$。由此可知 $A = \int_{-\infty}^{\infty} x p(x)\mathrm{d}x$ 或 $A = \lim_{k\to\infty}\frac{1}{k}\sum_{i=1}^{k} x_i$。

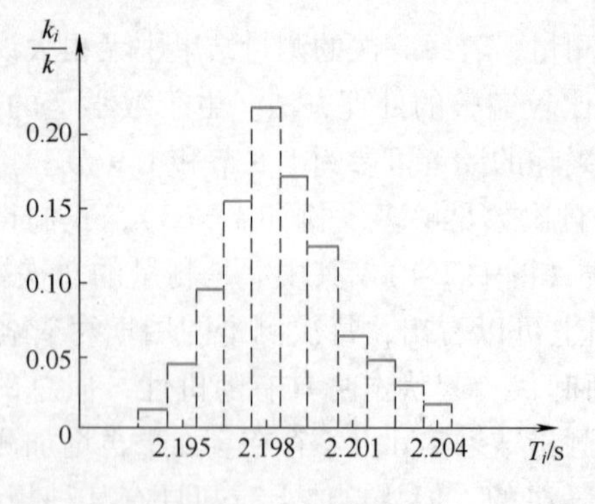


图 1.2.1　周期测量分布

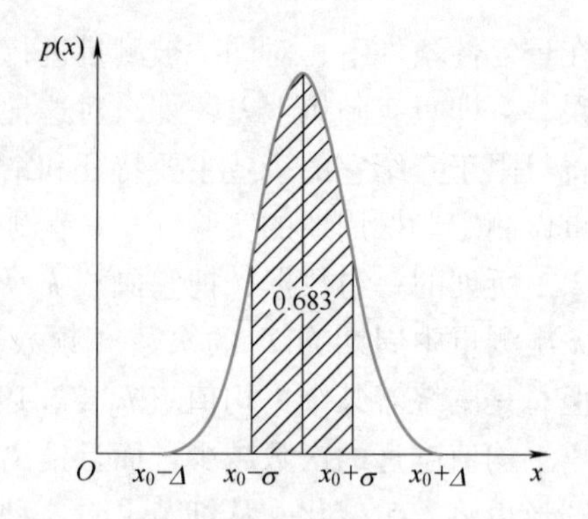


图 1.2.2　正态分布

### 1.2.2　标准差和置信概率

我们已经知道，实验数据的处理对象是所谓的随机变量，即在一定的实验条件下它可能取很多数值中的一个，甚至有无限多个可能值。测量结果的概率（密度）函数提供了测量及其误差分布的全部知识。曲线越“瘦”，说明测量的精密度越高；曲线越“胖”，则说明精密度越低。为了给误差分布的“胖瘦”以定量的描述，可以引入一个描述这种离散宽度的特征量：标准误差 $\sigma(x)$［或方差 $\sigma^2(x)$］，表示为

$$\sigma^2(x) = \int_{-\infty}^{\infty}(x-A)^2 p(x)\,\mathrm{d}x \tag{1.2.1}$$

$\sigma(x)$ 可以作为测量结果误差分布区间的估计［$\sigma(x)$ 越小，测量结果的精密度越高］。为了对 $\sigma$ 的物理意义有进一步的了解，我们来计算在真值 $A$ 附近 $\pm\sigma(x)$ 范围内所包含的概率 $\int_{A-\sigma}^{A+\sigma} p(x)\,\mathrm{d}x$。计算表明，对正态分布，有

$$\int_{A-\sigma}^{A+\sigma} p(x)\,\mathrm{d}x = 0.683^{\ominus} \tag{1.2.2}$$

这个结果说明，对满足正态分布的物理量做任何一次测量，其结果将有68.3%的可能落在 $A-\sigma \sim A+\sigma$ 的区间内。还可以从测量结果包含真值的角度来理解，设某次测量的结果为 $x$，则 $x$ 满足下述条件的可能性是0.683：

$$A-\sigma \leqslant x \leqslant A+\sigma \quad 或 \quad x+\sigma \geqslant A \geqslant x-\sigma \tag{1.2.3}$$

这就是说，如果把 $\sigma$ 作为单次测量的误差分布范围来估计，则真值 $A$ 落在 $x-\sigma \sim x+\sigma$ 区间内的可能性是68.3%，或者说 $A$ 在区间 $[x-\sigma, x+\sigma]$ 内的置信概率为68.3%（对正态分布而言）。

需要指出的是，在实际测量中概率密度函数 $p(x)$ 的具体形式往往事先不知道，直接测量得到的只是一组含有误差的数据。如何从中获得有关标准误差 $\sigma(x)$ 的信息呢？对一组离散的测量结果，$\sigma(x)$ 也可以按下式来理解，即

$$\sigma^2(x) = \lim_{k\to\infty}\sum_i (x_i - A)^2/k \tag{1.2.4}$$

当然，式（1.2.4）仍然只具有理论的意义，无法通过测量来实现。因为 $A$ 未知，$k$ 也不可能是无穷多次。但是可以证明（见1.9.1小节），如果用测量的平均值代替真值，当测量次数→∞时，有

$$\lim_{k\to\infty}\frac{\sum_i (x_i-\bar{x})^2}{k-1} = \sigma^2(x) \tag{1.2.5}$$

式中，$\bar{x}$ 是多次测量结果 $x_i(i=1,2,\cdots,k)$ 的算术平均值，$\bar{x}=\sum x_i/k$。因此在有限次测量中，可以取

$$s(x) = \sqrt{\frac{\sum(x_i-\bar{x})^2}{k-1}} \tag{1.2.6}$$

---

⊖　还可以证明，在 $A$ 附近 $\pm 3\sigma$ 范围内所包含的概率是 $\int_{A-3\sigma}^{A+3\sigma} p(x)\,\mathrm{d}x = 0.9973$。

作为$\sigma(x)$的估计值。$s(x)$称为有限次测量的标准偏差。注意：$s(x)$并不是严格意义上的标准误差，而只是它的估计值。因此，当用$x \pm s(x)$来报道测量结果时，如果$X$满足正态分布，则其置信概率将小于0.683[⊖]。

### 1.2.3　平均值和平均值的标准差

提取真值和标准误差是测量的基本目的。我们的问题是：在真值未知的情况下，如何给出它们的近似值，即在进行了一组等精密度的重复测量以后，如何从获得的数据中找出真值和标准误差的最佳估计值。随机误差的统计理论的结论（见1.9.1小节）是对直接观测量$X$做了有限次的等精密度独立测量，结果为$x_1, x_2, \cdots, x_k$；若不存在系统误差，则应该把算术平均值

$$\bar{x} = \frac{x_1 + x_2 + \cdots + x_k}{k} = \frac{\sum x_i}{k} \tag{1.2.7}$$

作为真值的最佳估计；把平均值的标准（偏）差$\left(\text{注意它和 } s(x) \text{ 的区别：} s(\bar{x}) = \frac{s(x)}{\sqrt{k}}\right)$

$$s(\bar{x}) = \sqrt{\frac{\sum (x_i - \bar{x})^2}{k(k-1)}} \tag{1.2.8}$$

作为平均值$\bar{x}$的标准误差的估计值。

### 1.2.4　小结

① 标准误差$\sigma(x)$是一个描述测量结果的离散程度的统计参量。在观测值服从正态分布且减消了系统误差的前提下，若单次测量为$x$，则在$[x-\sigma, x+\sigma]$的区间内包含真值的可能性为68.3%，或称置信概率为68.3%。如果$\sigma$未知，则可以把$s(x)$作为$\sigma(x)$的估计值。需要强调指出，$s(x)$是$\sigma(x)$的估计值，它提供的是单次测量的标准误差信息，尽管式（1.2.6）中用到了平均值和多次测量的结果。

② 如果直接测量中系统误差已减至最小，被测量是稳定的并且对它做了多次测量，则应该用算术平均值$\bar{x} = \sum x_i / k$作为测量值的最佳估计，用平均值的标准偏差$s(\bar{x})$（式（**1.2.8**））作为标准误差的最佳估计。

③ $s(x)$和$s(\bar{x})$是作为$\sigma(x)$和$\sigma(\bar{x})$的估计值而出现的，它们都不是原来意义上的误差，而是属于不确定度的范畴。从简化叙述的考虑出发，除非特殊需要，下面将不再把标准误差和标准偏差加以区分，而统称为标准差。计算$s(x)$和$s(\bar{x})$的式（1.2.6）和式（1.2.8）称为贝塞尔公式。需要强调的是，$s(x)$和$s(\bar{x})$只有在$k$较大时才可作为$\sigma(x)$和$\sigma(\bar{x})$的最佳估计；当测量次数很少时，不适于用贝塞尔公式计算$s(x)$和$s(\bar{x})$。尽管增加测量次数可以提高测量精度，但测量精度与测量次数的平方根成反比，而且测量次数越多，越难保证测量条件的恒定，从而带来新的误差，因此一般情况下测量次数在10次以内较为适宜；在物理实验课上，由于时间的限制，测量次数不可能很多，但通常也不应少于**5～8**次。

---

⊖ 这时，如需进行置信概率的定量讨论，应做$t$分布的修正。详见1.8.3小节$t$分布（学生分布）。

## 1.3　仪器误差(限)

任何测量过程都存在测量误差，用以说明测量结果的可靠程度且可以操作的定量指标是它的不确定度。当人们操作仪器进行各种测量并记录数据时，测量的不确定度与仪器的原理、结构以及环境条件等有关。测量仪器的误差来源往往很多。以最普通的指针式电表为例，它们包括：轴承摩擦，转轴倾斜，游丝的弹性不均、老化和残余变形，磁场分布不均匀，分度不均匀以及检测标准本身的误差等。逐项进行深入的分析处理并非易事，在绝大多数情况下也无必要。实际上，人们最关心的是仪器提供的测量结果与真值的一致程度，即测量结果中各系统误差与随机误差的综合估计指标。在物理实验中，常常把由国家技术标准或检定规程规定的计量器具的允许误差或允许基本误差，经过适当简化称为仪器误差限，用以代表常规使用中仪器示值和（作用在仪器上的）被测真值之间可能产生的最大误差。这样做将大大简化实验教学中的不确定度计算。下面做简要介绍。

### 1.3.1　长度测量仪器

物理实验中最基本的长度测量工具有米尺、游标卡尺和螺旋测微器（又称千分尺）。钢直尺和钢卷尺的允许示值误差如表 1.3.1 所列；不同分度值的游标卡尺的允许示值误差如表 1.3.2 所列；螺旋测微器的允许示值误差如表 1.3.3 所列。

表 1.3.1　钢直尺和钢卷尺的允许示值误差

| 钢直尺 | | 钢卷尺 | |
|---|---|---|---|
| 尺寸范围/mm | 允许示值误差/mm | 准确度等级 | 允许示值误差/mm |
| 1 ~ 300 | ±0.10 | Ⅰ级 | $\pm(0.1+0.1L)$ |
| >300 ~ 500 | ±0.15 | Ⅱ级 | $\pm(0.3+0.2L)$ |
| >500 ~ 1 000 | ±0.20 | | |
| >1 000 ~ 1 500 | ±0.27 | | |
| >1 500 ~ 2 000 | ±0.35 | | |

注：表中 $L$ 是以 m 为单位的长度，当长度不是 m 的整倍数时，取最接近的较大的整“米”数。例如示值为 102.3 mm 时，取 $L=1$ m。

表 1.3.2　游标卡尺的允许示值误差

| 测量长度/mm | 分度值/mm | | |
|---|---|---|---|
| | 0.02 | 0.05 | 0.10 |
| 0 ~ 150 | ±0.02 | ±0.05 | ±0.10 |
| >150 ~ 200 | ±0.03 | ±0.05 | |
| >200 ~ 300 | ±0.04 | ±0.08 | |
| >300 ~ 500 | ±0.05 | ±0.08 | |
| >500 ~ 1 000 | ±0.07 | ±0.10 | ±0.15 |

表 1.3.3 螺旋测微器的允许示值误差

| 测量范围/mm | 允许示值误差/μm |
|---|---|
| 0~50 | 4 |
| >50~100 | 5 |
| >100~150 | 6 |
| >150~200 | 7 |

在基础物理实验中，约定（除非具体实验另有讨论）：

游标卡尺的仪器误差限按其分度值估计，而钢板尺、螺旋测微器的仪器误差限按其最小分度的1/2计算（见表1.3.4）。

表 1.3.4 本课程中长度量具仪器误差限的简化约定

| 钢板尺、钢卷尺 | 游 标 卡 尺 | | | 螺旋测微器 |
|---|---|---|---|---|
| | （1/10）mm 分度 | （1/20）mm 分度 | （1/50）mm 分度 | |
| 0.5 mm | 0.1 mm | 0.05 mm | 0.02 mm | 0.005 mm |

### 1.3.2 质量称衡仪器

物理实验中称衡质量的主要工具是天平，本实验室常用的是JA21001型电子天平。它是一种采用电磁力平衡原理制造的精密台秤，最大称量为2 100 g，读数精度为0.1 g，线性误差为 ±0.1 g，稳定时间约3 s。

在基础物理实验中，该电子天平的仪器误差限按**0.1 g**估计。

### 1.3.3 时间测量仪器

停表是物理实验中最常用的计时仪表。对石英电子秒表，其最大偏差$\leqslant \pm(5.8\times10^{-6}t+0.01\ \mathrm{s})$，其中$t$是时间的测量值。在本课程中，对较短时间的测量可按0.01 s作为停表的误差限。

### 1.3.4 温度测量仪器

物理实验中常用的测温仪器包括水银温度计、热电偶和电阻温度计等。表1.3.5给出了实验常用的工作用温度计的允许示值误差。

### 1.3.5 电学量测量仪器

电学量测量仪器按国家标准大多是根据准确度大小划分为等级，其仪器误差限可通过准确度等级的有关公式给出。

**1. 电磁仪表**（指针式电流表、电压表）

电磁仪表的仪器误差限为

$$\Delta_{仪}=a\%\cdot N_{\mathrm{m}} \tag{1.3.1}$$

式中，$N_{\mathrm{m}}$是电表的量程；$a$是以百分数表示的准确度等级，分为5.0、2.5、1.5、1.0、0.5、0.2、0.1共7个等级。

表 1.3.5　工作用温度计的允许示值误差

| 温度计类别 | | 测量范围/℃ | 分度值 | | | |
|---|---|---|---|---|---|---|
| | | | 0.1 ℃ | 0.2 ℃ | 0.5 ℃ | 1 ℃ |
| 工作用玻璃水银温度计 | 全浸式 | −30～100 | ±0.2 ℃ | ±0.3 ℃ | ±0.5 ℃ | ±1.0 ℃ |
| | | >100～200 | ±0.4 ℃ | ±0.4 ℃ | ±1.0 ℃ | ±1.5 ℃ |
| | 局浸式 | −30～100 | — | — | ±1.0 ℃ | ±1.5 ℃ |
| | | >100～200 | — | — | ±1.5 ℃ | ±2.0 ℃ |
| 工作用铂铑-铂热电偶（热电偶参考端为 0 ℃） | （Ⅰ级） | 0～1 100 | ±1 ℃ | | | |
| | | >1 100～1 600 | ±[1 ℃ +(t−1 100 ℃)×0.003] | | | |
| | （Ⅱ级） | 0～600 | ±1.5 ℃ | | | |
| | | >600～1 600 | ±0.25% t | | | |
| 工业铂电阻分度号 Pt10 和 Pt100 | （A 级） | −200～850 | ±(0.15 ℃ +0.002 \|t\|) | | | |
| | （B 级） | | ±(0.30 ℃ +0.005 \|t\|) | | | |

## 2. 直流电阻器

实验室用的直流电阻器包括标准电阻和电阻箱。直流电阻器也分为若干个准确度等级，可由铭牌读出。标准电阻在某一温度下的电阻值 $R_x$ 可由下式给出，即

$$R_x = R_{20}[1+\alpha(t-20\ ℃)+\beta(t-20\ ℃)^2] \tag{1.3.2}$$

式中，+20 ℃时电阻值 $R_{20}$ 和一次、二次温度系数 $\alpha$、$\beta$ 可由产品说明书查出。在规定的使用范围内仪器误差限由准确度等级和电阻值的乘积决定。

实验室广泛使用的另一种标准电阻是电阻箱。它的优点是阻值可调，但接触电阻和接触电阻的变化要比固定的标准电阻大一些。一般按不同度盘分别给出准确度等级，同时给出残余电阻（即各度盘开关取 0 时连接点的电阻值），**仪器误差限可按不同度盘允许误差限之和再加上残余电阻来估算**⊖，即

$$\Delta_{仪} = \sum_i a_i\% \cdot R_i + R_0 \tag{1.3.3}$$

式中，$R_0$ 是残余电阻；$R_i$ 是第 $i$ 个度盘的示值；$a_i$ 是相应电阻度盘的准确度等级。一般来说，阻值越小的档位，准确度等级越低。因此，电阻箱只使用 ×1 Ω 和 ×0.1 Ω 档位时，准确性将显著下降。

当非零项的最高位度盘带入的误差限远大于其余各项贡献的总和时，式（1.3.3）也可按下式做近似简化，即

$$\Delta_{仪} \approx a_0\% \cdot R \tag{1.3.4}$$

式中，$a_0$ 是非零项的最高位度盘的准确度等级；$R$ 是总电阻示值。

## 3. 直流电位差计

$$\Delta_{仪} = a\%\left(U_x+\frac{U_0}{10}\right) \tag{1.3.5}$$

⊖ ZX−21 电阻箱的 $R_0=(20\pm5)$ mΩ。因此，更严格的处理是把 20 mΩ 作为修正值计入电阻箱的示值，而把 5 mΩ 计入 $\Delta_{仪}$。但在实验室使用条件下，由 $R_0$ 带入的误差限通常要比此大得多。

直流电位差计的仪器误差限由两项组成，一项是与标度盘示值成比例的可变项 $a\% \cdot U_x$，$a$ 是电位差计的准确度等级；另一项是与基准值 $U_0$ 有关的常数项。基准值 $U_0$ 是有效量程的一个参考单位；除非制造单位另有规定，有效量程的基准值规定为该量程中最大的 10 的整数幂。例如，某电位差计的最大标度盘示值为 1.8 V，量程因数（倍率比）为 0.1，则有效量程（最大读数）为 $1.8\ \text{V} \times 0.1 = 0.18\ \text{V}$，不大于 0.18 的最大的 10 的整数幂是 $10^{-1} = 0.1$，所以相应的基准值 $U_0 = 10^{-1}\ \text{V} = 0.1\ \text{V}$。

4. 直流电桥

直流电桥的仪器误差限为

$$\Delta_{仪} = a\% \left(R_x + \frac{R_0}{10}\right) \tag{1.3.6}$$

式中，$R_x$ 是电桥标度盘示值；$a$ 是电桥的准确度等级；$R_0$ 是基准值，$R_0$ 的规定与式（1.3.5）中的 $U_0$ 相似。

5. 数字仪表

随着科学技术的发展，电压、电流、电阻、电容和电感的数字测量仪表得到了越来越广泛的应用。

数字仪表的仪器误差限有几种表达式，下面给出两种：

$$\Delta_{仪} = a\% \cdot N_x + b\% \cdot N_{\text{m}} \tag{1.3.7}$$

或

$$\Delta_{仪} = a\% \cdot N_x + n\ 字 \tag{1.3.8}$$

式中，$a$ 是数字式电表的准确度等级；$N_x$ 是显示的读数；$b$ 是某个常数，称为误差的绝对项系数；$N_{\text{m}}$ 是仪表的满度值；$n$ 代表仪器固定项误差，相当于最小量化单位的倍数，只取 1，2，…这些数字。例如，某数字电压表 $\Delta_{仪} = 0.02\% \cdot U_x + 2$ 字，则某固定项误差是最小量化单位的 2 倍。如果取 2 V 量程时数字显示为 1.478 6 V，最小量化单位是 0.000 1 V，则 $\Delta U = (0.02\% \times 1.478\,6 + 2 \times 0.000\,1)\ \text{V} \approx 5 \times 10^{-4}\ \text{V}$。

仪表的准确度指数通常用百分数（%）表示，但有时也采用百万分数（$10^{-6}$）或科学计数法表示。例如，某标准电阻 $R$ 的等级指数为 $2\,000 \times 10^{-6}$，其允许误差限应写成 $\Delta_{仪} = 2\,000 \times 10^{-6} R$，相当于 0.2 级（0.2%）或 $2 \times 10^{-3}$（科学计数法）的准确度。

### 1.3.6　小结

① 仪器误差限是一种简化了的误差限值，在物理实验教学中常被用来估计由测量仪器造成的误差范围，本课程中也常简称为仪器误差。这样做当然是相当粗略的，但却有助于我们从量级上把握测量仪器的准确度，仍有重要的训练和参考价值。

② 仪器误差限提供的是误差绝对值的极限值，并不是测量的真实误差。它既不等于误差的大小，也无法确定其符号，因此它属于不确定度的范畴。和前面讨论的标准差一样，也可以从概率含量的角度来理解它，只不过它有较高的置信概率（例如≥95%）罢了。

③ 仪器误差（限）包含了在规定条件下，偏移误差（系统误差）和重复性误差（随机误差）的综合。例如，数字仪表是通过对被测信号进行适当的放大（或衰减）后做量化计数并给出数字显示的。其中，由于放大（或衰减）系数和量化单位不准造成的误差属于可

定系统误差，来自测量过程中电子系统的漂移而产生的误差属于未定系统误差，而量化过程的尾数截断造成的误差又具有随机误差的性质。尽管如此，在基础物理实验中，考虑到仪器状态、测量条件的偏离以及被测量本身的不稳定等因素，来自重复性测量的不确定度分量常需单独参与合成，当存有其他随机因素、仪器组合（例如用电阻箱自组电桥）或不同条件（例如电位差计使用灵敏度较低的检流计）时，还要计及其他的附加不确定度分量。

## 1.4　不确定度分量的评定和方差合成

### 1.4.1　不确定度分量的两类评定方法

误差按产生的物理机制和特性的不同，分为系统误差和随机误差，但从测量的角度来看，反映实验结果可靠性的定量指标是不确定度。这时从不确定度的计算方法来分类比较方便。不确定度分量的计算原则上可以分为两类，1.2 节和 1.3 节分别提供了这两种方法的实例。下面做一些归纳说明。

**1. 采用统计方法评定的 A 类分量**

对可以进行重复测量的物理量 $x$，若 $x$ 是稳定的，$k$ 次独立测量的结果是 $x_1, x_2, \cdots, x_k$，则把 $\bar{x} = \sum x_i / k$ 作为 $x$ 的最佳估计，把平均值的标准偏差

$$s(\bar{x}) = \sqrt{\frac{\sum (x_i - \bar{x})^2}{k(k-1)}} = \sqrt{\frac{\overline{x^2} - \bar{x}^2}{k-1}} \tag{1.4.1}$$

作为不确定度的 A 类估计（标准差），式中，$\overline{x^2} = \sum x_i^2 / k$。这种以统计方法给出的标准差称为 A 类评定的标准不确定度分量。

**2. 采用其他方法评定的 B 类分量**

对以不同于统计方法给出的不确定度分量统称为 B 类分量。在基础物理实验中，常用的 B 类方法有以下几种：

① 根据实际条件估算误差限。例如弹性模量实验中，调节反射镜镜面到标尺的距离的不确定度需要由测量端的位置对准、卷尺弯曲、水平保持等实际条件来估计误差限。一般说来，它将远大于钢卷尺本身的仪器误差。

② 根据理论公式或实验测定来推算误差限。例如，处理灵敏度误差可以按照人眼分辨率的误差限 0.2 div（或 0.2 mm）推算出灵敏阈造成的不确定度：$\dfrac{0.2}{\Delta n / \Delta x}$。其中，$\Delta n / \Delta x$ 可以通过实验测定或理论公式给出。它表示：当被测量 $x$ 发生变化时，指示仪表偏转格数 $\Delta n$ 与被测量变化值 $\Delta x$ 之比。又如，长度绝对测量中估计温度变化造成的不确定度时，由于线膨胀造成长度的不确定度为 $L \cdot \alpha \cdot \Delta t$。其中，$L$ 是被测长度，$\alpha$ 是量尺的线膨胀系数，$\Delta t$ 是温度的不确定度。

③ 根据计量部门、制造厂或其他资料提供的检定结论或误差限。例如仪器说明书上给出的允许误差限或示值误差。

需要说明的是 B 类分量在许多场合以误差限 $\Delta_b$ 的形式出现，而在不确定度的计算中，常常需要它的标准差 $u_b$ 的信息，两者之间的关系是

$$u_b = \frac{\Delta_b}{K} \tag{1.4.2}$$

式中，$K$ 是一个与该分量分布特性有关的常数，称为包含因子。对正态分布，$K \approx 3$（误差限对应0.997 3 的置信概率）；对均匀分布，$K = \sqrt{3}$；对其他分布可以查找有关书籍（本书对几种分布做了讨论，有兴趣者可参阅1.8 节）。现在的问题是，若分布特性事先不知道怎么办？考虑到在基础物理实验中，基本仪器的误差限含有较多的系统误差分量，兼顾保险（标准不确定度的估计值适当取大）和教学训练的规范，我们规定：除非另有说明，**仪器误差限和近似标准差的关系在缺乏信息的情况下，按均匀分布近似处理，即 $u_b = \frac{\Delta_b}{\sqrt{3}}$。**

不确定度评定是以统一的观点来处理误差的，A 类和 B 类只说明不确定度数值评定方法有所不同，并不是区分随机误差和系统误差的反映。把 A 类方法理解为对随机误差的处理，而把 B 类说成是对系统误差的处理，这是不妥当的。实际上许多未定系统误差由于测量条件的人为改变或不可能实现严格控制，同样会表现出随机性，也可用 A 类方法来处理；而随机误差有时也会以 B 类方式出现（例如未能进行重复测量而引用别人或文献中的结果）；还有一些 A、B 类分量本身反映了若干个随机误差和系统误差作用的综合。

### 1.4.2　不确定度的方差合成

#### 1. 直接测量量不确定度的合成

由于测量情况的复杂性，被测量往往存在众多的误差来源，其不确定度应当是若干个不确定度的分量合成。不确定度的综合是以方差合成为基础的。具体的做法是，在尽可能地减消或修正了可定系统误差以后，把余下的全部误差估计值按 A 类分量 $u_{a1}, u_{a2}, \cdots, u_{ai}, \cdots$（或 $s_1, s_2, \cdots, s_i, \cdots$）和 B 类分量 $u_{b1}, u_{b2}, \cdots, u_{bj}, \cdots$的形式列出，这些分量都是以标准不确定度的形式（标准差或近似标准差）给出，如果它们互相独立，则合成的不确定度 $u$ 由下式给出，即

$$u = \sqrt{\sum_i u_{ai}^2 + \sum_j u_{bj}^2} = \sqrt{\sum_i s_i^2 + \sum_j u_{bj}^2} \tag{1.4.3}$$

例如，某数字电压表的仪器误差限 $\Delta_{仪} = 0.02\% \cdot U_x + 2$ 字，用它测量电源电压，6 次重复测量的结果是：1.499 0，1.498 5，1.498 7，1.499 1，1.497 6，1.497 5（单位：V）。测量结果的算术平均值为

$$\overline{V} = 1.498\ 4\ \text{V}$$

A 类不确定度为

$$u_a(V) = \sqrt{\frac{\sum (V_i - V)^2}{6 \times 5}} = 2.83 \times 10^{-4}\ \text{V}$$

B 类不确定度来自

$$\Delta_{仪} = (0.02\% \times 1.498\ 4 + 2 \times 0.000\ 1)\ \text{V} = 5.00 \times 10^{-4}\ \text{V}$$

$$u_b(V) = \Delta_{仪}/\sqrt{3} = 2.89 \times 10^{-4}\ \text{V}$$

所以

$$u = \sqrt{u_a^2(V) + u_b^2(V)} = 4.04 \times 10^{-4}\ \text{V} \tag{1.4.4}$$

测量结果应表达为

$$V \pm u(V) = (1.4984 \pm 0.0004)\ \text{V} \tag{1.4.5}$$

2. 间接测量量不确定度的合成

设间接观测量 $F$ 是 $n$ 个**独立**输入量（直接观测量）$x_1, x_2, \cdots, x_n$ 的函数，$F = f(x_1, x_2, \cdots, x_n)$，则合成不确定度 $u$ 或 $u(F)$ 可以写成（证明见 1.9.2 小节）：

$$u = \sqrt{\sum_i u_i^2} = \sqrt{\sum_i \left(\frac{\partial f}{\partial x_i}\right)^2 u^2(x_i)} \tag{1.4.6}$$

式中，$u_i = \frac{\partial f}{\partial x_i} u(x_i)$，$u(x_i)$ 是输入量 $x_i$ 的标准差，它代表 $x_i$ 的不确定度。若它包括若干个 A、B 类分量，则 $u(x_i)$ 可以先按式（1.4.3）合成；$\frac{\partial f}{\partial x_i}$是被测量 $F$ 对输入量 $x_i$ 的偏导数，称为不确定度的传播系数。请注意 $u_i$ 和 $u(x_i)$ 的区别。$u_i$ 有着与合成不确定度 $u$ 相同的量纲，它是输出量 $F$ 的一个不确定度分量，而 $u(x_i)$ 则是输入量 $x_i$ 的标准不确定度。$u_i^2$ 是间接观测量 $F$ 的（估计）方差的一个分量，它是 $x_i$ 的方差 $u^2(x_i)$ 与传递系数$\frac{\partial f}{\partial x_i}$的平方之积。为了便于与 $u(x_i)$ 区分，可以把 $u$、$u_i$ 分别写成 $u(F)$、$u_i(F)$。

当 $F = f(x_1, x_2, \cdots, x_n)$ 为乘除或方幂的函数关系时，采用相对不确定度可以大大简化合成不确定度的运算。方法是先取对数后再进行方差合成，得

$$\frac{u(F)}{F} = \sqrt{\sum_i \left[\frac{\partial \ln f}{\partial x_i} u(x_i)\right]^2} \tag{1.4.7}$$

例如，$F = Ax^p y^q z^r \cdots$（$A$ 是常数），按式（1.4.7）运算，可以得到

$$\frac{u(F)}{F} = \sqrt{\left[\frac{pu(x)}{x}\right]^2 + \left[\frac{qu(y)}{y}\right]^2 + \left[\frac{ru(z)}{z}\right]^2 + \cdots} \tag{1.4.8}$$

在熟悉对数运算的微分关系后，应当能绕过式（1.4.7）直接得到类似式（1.4.8）的结果。

### 1.4.3　不确定度合成举例

［例］　用伏安法测电阻，电路如图 1.4.1 所示。所用仪器及参数如下：1 级毫安表，量程 150 mA；1 级伏特表，量程 3 V，内阻 $r_0 \pm u(r_0) = (1.001 \pm 0.004)\ \text{k}\Omega$。测量数据为 $V = 3.00\ \text{V}$，$I = 147.4\ \text{mA}$。要求给出待测电阻 $R$ 的测量结果和正确表述。

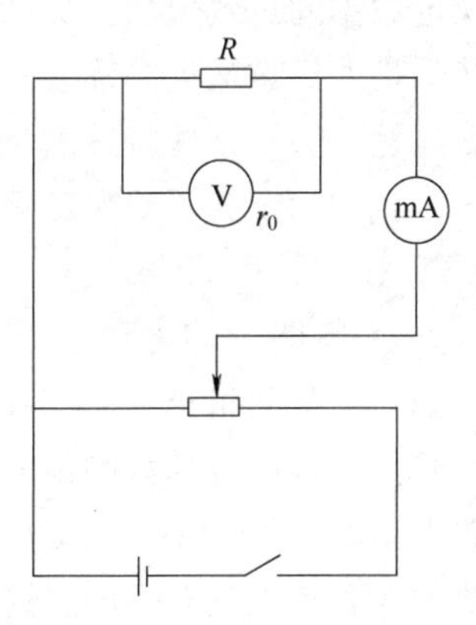


图 1.4.1　伏安法测电阻

［解］　本实验中主要误差来源是：①方法误差——由于电流表外接而产生的系统误差，使 $R_{测} < R_{真}$；②电压测量误差；③电流测量误差。

①属于可定系统误差，应在计算不确定度前予以修正。修正后的 $R$ 为

$$R = \frac{V}{I - V/r_0} = \frac{r_0 V}{r_0 I - V} = 20.7752\ \Omega \tag{1.4.9}$$

②和③的误差来源较多，包括器具误差、读数误差和接线误差等，在本实验条件下可由相应仪表的允许误差限综合评定：

$$\Delta V = 3\ \text{V} \times 1.0\% = 0.03\ \text{V} \tag{1.4.10}$$

$$\Delta I = 150\ \text{mA} \times 1.0\% = 1.5\ \text{mA}$$

由式（1.4.2）得

$$\begin{aligned} u(V) &= \Delta V/\sqrt{3} = 0.0173\ \text{V} \\ u(I) &= \Delta I/\sqrt{3} = 0.866\ \text{mA} \end{aligned} \tag{1.4.11}$$

表 1.4.1 给出了各项不确定度分量和传播系数。

表 1.4.1　$R$ 不确定度分量计算

| $i$ | $u(x_i)$ | $\dfrac{\partial f}{\partial x_i}$ | $\left\lvert\dfrac{\partial f}{\partial x_i}\right\rvert u(x_i) = u_i$ |
| --- | --- | --- | --- |
| 1 | $u(V) = 0.0173$ V | $r_0^2 I/(r_0 I - V)^2$ | 0.1223 Ω |
| 2 | $u(I) = 0.866$ mA | $-r_0^2 V/(r_0 I - V)^2$ | 0.1246 Ω |
| 3 | $u(r_0) = 0.004$ kΩ | $-V^2/(r_0 I - V)^2$ | 0.0017 Ω |

$$\begin{aligned} u(R) &= \sqrt{\left[\frac{\partial R}{\partial V}u(V)\right]^2 + \left[\frac{\partial R}{\partial I}u(I)\right]^2 + \left[\frac{\partial R}{\partial r_0}u(r_0)\right]^2} \\ &= \sqrt{\left[\frac{r_0^2 I}{(r_0 I - V)^2}u(V)\right]^2 + \left[\frac{r_0^2 V}{(r_0 I - V)^2}u(I)\right]^2 + \left[\frac{V^2}{(r_0 I - V)^2}u(r_0)\right]^2} \\ &= \sqrt{0.1223^2 + 0.1246^2 + 0.0017^2} = 0.1747\ \Omega \end{aligned}$$

所以电阻的测量结果为

$$R \pm u(R) = (20.8 \pm 0.2)\ \Omega \tag{1.4.12}$$

其他计算实例请参阅本书第 3 章的数据处理示例。

### 1.4.4　数据修约和测量结果的最终表述

由于误差的存在，真值不可能获得，只能得到它的近似值，因此无论是直接测量的仪器示值（读数），还是通过函数关系获得的间接测量结果，不可能也没有必要记录过多的位数。数据截断（或称修约）的原则是能正确反映它的可靠性，也就是按测量的不确定度来规定数据的有效位数。那么如何决定不确定度的有效位数呢？我们知道，合成不确定度通常并不是严格意义上的标准差，而只是它的近似估计值，因此不确定度本身也有一个置信概率的问题。除了某些特殊测量以外，不确定度最多保留两位，再多就没有意义了。为了简化教学，我们规定：不确定度只取 1 位；测量结果取位应与不确定度对齐。数据截断时，剩余的尾数按“四舍六入五凑偶”原则，即“小于 5 舍去，大于 5 进位，等于 5 凑偶”的原则修约。“5 凑偶”的含意是当尾数等于 5 时，把前一位数字凑成偶数（奇数加 1，偶数不变）。例如，长度测量结果 $l = 24.15\mathbf{50}$ cm，$u(l) = 0.02\mathbf{50}$ cm，则应表述成 $l \pm u(l) = (24.16 \pm 0.02)$ cm；而电动势测量的计算结果为 $E = 1.508\mathbf{549}$ V，$u(E) = 0.004\mathbf{55}$ V，由于剩余的尾数大于 5，修约后应写成 $E \pm u(E) = (1.509 \pm 0.005)$ V。顺便指出，5 凑偶的修约方法与传统的 4 舍 5 入稍有不同，这样做的好处是使尾数入与舍的概率相同，舍入误差表现为单纯的随机误差，避免在做进一步的计算时造成系统误差（进位的概率大于舍去的概率）。另外还需要注意的是，修约过程应该一次完成，不能多次连续修约，例如要使 0.546 保留到一位有效位数字，不能先修约成 0.55，接着再修约成 0.6，而应当一次修约成 0.5。

对过大和过小的数据，应当用**科学计数法**来表示，即把它写成小数形式，小数点前为一位非零整数，而后乘以 10 的方幂。例如 11 亿 8 千万，应写成 $1.18\times10^9$，不宜写为 1 180 000 000；若转动惯量的计算值为 $J=11\,145.012\,6\ \mathrm{g\cdot cm^2}$，$u(J)=45.462\,5\ \mathrm{g\cdot cm^2}$，则最后的测量结果应表达为

$$J\pm u(J)=(1.115\pm0.005)\times10^4\ \mathrm{g\cdot cm^2}=(1.115\pm0.005)\times10^{-3}\ \mathrm{kg\cdot m^2}$$

而 0.000 635 m，则应写成 $6.35\times10^{-4}$ m。需要注意的是，在测量结果的最终表达式中，根据计量技术规范的要求，单位一般不出现两次，例如不应写成 $R=1.23\ \mathrm{k\Omega}\pm0.03\ \mathrm{k\Omega}$，而应表述为 $R=(1.23\pm0.03)\ \mathrm{k\Omega}$。

总之，测量结果的最终报告形式是

$$F\pm u(F)=(\text{经过修约的相应数字})(\text{单位}) \tag{1.4.13}$$

本节举例中的式（1.4.5）、式（1.4.12）都是按上述规定给出的标准方式。至于中间的运算环节，各物理量应该以不影响最终结果的正确报道为原则，比正常截断多取几位（比如 1~2 位），以免造成舍入误差的积累效应。本节举例中，各项不确定度分量都给出了 3 位，在有可能造成连续修约的地方还给出了 4 位，就是为了保证最终结果不会因中间数据的修约而带来附加的误差累积。

### 1.4.5　小结

**1. 间接测量合成不确定度的具体计算步骤**

① 给出测量公式，其中的可定系统误差（主要是影响较大的可定系统误差）应通过测量方法的改进加以减消或在结果中加以修正。

② 对每个独立的观测量列出各自的误差来源，把它们按 A 类和 B 类不确定度，分别给出标准差或近似标准差并按方差合成给出相应物理量的不确定度。

③ 由测量公式导出具体的方差合成公式（1.4.6）或（1.4.7）。

④ 代入数值计算 $F$ 和 $u(F)$，并把它表示成 $F\pm u(F)$ 的形式。

应该指出，方差合成公式是以小误差、各分量独立为条件的，这些要求在多数基础物理实验中可以得到（或近似）满足。

**2. 从微分关系出发计算合成不确定度**

合成不确定度也可以从微分关系出发，结合不确定度的定义和合成法则来计算。重新处理上例并且计算相对不确定度（绝对不确定度的处理原则相同，只是全微分时不取对数）：

① 给出函数关系式（1.4.9），即

$$R=\frac{V}{I-V/r_0}=\frac{r_0V}{r_0I-V}$$

② 将 $R$ 取对数并取 $\ln R$ 的全微分：

$$\ln R=\ln V+\ln r_0-\ln(r_0I-V)$$

$$\frac{\mathrm{d}R}{R}=\frac{\mathrm{d}V}{V}+\frac{\mathrm{d}r_0}{r_0}-\frac{\mathrm{d}(Ir_0-V)}{Ir_0-V}=\frac{\mathrm{d}V}{V}+\frac{\mathrm{d}r_0}{r_0}-\frac{I\mathrm{d}r_0+r_0\mathrm{d}I-\mathrm{d}V}{Ir_0-V}$$

③ 合并同类项：

$$\frac{\mathrm{d}R}{R}=\left(\frac{1}{V}+\frac{1}{Ir_0-V}\right)\mathrm{d}V+\left(\frac{1}{r_0}-\frac{I}{Ir_0-V}\right)\mathrm{d}r_0-\frac{r_0}{Ir_0-V}\mathrm{d}I$$

④ 把微分符号改成不确定度符号，并对独立项取方和根（平方、求和、开根）值：

$$\frac{u(R)}{R}=\sqrt{\left(\frac{1}{V}+\frac{1}{Ir_0-V}\right)^2u^2(V)+\left(\frac{1}{r_0}-\frac{I}{Ir_0-V}\right)^2u^2(r_0)+\left(\frac{r_0}{Ir_0-V}\right)^2u^2(I)} \tag{1.4.14}$$

代入各项数据可得$\frac{u(R)}{R}=0.0084$，$u(R)=0.2\ \Omega$，结果相同。

小结1和2中提供的两种计算步骤，实质上是一回事，读者可以根据自己的习惯进行选择。

**3. 列出全部误差因素并做出不确定度估计**

这项工作对初学者来说是一件相当困难的事情，希望读者在实践中注意学习和积累。一般可以从以下几个环节去考察：

① 器具误差——测量仪器本身所具有的误差。例如，作为长度量具的米尺刻度不准确，电阻箱本身有误差等。

② 人员误差——测量人员主观因素和操作技术所引起的误差。例如计时响应的超前或落后。

③ 环境误差——由于实际环境条件与规定条件不一致所引起的误差。环境条件包括温度、湿度、气压、振动、照明、电磁场和加速度等，不一致包括空间分布的不均匀以及随时间变化等。

④ 方法误差——测量方法不完善所引起的误差。例如所用公式的近似性，以及在测量公式中没有得到反映但实际上却起作用的因素（像热电势、引线电阻或引线电阻的压降等）。

⑤ 调整误差——由于测量前未能将计量器具或被测对象调整到正确位置或状态所引起的误差。例如，天平使用前未调整到水平，千分尺未调整零位等。

⑥ 观测误差——在测量过程中由于观测者主观判断所引起的误差。例如测单摆周期时由于位置判断不准而引起的误差。

⑦ 读数误差——由于观测者对计量器具示值不准确读数所引起的误差。读数误差包括视差和估读误差。视差是指当指示器与标尺表面不在同一平面时，观测者偏离正确观测方向进行读数或瞄准时所引起的误差；估读误差是指观测者估读指示器位于两相邻标尺标记间的相对位置而引起的误差。

在全面分析误差分量时，要力求做到既不遗漏，也不重复，对于主要误差来源尤其如此。有些不确定度例如仪器误差，已经是几种误差因素的综合估计，这一点也应予以注意。在本门课程中将着重采取以下办法来进行训练：有针对性地就几项误差来源做不确定度估计；实验室给出主要误差来源，操作者只就其中几项做出估计，其余不确定度分量由实验室提供；在实验室的提示下，由操作者自己分析主要误差来源，并合成不确定度。

**4. 在计算合成不确定度时，注意运用微小误差原则简化运算**

① 当合成不确定度来自多个分量的贡献时，应注意把它们按量级做出分类，通常可以

略去微小项的贡献。如在式（1.4.12）中略去来自 $u(r_0)$ 的贡献，不会影响 $u(R)$ 的计算结果。微小项的判据是：该项不确定度分量在合成不确定度的 1/3 以下。

② 在测量公式中，有时要引入修正项以提高测量准确度。在计算不确定度时，当修正项是一个相对小量时，它对不确定度的贡献通常可以略去。仍以本节的例子加以说明。电压表内阻 $r_0 \gg R$，因此可以把它的影响作为修正项处理。为此，改写测量公式（1.4.9）为

$$R=\frac{V}{I-\dfrac{V}{r_0}}=\frac{V/I}{\left(1-\dfrac{V}{Ir_0}\right)}\approx\frac{V}{I}\left(1+\frac{V}{Ir_0}\right)=\frac{V}{I}+\frac{V^2}{I^2r_0} \tag{1.4.15}$$

式中，第二项即可作为修正项处理。略去它对不确定度的贡献，得

$$\frac{u(R)}{R}=\sqrt{\left[\frac{u(V)}{V}\right]^2+\left[\frac{u(I)}{I}\right]^2}=8.24\times10^{-3} \tag{1.4.16}$$

可算出

$$u(R)=\frac{u(R)}{R}R=0.171\ \Omega$$

结果与式（1.4.12）一致，但计算简化了许多。需要指出的是，把修正项作为小项处理应当在事先（有时也可能在事后）给出定量的核算或说明，在本例中就是要验算 $\dfrac{V}{Ir_0}\ll 1$，实际上 $\dfrac{V}{Ir_0}=0.02$ 满足远小于 1 的条件。

**5. 不确定度是误差可能取值范围的一种估计**

不确定度并不是实际的误差，也不代表误差的绝对值，它只是提供了在概率含义下的误差可能取值范围的一种估计。在许多情况下，测量结果可能相当接近（约定）真值，两者之差明显地小于不确定度；当然也可能存在另一种情况，真值落在不确定度提供的范围之外，只是这种可能性通常很小罢了。

就合成不确定度而言，如果各独立观测量的不确定度均是严格的标准差（标准不确定度），那么它也具有标准不确定度的性质。但是通常不能知道它对应的置信概率。如果认为被测量近似服从正态分布，那么大体上可以说真值落在 $[F-u(F), F+u(F)]$ 区间内的可能性在 2/3 左右[⊖]。

**6. 不确定度符号表示方法**

本节中使用的不确定度符号，初学者可能不太习惯，其实只要掌握以下原则，其意义并不难理解。①标准不确定度或合成不确定度用小写字母 $u$ 表示（有时为便于区分，也用小写字母 $s$ 表示 A 类的标准不确定度）。展伸不确定度（或误差限）用大写字母 $U$（或 $\Delta$）表示。②不确定度所代表的物理量，用括号说明（在不会引起误解的情况下也可省去）。例如 $u(A)$ 代表的是观测量 $A$ 的（标准）不确定度。③不确定度的具体分量，用下标给出，这些下标可以是数字、类型或输入量的符号。例如 $u_a(V)$ 代表观测量 $V$ 的不确定度的 A 类分量；

⊖ 在许多场合（例如测量比较、产品或仪器的合格检验等），上述概率的置信程度过低，这时可以把标准不确定度乘以系数 $K$（称为**包含因子**，或极限因子、置信因子）：$U(F)=Ku(F)$ 或 $U=Ku$。$U$ 或 $U(F)$ 称为**总不确定度**（或展伸不确定度、扩展不确定度）。在 $[F-U, F+U]$ 的区间内将以更高的置信概率（例如≥0.95）包含真值。$K$ 的取值范围一般为 2～3。更为合适的办法是采用 $t$ 分布来计算（参见 1.8.3 小节 $t$ 分布（学生分布））。考虑到物理实验的基础训练特点，本课程一般只要求按标准不确定度来做出估计。

$u_{b2}(x)$ 代表观测量 $x$ 的第二个 B 类分量；$u_x(A)$ 代表观测量 $A$ 的不确定度的 $x$ 分量，即$\frac{\partial A}{\partial x}u(x)$。

**7. 不等精度测量结果的加权平均及其不确定度**

上述讨论均属等精度测量，如果观测量 $X$ 的 $n$ 次测量结果为 $x_1, x_2, \cdots, x_n$，单次测量结果的不确定度 $u(x_1) = u(x_2) = \cdots = u(x_n) = u(x)$，由最小二乘法原理（最小二乘法详见 2.3 节）最佳测量值 $\bar{x}$ 满足 $\sum(\bar{x} - x_i)^2 = \min$，则由 $\frac{\partial}{\partial x}\sum(\bar{x} - x_i)^2 = 0$ 得到 $\bar{x} = \frac{\sum x_i}{n}$ 作为多次测量结果的最佳估计，并按平均值的标准差 $u(\bar{x}) = \frac{u(x)}{\sqrt{n}}$ 作为 $\bar{x}$ 的不确定度。

现在的问题是：如果进行的是 $n$ 次不等精度测量，观测量 $X$ 的 $n$ 次测量结果为 $x_1 \pm u(x_1), x_2 \pm u(x_2), \cdots, x_n \pm u(x_n)$，那么 $X$ 的最佳测量值和不确定度如何计算？

这个问题仍可由最小二乘法进行讨论。但这时满足的最小二乘法条件不再是 $\sum(\bar{x} - x_i)^2 = \min$，而是 $\sum\left(\frac{\bar{x} - x_i}{u(x_i)}\right)^2 = \min$。最佳测量值 $\bar{x}$ 由 $\frac{\partial}{\partial x}\sum\left(\frac{\bar{x} - x_i}{u(x_i)}\right)^2 = 0$ 导出，得

$$\begin{aligned} \bar{x} &= \sum \frac{x_i}{u^2(x_i)} \Big/ \sum \frac{1}{u^2(x_i)} \\ u^2(\bar{x}) &= 1 \Big/ \sum \frac{1}{u^2(x_i)} \end{aligned} \tag{1.4.17}$$

## 1.5 有效数字及其运算法则

一个具体的测量过程总是或多或少地存在着误差，因此表达一个物理量的测量结果时，不应该随意取位，而是应当正确反映测量所能提供的有效信息。用直尺测量长度，可以从尺上直接读出测量结果，例如 26.35 cm，8.23 cm 等。其中，26.3 和 8.2（mm 和 mm 以上位）是直接读出的，称为可靠数字，最末一位的 0.05 和 0.03（（1/10）mm 位）则是从尺上最小刻度之间估计出来的，叫作可疑数字（当然这种估计是有一定根据的，因此是有意义的），而（1/10）mm 位以下的部分则是用这种规格的尺子不可能读出的。**由可靠数字和可疑数字合起来就构成了测量的有效数字**[⊖]。前面的读数中，26.35 cm 有 4 位有效数字，8.23 cm 有 3 位有效数字。可见有效数字的多少是由测量工具和被测量的大小决定的。

应当指出，**测量结果第一位（最高位）非零数字前的 0，不属于有效数字，而非零数字后的 0 都是有效数字**。因为前者只反映了测量单位的换算关系，与有效数字无关。例如，0.012 5 m 是 3 位有效数字，不应理解为 5 位有效数字，它与 1.25 cm 实际上是一回事。而非零数字后的 0 则反映了测量的大小和准确度，不难想见，1.090 0 cm 要比 1.09 cm 测量的准确度高得多，因为前者表示测量进行到了（1/10 000）cm 而后者只进行到（1/100）cm 位。

对于已经做出不确定度估计的，可以按 1.4.4 小节的修约原则来处理和决定测量结果的有效数字。但在有些测量中，准确度要求不高或难以进行不确定度估计（如用图示法提取

⊖ 这里是按物理学的习惯和传统来理解有效数字的，与计量学中的定义稍有不同。

实验参数），这时可以省去不确定度的分析计算，只要求大体上能反映出测量结果的准确度即可。为此需要制定一些规则，下面做些必要的说明。

### 1.5.1　仪器示值的有效数字读取

对直接观测量，直接读取仪器示值时，规定：通常可按估读误差来决定数据的有效数字，即一般可读至标尺最小分度的1/10或1/5。例如，用量程为150 mA、75 div 分度的电流表测电流，最小分度为 2 mA，读数误差按 0.2 div 即 0.4 mA 估计，因此可以取至小数点后 1 位。图 1.5.1 所示的电流值应写成 96.8 mA。

注意：在记录数据时，为防止差错，可以先读出原始示值的位置（偏转格数），再转换成测定值。例如图 1.5.1 所示 mA 表的读数，直接记录为 48.4 div 比较方便，在整理列表时才写成 96.8 mA（1 div = 2 mA）。

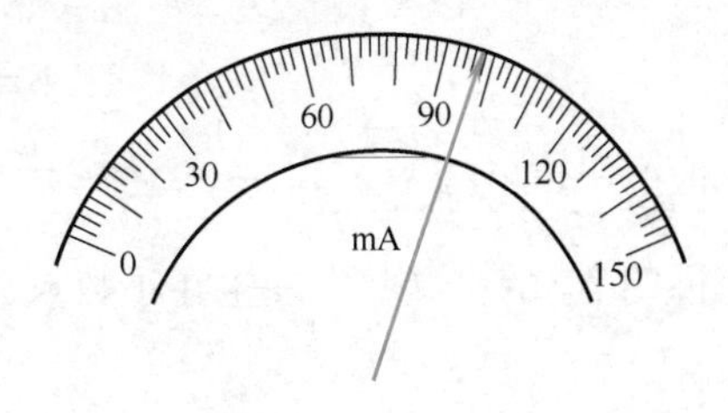


图 1.5.1　mA 表的表盘

### 1.5.2　有效数字的运算法则

对间接测量，需要通过一系列的函数运算才能得到最终测量结果。这就需要有一些简单的规则来处理有关的函数运算，以便使计算简捷明了，而又在大体上能反映结果的准确度。

#### 1. 加减法

例如 $N = A + B + C - D$，合成不确定度 $u(N) = \sqrt{u^2(A) + u^2(B) + u^2(C) + u^2(D)}$ 主要取决于 $A$、$B$、$C$、$D$ 中绝对不确定度的最大者，按有效数字的定义，也即有效数字最后一位的位数最高的那个数。设 $A = 5\,472.3$，$B = 0.753\,6$，$C = 1\,214$，$D = 7.26$，则有效数字最后一位的位数最高者是 $C$。具体来说，$C$ 的个位数已是可疑位。因此，$N$ 的有效数字取至个位数（与 $C$ 相同）即可。为了避免因中间运算造成“误差”，上例中的 $A$、$B$、$D$ 均应保留到小数点后面一位（或暂不做截断，取原始数据计算），算出结果后再与 $C$ 取齐，即

$$N = 5\,472.3 + 0.8 + 1\,214 + 7.3 = 6\,694$$

#### 2. 乘除法

例如 $N = \dfrac{ABC}{D}$，合成相对不确定度 $\dfrac{u(N)}{N} = \sqrt{\left[\dfrac{u(A)}{A}\right]^2 + \left[\dfrac{u(B)}{B}\right]^2 + \left[\dfrac{u(C)}{C}\right]^2 + \left[\dfrac{u(D)}{D}\right]^2}$ 主要取决于 $A$、$B$、$C$、$D$ 中相对不确定度的最大者；为此我们规定，对乘除法运算，以有效数字最少的输入量为准。对本例，$N = \dfrac{ABC}{D}$，若 $A = 80.5$，$B = 0.001\,4$，$C = 3.083\,26$，$D = 764.9$，则 $N = \dfrac{80.5 \times 0.001\,4 \times 3.083\,26}{764.9} = 0.000\,45$，应取 2 位有效数字（与有效数字最少的 $B$ 相同）。

#### 3. 混合四则运算

应按前述原则按部就班进行运算，并获得最后结果。例如：

$$N = \frac{A}{B - C} + D = \frac{7.032}{5.709 - 5.702} + 31.54 = 1 \times 10^3$$

#### 4. 其他函数运算

我们给出一般的处理原则：先在直接观测量的最后一位有效数字位上取 1 个单位作为测量值的不确定度，再用函数的微分公式求出间接量不确定度所在的位置，最后由它确定有效数字的位数。显然，这样给出的是函数有效位数的上限。

［例］ $\sqrt[20]{3.25}=?$（20 是准确数字）

［解］ 以 $x$ 代表 3.25，将 $\sqrt[20]{3.25}$ 写成函数形式 $y=x^{1/n}$，有

$$y=x^{1/n}=3.25^{1/20}=1.060\,739$$

取 $\Delta x=0.01$ 得

$$\Delta y=\frac{1}{n}\cdot\frac{\Delta x}{x}\cdot y=\frac{1}{20}\times\frac{0.01}{3.25}\times 3.25^{1/20}=0.000\,1_6$$

说明 $\Delta y$ 的可疑数字发生在小数点后面第 4 位，故 $y=1.060\,7$，为 5 位有效数字。

### 1.5.3 小结

#### 1. 有效数字的运算法则

① 加减法运算，以参加运算各量中有效数字最末一位位数最高的为准并与之取齐。

② 乘除法运算，以参加运算各量中有效数字最少的为准，结果的有效数字个数与该量相同。

③ 混合四则运算按以上原则按部就班执行。

④ 其他函数运算根据不确定度决定有效数字的原则，在自变量有效数字末位设置一个单位的不确定度，通过微分关系做传播处理。

#### 2. 有效数字运算法则的应用范围

有效数字的运算法则是一种粗略但实验中经常会用到的数据处理方法，应当熟练掌握。在不要求计算不确定度的场合，它被用来确定测量结果的有效数字；在严格估计不确定度的情况下，它可用作数据处理过程的参考。但若两者出现不一致的情况，则应以不确定度的处理结果为准。

#### 3. 中间过程有效数字的取值原则

为了防止数字截断后运算引入新的“误差”，在中间过程，参与运算的物理量应多取 1~2 位有效数字（无理常数也按此处理）。

## 1.6 系统误差的发现和减消

系统误差可以通过一定的实验和数据处理方法加以限制、减小或大部分消除。一些系统误差分量可通过加修正值的方法基本消除，但修正值本身也有一定的不确定度（误差限）。一些影响测量结果的主要系统误差分量的消除会使测量准确度有所提高，但是某些原来次要的分量和新发现的系统误差分量又会成为影响准确度继续提高的主要障碍。因此系统误差不可能绝对完全地被消除，只可能在测量的各个环节中设法减小或基本消除某些主要系统误差分量对测量结果的影响。因此，本书中采用“减消系统误差”而不使用“消除系统误差”的说法。

实验的不确定度应当在尽可能减消或修正了系统误差，特别是影响显著的系统误差的基础上进行。因此，如何发现、减消或修正系统误差是做好实验的重要组成部分。由于系统误差的分析很难脱离具体的实验内容，本节将涉及较多后续章节的实验。对初学者来说，我们只要求对此有初步的了解，等积累了一定的实验经验再回过头来予以消化和总结。

### 1.6.1　系统误差的形式

系统误差由固定不变的或按确定规律变化的因素所造成，它所服从的规律有以下几种形式。

#### 1. 固定误差

在整个测量过程中，误差的符号和大小都固定不变的系统误差，称为固定误差。

如某砝码的公称质量为 10 g，实际质量为 10.001 g，若按公称质量使用，则始终会存在 0.001 g 的误差。

#### 2. 线性误差

在测量过程中，误差值随某些因素做线性变化的系统误差，称为线性误差。

如刻度值为 1 mm 的标准刻尺，由于存在刻划误差 $\Delta l$（mm）（常数），每一刻度间的实际距离为 $1\ \mathrm{mm}\pm\Delta l$（mm），若用它测量长为 $L$（mm）的某物，则测量长度为

$$K=L/(1\pm\Delta l)\ \mathrm{mm}$$

这样就产生了随测量值 $K$ 的大小而变化的线性误差 $K\Delta l$。

#### 3. 多项式误差

当线性关系不能很好描写误差与因素之间的关系时，可采用多项式来表述。

例如，电阻与温度的关系为 $R=R_{20}+\alpha(t-20\ ℃)+\beta(t-20\ ℃)^2$（其中，$R$ 是温度为 $t$ 时的电阻，$R_{20}$ 是温度为 20 ℃时的电阻，$\alpha$ 和 $\beta$ 分别为电阻的一次及二次温度系数），当用 $R_{20}$ 近似代表 $R$ 时，将产生二次函数的误差。

#### 4. 周期性误差

测量过程中，随某些因素按周期性规律变化的误差，称为周期性误差。

当仪表指针的回转中心与刻度盘中心有偏心值 $e$ 时，指针在任一转角 $\varphi$ 下由于偏心造成的误差 $\Delta N$ 为周期性误差（参见本章练习题 5 及图 1.10.1）：

$$\Delta N=e\sin\varphi$$

#### 5. 复杂规律误差

在整个测量过程中，若误差是按确定的且复杂的规律变化的，则称为复杂规律误差。

如微安表的指针偏转角与偏转力矩之间不可能严格保持线性关系，而表盘仍采用均匀刻度读数，这样产生的误差就属于复杂规律误差。

### 1.6.2　系统误差的发现

发现系统误差是减消、修正系统误差的前提。系统误差的特点是它的确定规律性，即在一定的实验条件下多次测量，误差有确定的大小和符号，因此在同一实验条件下，对同一物理量做简单的重复测量不可能发现系统误差。下面列举本书中揭示系统误差的一些基本

方法。

**1. 理论分析**

测量过程中因理论公式的近似性等原因所造成的系统误差，常常可以从理论上做出判断并估计其量值。如伏安法测电阻，当电流表内接时将产生正误差，外接时则为负误差；在气轨实验中，用 U 形挡光杆测平均速度来代替相应位置的瞬时速度也会产生系统误差。

**2. 实验结果和已知真值比较**

对已经调好的仪器或系统，先进行（约定）真值已知的物理量的测量，常常可以发现它们是否存在重大的系统误差。例如，在光学实验中，可以通过测量波长已知的钠双线（589. 0 nm 和 589. 6 nm）或氦氖激光器发出的红光（632. 8 nm）来检查系统的测量准确度。当测量结果和“真值”的偏离明显超出估算的不确定度并且具有固定的方向时，就应当怀疑是否存在重要的系统误差未被减消。

**3. 进行不同测量方法的比较**

用不同测量原理、方法或设备去测量同一物理量，常常可以通过结果的对比了解是否存在系统误差。如电桥实验，分别用自组法和箱式电桥测量同一电阻，通过对比有助于判断是否存在系统误差。

**4. 进行不同实验条件的比较测量**

改变产生某项系统误差的具体条件进行比较测量，可以发现有关的系统误差。例如气垫实验，为了避免导轨倾斜带来测量误差，需要进行水平调整，方法是用 U 形挡光杆测量滑块不同位置处的速度。当沿同一方向（例如从左向右）让挡光杆顺序通过位于位置 1 和 2 的两个光电门时，两者的通过时间 $\Delta T$ 会存在微小差异（设 $\Delta T_1$ 小于且约等于 $\Delta T_2$），这时很难判断究竟是导轨不平还是气流的黏滞阻尼所引起；如果改变滑块运动方向（从右向左）再做一次测量，就很容易把两种效应分开了。

### 1. 6. 3 系统误差的减消和修正

发现系统误差之后需要对测量的各个环节进行周密的分析，进一步验证并找出产生误差的具体原因，才有可能做出针对性的处理。实际上，这些过程通常也难以完全分开，它不仅与具体的实验内容、方法以及设备、条件等因素有关，还在很大程度上取决于实验者的素质和修养，希望大家注意积累和总结。下面，列举本课程用来减消和修正系统误差的几种基本方法。

**1. 用修正方法减消系统误差**

**（1）通过理论公式引入修正值**

例如伏安法测电阻，可由下式给出修正：

电流表内接时为
$$R = \frac{V}{I} - R_{\mathrm{A}}$$

电流表外接时为
$$R = V\bigg/\left(I - \frac{V}{R_{\mathrm{V}}}\right)$$

上面两式中，$R_{\mathrm{A}}$、$R_{\mathrm{V}}$ 分别是电流表和电压表的内阻。

**(2) 通过实验绘出修正曲线**

例如，校准电流表或电压表时，常选用更高等级的电表绘出待校表的校准曲线，以后使用该表时可通过校准曲线获得修正值，将修正值加到测量结果上即可减消系统误差。由于修正值本身也包含一定误差，因此用修正值减消系统误差的方法不可能将全部系统误差修正掉，总要残留少量系统误差，修正后的残留部分一般可按随机误差处理。

### 2. 从产生误差根源上减消系统误差

从产生误差根源上减消系统误差是最有效的办法，但它的前提条件是必须预先知道产生误差的因素，在测量前将误差减消。例如，用电流表测量电流时，必须检查电流表指针是否指为零，如果不在零位，需将指针调整到零位，这样可减消由于指针零位偏移而产生的系统误差。在弹性模量和简谐振动实验中，钢丝和弹簧的自然状态几乎均非完全伸直，可以采用加起始载荷的方法来减消这类“起始”误差。

### 3. 改进测量原理和测量方法

对某种固定的或有规则变化的系统误差，可巧妙地设计测量方法加以减消。

**(1) 固定系统误差减消法**

**1) 替换法**

在测量装置上对未知量测量后，立即用一个标准量代替未知量，再次进行测量，从而求出未知量与标准量的差值，则有

$$未知量 = 标准量 + 差值$$

这样可以减消测量装置带入的固定系统误差。

**2) 抵消法（异号法）**

这种方法要求进行两次测量，使出现两次符号相反、大小相等的系统误差，取其平均值作为测量结果，即可减消系统误差。

例如，用自准法测量透镜焦距时，要将透镜反转 $180°$ 重测一次，然后取反转前后两结果的平均值作为透镜的焦距，这样可以减消透镜中心和支架刻线位置不重合所带来的系统误差；在光栅实验中，采用对 $\pm 1$ 级衍射角取平均的办法来改善光束偏离垂直入射造成的测角误差。

**3) 交换法**

根据误差产生的原因，将某些条件交换，可减消固定系统误差。

例如，用复称法可减消天平不等臂的误差；自组电桥实验中，交换标准电阻与待测电阻的位置，可减消桥臂电阻 $R_1$ 与 $R_2$ 不等的系统误差。

除上述三种常用方法外，还有其他减消固定系统误差的方法。如在透镜焦距的测量中，采用共轭法可以减消透镜中心和支架刻线位置不重合所带来的系统误差。这是因为，$f = (b^2 - a^2)/(4b)$ 计算公式中只涉及两次成像时凸透镜的位置差 $a$。顺便指出，类似这种利用差值或比值测量的方法，可以有效地减消因零点或基准值不准所造成的系统误差。

**(2) 线性系统误差减消法**

对称法是减消线性系统误差的有效方法。图 1.6.1 表示按线性规律变化的系统误差，若它是随时间 $t$ 成比例变化的，则由图 1.6.1 可知，以某一时刻为中心点，对称于该点的一对系统误差的算术平均值彼此相等，即有 $\frac{y_1 + y_5}{2} = \frac{y_2 + y_4}{2} = y_3$。利用这个特点，可以对称地进

行测量，然后在测量结果中取各对称点两次读数的算术平均值作为测量值，这样就可以减消线性系统误差。

**(3) 周期性系统误差的减消方法**

对周期性误差，每经过半个周期进行偶数次测量，就能有效地加以减消，这样的方法称为半周期偶数次测量法。

例如，在分光仪实验中，采用对径读数法可减消度盘的偏心差。

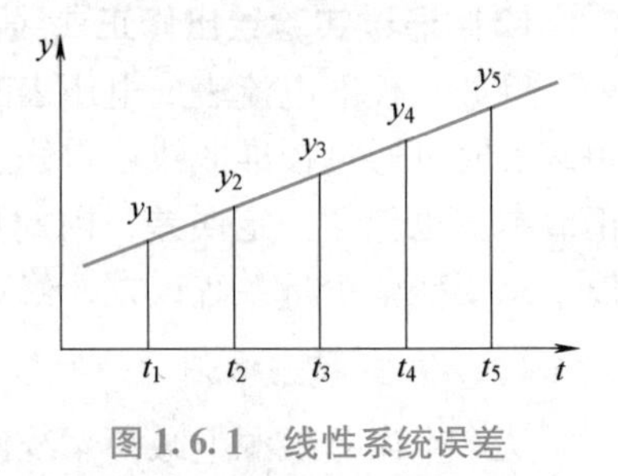


图 1.6.1　线性系统误差

**4. 实验曲线的内插、外推和补偿**

例如，在气轨实验测瞬时速度时，可以设法测量不同 $l$（U 形挡光杆的挡光间隔）对应的平均速度，然后外推到 $l\to0$ 时的极限值。

需要指出的是，上述外推实验应当在修正值甚大于其他测量误差的条件下进行，否则不仅修正本身意义不大，而且很可能使数据的规律性被来自其他误差的随机性所湮没。

**5. 系统误差的随机化处理**

对有些系统误差，可在均匀改变测量状态下做多次测量，并取测量的平均值来削弱。由于改变了测量条件，（系统）误差取值时大时小、时正时负，平均的结果可实现误差的部分抵偿。例如，使用测微目镜测间距，由于测微丝杠的螺距不可能做得绝对均匀，测量中存在微小的偏离误差，如果利用丝杠的不同部位进行测量，则螺距不均匀所造成的系统误差在一定程度上被随机化了，因此用平均值来表达测量结果就较为准确。分光仪测角，应在度盘的不同位置上进行测量，也是这个道理。

在圆柱体积测量和弹性模量测量中也采用了类似的办法。在圆柱或钢丝的不同截面、不同方位进行直径测量，可以部分抵偿因材质和加工等原因造成试样直径不均匀或形状不规则所带来的微小误差。

总之，处理系统误差的基本原则是：尽可能地减消或削弱系统误差的影响，对未能减消、其影响又不能忽略的系统误差，原则上应分作两部分处理，即定值部分 + 变动部分（误差的期望值为零），前者应加以修正，后者参与不确定度的合成。对可作随机化处理的系统误差，可归入 A 类不确定度，其余按 B 类不确定度处理。

## 1.7　* 粗大误差的判别与处理

在基础物理实验中判别粗差的首要关键是尽可能分析、检查产生误差的原因，在确认该数据是在不合要求的条件下获取时，可将其从记录中划去。在缺乏依据时，也可以采用某些统计的方法来剔除坏数。本节重点介绍两种粗大误差判别准则：拉依达准则（$3\sigma$ 准则）和 $t$ 检验准则。

### 1.7.1　拉依达准则（$3\sigma$ 准则）

拉依达准则是最简单的粗大误差判别准则，它以随机误差的正态分布为基础。设 $x_1, x_2, \cdots, x_n$ 是对某量的一组等精度测量值，由正态分布理论可知：误差落在 $\pm3\sigma$（$\sigma$ 为单次测量的标准差）内的概率为 99.73%，也就是说误差落在 $\pm3\sigma$ 外的概率为 0.27%。这是

一个小概率事件。拉依达准则认为，如果在测量列中，发现有绝对值大于3$\sigma$的误差，即

$$|x_i - A| > 3\sigma \quad (1 \leqslant i \leqslant n) \tag{1.7.1}$$

则该测量值$x_i$包含粗大误差，应予以剔除。

在实际测量过程中，由于真值不可知，常用平均值$\bar{x}$代替$A$，用单次测量标准偏差$s$代替单次测量的标准差$\sigma$，从而得到实用拉依达准则的判据为：若

$$|x_i - \bar{x}| > 3s \quad (1 \leqslant i \leqslant n) \tag{1.7.2}$$

成立，则认为$x_i$为坏值，应予剔除。

拉依达准则只在大量重复测量中才比较有效。由于实用拉依达准则利用$|x_i - \bar{x}|$代替$|x_i - A|$，$s$代替$\sigma$，故使得它的使用具有一定局限性。易证明，当测量次数≤10次时，对任何$x_i$均有$|x_i - \bar{x}| < 3s$，即3$\sigma$准则失效。

### 1.7.2　$t$检验准则

在常规测量中，测量次数往往较少，很难达到10次以上，此时可按所谓的$t$检验准则处理。

设对某量等精度独立测量值为$x_1, x_2, \cdots, x_n$，若要判别测量值$x_d$是否为坏值，可先将其剔除，然后计算其他数据的平均值$\bar{x}$与单次测量标准偏差$s$，再根据测量次数$n$和选定的置信概率$p$，从表1.7.1中查得$t$检验系数$k(n,p)$值。若

$$|x_d - \bar{x}| > k(n,p) \cdot s \tag{1.7.3}$$

则此$x_d$是含有粗差的坏值，应予以剔除，否则就予以保留。

按上述两种准则判别粗大误差时，如果存在两个以上的测量值含有粗大误差，则此时只能先剔除含有最大误差的测量值，然后再重新计算，再判别，依此程序逐步剔除，直至所有测量值皆不含粗大误差为止。

表1.7.1　$t$检验系数$k(n,p)$数值表

| $n$ | $p$ | | $n$ | $p$ | | $n$ | $p$ | |
|---|---|---|---|---|---|---|---|---|
| | 0.99 | 0.95 | | 0.99 | 0.95 | | 0.99 | 0.95 |
| 4 | 11.46 | 4.97 | 13 | 3.23 | 2.29 | 22 | 2.91 | 2.14 |
| 5 | 6.53 | 3.56 | 14 | 3.17 | 2.26 | 23 | 2.90 | 2.13 |
| 6 | 5.04 | 3.04 | 15 | 3.12 | 2.24 | 24 | 2.88 | 2.12 |
| 7 | 4.36 | 2.78 | 16 | 3.08 | 2.22 | 25 | 2.86 | 2.11 |
| 8 | 3.96 | 2.62 | 17 | 3.04 | 2.20 | 26 | 2.85 | 2.10 |
| 9 | 3.71 | 2.51 | 18 | 3.01 | 2.18 | 27 | 2.84 | 2.10 |
| 10 | 3.54 | 243 | 19 | 3.00 | 2.17 | 28 | 2.83 | 2.09 |
| 11 | 3.41 | 2.37 | 20 | 2.95 | 2.16 | 29 | 2.82 | 2.09 |
| 12 | 3.31 | 2.33 | 21 | 2.93 | 2.15 | 30 | 2.81 | 2.08 |

## 1.8　*几种主要的统计分布和置信概率

本节的目的是介绍几种物理实验中最常见到的概率密度分布，它们是正态分布、均匀分

布、$t$ 分布和$\chi^2$ 分布。

### 1.8.1　正态分布（高斯分布）

正态分布（图1.2.2）是误差理论中应用最多的一种分布，它的重要性不仅在于它是随机误差的一种典型分布，而且是其他分布的一种“极限”（数学上称为中心极限定理）。理论和实践都证明，如果被测量存在多个独立的误差来源，不管这些随机因素服从哪种分布，只要它们对测量结果的总影响不大，那么该被测量的分布就可近似看作正态分布。这个结论在讨论不知道分布的测量结果的置信概率时，有重要的意义。

正态分布概率密度函数的数学形式为

$$p(x)=A_0\mathrm{e}^{-\frac{1}{2}\left(\frac{x-x_0}{\sigma}\right)^2} \tag{1.8.1}$$

式中，常数 $A_0$ 应由归一化条件 $\int_{-\infty}^{\infty}p(x)\mathrm{d}x=1$ 决定。利用 $\int_{-\infty}^{\infty}\mathrm{e}^{-x^2}\mathrm{d}x=\sqrt{\pi}$ 可推得

$$A_0=\frac{1}{\sqrt{2\pi}\sigma} \tag{1.8.2}$$

由此可以计算测量值落在（$x_0-\sigma,x_0+\sigma$）中的概率：

$$\int_{x_0-\sigma}^{x_0+\sigma}p(x)\mathrm{d}x=\int_{x_0-\sigma}^{x_0+\sigma}\frac{1}{\sqrt{2\pi}\sigma}\exp\left[-\frac{1}{2}\left(\frac{x-x_0}{\sigma}\right)^2\right]\mathrm{d}x=\frac{1}{\sqrt{2\pi}}\int_{-1}^{1}\exp\left(-\frac{t^2}{2}\right)\mathrm{d}t=0.6827 \tag{1.8.3}$$

类似地还可以算出

$$\int_{x_0-2\sigma}^{x_0+2\sigma}p(x)\mathrm{d}x=\frac{1}{\sqrt{2\pi}}\int_{-2}^{2}\exp\left(-\frac{t^2}{2}\right)\mathrm{d}t=0.9545$$

$$\int_{x_0-3\sigma}^{x_0+3\sigma}p(x)\mathrm{d}x=\frac{1}{\sqrt{2\pi}}\int_{-3}^{3}\exp\left(-\frac{t^2}{2}\right)\mathrm{d}t=0.9973 \tag{1.8.4}$$

式（1.8.3）和式（1.8.4）表明，观测量 $X$ 在 $x_0$ 左右1倍、2倍和3倍标准差范围内的概率分别是0.683、0.954和0.997。应该指出，从理论上讲，正态分布的随机变量取值范围可以从 $-\infty\sim+\infty$，因此只有包括从 $-\infty\sim+\infty$ 的取值范围内的概率才等于1。但就具体的测量过程而言，测量值范围在 $\pm3\sigma$ 范围以外的可能性（0.0027）实际上可以看作0。因此对正态分布，可取 $\Delta=3\sigma$ 作为误差最大限值来处理，其标准差和误差限之间满足关系：

$$\sigma=\frac{\Delta}{3} \tag{1.8.5}$$

### 1.8.2　均匀分布

均匀分布（图1.8.1）的特点是，在其误差范围内误差出现的概率密度相同，而在此范围以外，概率密度为0，即

$$p(x)=\begin{cases}a, & x_0-\Delta\leqslant x\leqslant x_0+\Delta\\0, & x<x_0-\Delta,x>x_0+\Delta\end{cases} \tag{1.8.6}$$

由归一化条件 $\int_{-\infty}^{\infty}p(x)\mathrm{d}x=\int_{x_0-\Delta}^{x_0+\Delta}p(x)\mathrm{d}x=1$，不难得出 $a=\frac{1}{2\Delta}$。

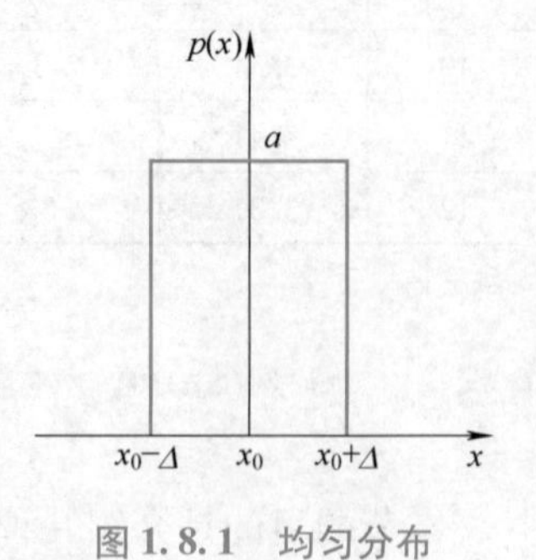

图1.8.1　均匀分布

由此可推出，在均匀分布下标准差 $\sigma$ 满足：

$$\sigma^2 = \int_{x_0-\Delta}^{x_0+\Delta} (x - x_0)^2 p(x)\mathrm{d}x = \frac{1}{2\Delta}\int_{-\Delta}^{\Delta} t^2 \mathrm{d}t = \frac{\Delta^2}{3} \tag{1.8.7}$$

可见在均匀分布下，标准差 $\sigma$ 和误差限 $\Delta$ 之间的关系是 $\sigma = \frac{\Delta}{\sqrt{3}}$。

均匀分布也是经常遇到的一种分布。例如，各种标尺的估读误差、数字仪表的量化误差以及数据处理中尾数截断产生的舍入误差等均服从均匀分布。均匀分布是一种偏离正态分布较远的分布，常用来处理未知分布的未定系统误差。

### 1.8.3　$t$ 分布（学生分布）

在误差处理中，$t$ 分布的重要性在于和正态分布的某种关联。已经知道，观测量 $X$ 如果满足正态分布，测量 $k$ 次算得平均值 $\bar{x}$，那么在 $(\bar{x}-\sigma(\bar{x}),\bar{x}+\sigma(\bar{x}))$ 的范围内包含真值（其他系统误差已减消或修正）的概率为68.3%，在 $(\bar{x}-3\sigma(\bar{x}),\bar{x}+3\sigma(\bar{x}))$ 的范围内包含真值的概率为99.7%。现在的问题是：平均值的标准误差 $\sigma(\bar{x})$ 通常不知道，只能用有限次测量的平均值的标准偏差 $s(\bar{x})$ 来代替。$s(\bar{x}) = \sqrt{[\sum(x_i-\bar{x})^2]/[k(k-1)]}$ 并不是一个准确值，而是在 $\sigma(\bar{x})$ 附近摆动的一个估计值。因此在 $(\bar{x}-s(\bar{x}),\bar{x}+s(\bar{x}))$ 区间内的概率含量（置信度）就要下降。为了具体讨论这种下降情况，仅仅知道被测量 $X$ 满足正态分布是不够的，还要进一步讨论 $\frac{\bar{x}-x_0}{s(\bar{x})}$ 满足什么分布。可以证明，它将不再服从正态分布而服从所谓的 $t$ 分布。为了继续使用标准偏差 $s(\bar{x})$ 来报道测量结果的置信概率，就应当在此基础上进行必要的修正，即乘以一个修正因子 $t_p(\nu)$。应当指出 $t_p(\nu)$ 不仅与指定的置信概率 $p$ 有关，而且与测量次数（更严格的说法是自由度 $\nu$，$\frac{\bar{x}-x_0}{s(\bar{x})}$ 满足 $\nu=k-1$ 的 $t$ 分布）有关。表1.8.1给出了不同置信概率下，$t_p(\nu)$ 随自由度 $\nu$ 的变化，相应置信概率的不确定度由 $t_p(\nu)\cdot s(\bar{x})$ 给出。

表1.8.1　$t$ 分布修正 $t_p(\nu)$

| 自由度 $\nu$ | | 2 | 3 | 4 | 5 | 6 | 7 | 8 | 9 | 10 | 11 |
|---|---|---|---|---|---|---|---|---|---|---|---|
| 置信概率 $p$ | 0.682 7 | 1.32 | 1.20 | 1.14 | 1.11 | 1.09 | 1.08 | 1.07 | 1.06 | 1.05 | 1.05 |
| | 0.95 | 4.30 | 3.18 | 2.78 | 2.57 | 2.45 | 2.36 | 2.31 | 2.26 | 2.23 | 2.20 |
| | 0.954 5 | 4.53 | 3.31 | 2.87 | 2.65 | 2.52 | 2.43 | 2.37 | 2.32 | 2.28 | 2.25 |
| | 0.997 3 | 19.21 | 9.22 | 6.62 | 5.51 | 4.90 | 4.53 | 4.28 | 4.09 | 3.96 | 3.85 |
| 自由度 $\nu$ | | 12 | 13 | 14 | 15 | 20 | 30 | 40 | 50 | 100 | ∞ |
| 置信概率 $p$ | 0.682 7 | 1.04 | 1.04 | 1.04 | 1.03 | 1.03 | 1.02 | 1.01 | 1.01 | 1.005 | 1.000 |
| | 0.95 | 2.18 | 2.16 | 2.14 | 2.09 | 2.09 | 2.04 | 2.02 | 2.01 | 1.984 | 1.960 |
| | 0.954 5 | 2.23 | 2.21 | 2.20 | 2.13 | 2.13 | 2.09 | 2.06 | 2.05 | 2.025 | 2.000 |
| | 0.997 3 | 3.76 | 3.69 | 3.64 | 3.42 | 3.42 | 3.27 | 3.20 | 3.16 | 3.077 | 3.000 |

关于总不确定度与合成不确定度之间的包含因子 $K$ 的比较严格的数学处理也是基于 $t$ 分布的修正，即把相应置信概率的 $t_p(\nu)$ 作为 $K$ 的计算值。只要计算出该合成不确定度对应的自由度 $\nu$ 即可按表1.8.1求得 $K$。至于合成不确定度的自由度 $\nu$ 如何计算，这里不

再讨论。有兴趣的读者可参考《测量误差及数据处理技术规范解说》（李慎安、钱钟泰等编，中国计量出版社）或《基础物理实验》（邬铭新、李朝荣等编，北京航空航天大学出版社）。

### 1.8.4 $\chi^2$ 分布

$\chi^2$ 分布的概率密度函数是 $p(\chi^2,v)=a(\chi^2)^{v/2-1}\mathrm{e}^{-\chi^2/2}$，式中，$v$ 是该分布的一个参数，称为 $\chi^2$ 的自由度；$\chi^2$ 的取值范围是 $0\sim\infty$ ($\chi^2\geqslant0$)；$a$ 是归一化常数，$a\int_0^\infty(\chi^2)^{v/2-1}\mathrm{e}^{-\chi^2/2}\mathrm{d}\chi^2=1$。$\chi^2$ 分布有一个重要的性质，它的数学期望 $E(\chi^2)=v$。证明如下：

$$\begin{aligned}\int_0^\infty\chi^2a(\chi^2)^{v/2-1}\mathrm{e}^{-\chi^2/2}\mathrm{d}\chi^2 &= a\int_0^\infty t^{v/2}\mathrm{e}^{-t/2}\mathrm{d}t = a(-2)\int_0^\infty t^{v/2}\mathrm{d}(\mathrm{e}^{-t/2})\\ &= -2at^{v/2}\mathrm{e}^{-t/2}\Big|_0^\infty + 2a\int_0^\infty \mathrm{e}^{-t/2}\mathrm{d}t^{v/2}\\ &= av\int_0^\infty t^{v/2-1}\mathrm{e}^{-t/2}\mathrm{d}t = v\end{aligned}$$

证明中利用了归一化条件。$\chi^2$ 分布在实验数据处理中有重要应用，其原因在于：

① 若 $x_1,x_2,\cdots,x_k$ 服从正态分布，则 $\dfrac{\sum(x_i-\bar{x})^2}{\sigma^2}$ 服从 $v=k-1$ 的 $\chi^2$ 分布，即 $E\left(\dfrac{\sum(x_i-\bar{x})^2}{\sigma^2}\right)=k-1$。它表明 $\sum(x_i-\bar{x})^2/\sigma^2$ 应在 $k-1$ 附近摆动，如果 $\sigma^2$ 未知，可利用它来给出 $\sigma^2$ 的估计；如果 $\sigma^2$ 已知，则可以作为对测量结果的检验。

② 若 $E(\chi_1^2)=v_1$, $E(\chi_2^2)=v_2$，则 $E(\chi_1^2+\chi_2^2)=v_1+v_2$。这个性质常被用于多个实验结果的综合，以检验这些实验结果之间是否协调，是否可能有未被发现的系统误差或对不确定度估计过小。

## 1.9 * 平均值的方差和不确定度的方差合成

本节的目的是利用简单的概率知识从数学上证明：

① 用标准偏差 $s(x)$ 和平均值的标准偏差 $s(\bar{x})$ 作为标准误差估计的合理性；

② 间接测量不确定度的方差合成公式及其使用条件；

③ 相关系数的意义。

### 1.9.1 标准偏差和平均值标准偏差

对一个存在误差但减消了定值系统误差的测量系统，测量结果将围绕真值摆动。真值 $A=\lim\limits_{k\to\infty}\dfrac{1}{k}\sum\limits_{i=1}^{k}x_i$。如果测量结果可以连续取值，则 $A=\int_{-\infty}^{\infty}xp(x)\mathrm{d}x$。实验观测值 $x$ 构成了所谓的随机变量，$p(x)$ 被称为随机变量 $x$ 的概率密度函数。我们无法预见某一次测量的取值结果以及偏离真值的正负和远近，但可以知道测量结果在 $x$ 附近 $\mathrm{d}x$ 范围内的可能性（概率）$p(x)\mathrm{d}x$。把 $E(x)=A=\int_{-\infty}^{\infty}xp(x)\mathrm{d}x$ 称为随机变量 $x$ 的数学期望，把 $(x-A)^2$ 的数学期望

$E[(x-A)^2]=\sigma^2(x)=\int_{-\infty}^{\infty}(x-A)^2p(x)\mathrm{d}x=\int_{-\infty}^{\infty}[x-E(x)]^2p(x)\mathrm{d}x$ 称为随机变量 $x$ 的方差。数学期望的物理意义是概率平均值。$\sigma$ 大体上描写了测量结果对真值的离散范围（宽度）。现在的问题是：在真值 $A=E(x)$ 甚至 $p(x)$ 的形式都不知道的情况下，如何用有限次的测量值 $x_1,x_2,\cdots,x_k$，给出 $A$ 和 $\sigma$ 的近似模型。有关的结论是：应当用 $\bar{x}=\sum x_i/k$（有限次测量的平均值）和 $s^2(\bar{x})=\dfrac{s^2(x)}{k}$（平均值的样本方差）作为 $A$ 和 $\sigma^2$ 的估计值。式中，$s(x)=\sqrt{\dfrac{1}{k-1}\sum\limits_{i=1}^{k}(x_i-\bar{x})^2}$ 称为样本的标准偏差，或单次测量结果的标准偏差。证明上述结论的方法是：分别计算 $\bar{x}=\dfrac{1}{k}\sum\limits_{i=1}^{k}x_i$，$s^2(\bar{x})$ 和 $s^2(x)$ 的数学期望，应当有 $E(\bar{x})=A$，$\sigma^2(\bar{x})=\sigma^2(x)/k$ 和 $E[s^2(x)]=\sigma^2(x)$。现讨论如下。

设被测量 $x$ 服从概率密度为 $p(x)$ 的分布，那么如果把各次测量结果 $x_1,x_2,\cdots,x_k$ 同时都看成是一个独立的观测量，则它们将构成 $k$ 个随机变量的系统。考虑到 $x_1,x_2,\cdots,x_k$ 彼此独立且概率密度函数的形式相同，该系统的概率密度函数 $p(x_1,x_2\cdots x_k)=p_1(x_1)p_2(x_2)\cdots p_k(x_k)=p(x_1)p(x_2)\cdots p(x_k)$，它表示测量结果序列在（$x_1,x_2,\cdots,x_k$）附近 $\mathrm{d}x_i(i=1,2,\cdots,k)$ 范围内的概率是 $p(x_1,x_2\cdots x_k)\mathrm{d}x_1\mathrm{d}x_2\cdots\mathrm{d}x_k$，而 $\bar{x}=\sum x_i/k$，则是（$x_1,x_2,\cdots,x_k$）的函数，因此

$$E(\bar{x})=\frac{1}{k}\iint\cdots\int\left(\sum_{i=1}^{k}x_i\right)p(x_1,x_2\cdots x_k)\mathrm{d}x_1\mathrm{d}x_2\cdots\mathrm{d}x_k=\frac{1}{k}\sum_{i=1}^{k}\int x_ip(x_i)\mathrm{d}x_i=A$$

式中利用了 $\int x_ip(x_i)\mathrm{d}x_i=A$ 和 $\int p(x_i)\mathrm{d}x_i=1$。

下面讨论 $\sigma^2(\bar{x})$ 与 $\sigma^2(x)$ 的关系：

因为
$$\bar{x}-A=\frac{1}{k}\sum_{i=1}^{k}x_i-A=\frac{1}{k}\sum_{i=1}^{k}(x_i-A)$$

所以
$$(\bar{x}-A)^2=\frac{1}{k^2}\left[\sum_i(x_i-A)^2+\sum_{i\neq j}(x_i-A)(x_j-A)\right]$$

故
$$\begin{aligned}E[(\bar{x}-A)^2]&=\frac{1}{k^2}\sum_iE[(x_i-A)^2]+\frac{1}{k^2}\sum_{i\neq j}E[(x_i-A)(x_j-A)]\\&=\frac{1}{k^2}\sum_iE[(x_i-A)^2]=\frac{1}{k}E[(x-A)^2]\end{aligned}\tag{1.9.1}$$

即 $\sigma^2(\bar{x})=\dfrac{1}{k}\sigma^2(x)$。推导中利用了概率密度函数的基本性质：

$$\begin{aligned}E\left\{\frac{1}{k^2}\sum_i[(x_i-A)^2]\right\}&=\iint\cdots\int\frac{1}{k^2}\sum_{i=1}^{k}(x_i-A)^2p(x_1,x_2\cdots x_k)\mathrm{d}x_1\mathrm{d}x_2\cdots\mathrm{d}x_k\\&=\frac{1}{k^2}\sum_{i=1}^{k}\int(x_i-A)^2p(x_i)\mathrm{d}x_i=\frac{1}{k}\int(x-A)^2p(x)\mathrm{d}x\end{aligned}$$

和独立测量条件：

$$\iint\cdots\int(x_i-A)(x_j-A)p(x_1,x_2\cdots x_k)\mathrm{d}x_1\mathrm{d}x_2\cdots\mathrm{d}x_k=\int(x_i-A)p(x_i)\mathrm{d}x_i\int(x_j-A)p(x_j)\mathrm{d}x_j=0$$

再讨论 $s^2(x)$ 的数学期望：

因为

$$
\begin{aligned}
\sum(x_i-\bar{x})^2 &= \sum(x_i-A+A-\bar{x})^2=\sum[(x_i-A)^2+(A-\bar{x})^2-2(x_i-A)(\bar{x}-A)] \\
&= \sum(x_i-A)^2+k(\bar{x}-A)^2-2(\bar{x}-A)\sum(x_i-A) \\
&= \sum(x_i-A)^2+k(\bar{x}-A)^2-2(\bar{x}-A)k(\bar{x}-A) \\
&= \sum(x_i-A)^2-k(\bar{x}-A)^2
\end{aligned}
$$

所以类似地有

$$
\begin{aligned}
E\left[\frac{\sum(x_i-\bar{x})^2}{k-1}\right] &= \frac{1}{k-1}E\{\sum[(x_i-A)^2-k(\bar{x}-A)^2]\} \\
&= \frac{1}{k-1}\{E\sum[(x_i-A)^2]-kE[(\bar{x}-A)^2]\} \\
&= \frac{1}{k-1}\left\{kE[(x-A)^2]-k\frac{E[(x-A)^2]}{k}\right\}=E[(x-A)^2]
\end{aligned}
$$

推导时利用了 $\sigma^2(\bar{x})=\frac{1}{k}\sigma^2(x)$。即

$$
\frac{1}{k-1}E[\sum(x_i-\bar{x})^2]=E[(x-A)^2] \quad 或 \quad E[s^2(x)]=\sigma^2(x) \tag{1.9.2}
$$

### 1.9.2　方差合成公式

为了简化方差合成公式（1.4.6）的表述方式，我们将着重讨论两个自变量的情形（不会失去一般性）。被测量（间接观测量）$F$ 是输入量（直接观测量）$(x,y)$ 的函数，$F=f(x,y)$。将 $f(x,y)$ 在 $(x,y)$ 的数学期望值附近做泰勒展开，只保留到一级无穷小，即

$$
f(x,y)=f[E(x),E(y)]+\left[\frac{\partial f}{\partial x}\right]_{E(x),E(y)}[x-E(x)]+\left[\frac{\partial f}{\partial y}\right]_{E(x),E(y)}[y-E(y)]
$$

注意到 $E(F)=f[E(x),E(y)]$，移项并求平方和：

$$
[F-E(F)]^2=\left(\frac{\partial f}{\partial x}\right)^2[x-E(x)]^2+\left(\frac{\partial f}{\partial y}\right)^2[y-E(y)]^2+2\frac{\partial f}{\partial x}\frac{\partial f}{\partial y}[x-E(x)][y-E(y)]
$$

于是

$$
\begin{aligned}
E\{[F-E(F)]^2\} &= \left(\frac{\partial f}{\partial x}\right)^2E\{[x-E(x)]^2\}+\left(\frac{\partial f}{\partial y}\right)^2E\{[y-E(y)]^2\} \\
&\quad +2\frac{\partial f}{\partial x}\frac{\partial f}{\partial y}E\{[x-E(x)][y-E(y)]\}
\end{aligned}
$$

如果 $x$ 和 $y$ 彼此独立，则

$$
E\{[x-E(x)][y-E(y)]\}=E[x-E(x)]E[y-E(y)]=0 \quad （想一想，为什么?）
$$

$$
\sigma^2(F)=\left(\frac{\partial f}{\partial x}\right)^2\sigma^2(x)+\left(\frac{\partial f}{\partial y}\right)^2\sigma^2(y)
$$

类似地，对含 $n$ 个直接观测量的情况 $F=f(x_1,x_2,\cdots,x_n)$，若各 $x_i$ 为独立观测量，则有

$$
\sigma^2(F)=\left(\frac{\partial f}{\partial x_1}\right)^2\sigma^2(x_1)+\left(\frac{\partial f}{\partial x_2}\right)^2\sigma^2(x_2)+\cdots+\left(\frac{\partial f}{\partial x_n}\right)^2\sigma^2(x_n)=\sum_i\left(\frac{\partial f}{\partial x_i}\right)^2\sigma^2(x_i) \tag{1.9.3}
$$

把标准不确定度理解为 $\sigma$，上式即为式（1.4.6）。由推导过程，可以得出几个重要的结论：

① 方差合成公式是在略去高次项（只保留线性项）的条件下得到的，因此它只对直接

观测量 $x_i$ 的线性函数严格成立，对非线性函数在小误差条件下近似成立。如果各 $x_i$ 的不确定度都是以标准差形式提供的，那么合成不确定度仍然保留了标准差的属性，而不必考虑这些物理量各自满足什么样的统计分布。当然，如需严格讨论 $u(F)$ 的置信概率，仍要知道 $F$ 满足的概率分布特性。

② 方差合成公式（1.4.6）是在小误差并且各不确定度分量彼此独立的条件下得到的。如果各观测量 $x_i$ 彼此不独立，则要计入不同分量之间的相关贡献。为避免相关系数引入的复杂性，应使各不确定度分量保持独立。在 1.4.5 小节中，由式（1.4.9）导出式（1.4.14）时，强调了在对不确定度计算方和根前，要先合并同类项，其实质就是把线性相关的同一来源的各不确定度分量归并成一项，以避免相关项的出现。

### 1.9.3　相关系数

如果 $x$ 和 $y$ 不独立，则 $E\{[x-E(x)][y-E(y)]\}\neq 0$，称为 $x$ 和 $y$ 的协方差。引入相关系数

$$r_{xy}=\frac{E\{[x-E(x)][y-E(y)]\}}{\sqrt{E\{[x-E(x)]^2\}E\{[y-E(y)]^2\}}}$$

则有

$$\sigma^2(F)=\left(\frac{\partial f}{\partial x}\right)^2\sigma^2(x)+\left(\frac{\partial f}{\partial y}\right)^2\sigma^2(y)+2r_{xy}\left(\frac{\partial f}{\partial x}\right)\left(\frac{\partial f}{\partial y}\right)\sigma(x)\sigma(y)$$

对有限次测量，可取

$$r=\frac{\sum_i (x_i-\bar{x})(y_i-\bar{y})}{\sqrt{\sum_i (x_i-\bar{x})^2\sum_i (y_i-\bar{y})^2}} \tag{1.9.4}$$

作为 $r_{xy}$ 的估计值。相关系数 $r_{xy}$（或 $r$）描述了 $x$、$y$ 之间的相关程度，如果当测量值 $x$ 偏大时伴随有 $y$ 值也偏大的倾向，则 **$r>0$，称为正相关**；反之，若 $x$ 测量出现正误差时，$y$ 值有出现负误差的趋势，则 **$r<0$，称为负相关。$r$ 的取值范围为 $[-1,+1]$($|r|\leqslant 1$)**。若 $|r|=1$，称 $x$、$y$ 完全线性相关，两者互为线性函数。

## 1.10　第 1 章练习题

1. 说明以下误差来源产生的是什么误差：可定系统误差、未定系统误差、随机误差或粗差？

① 由于三线摆发生微小倾斜，造成周期测量的变化；

② 测出单摆周期以推算重力加速度，因计算公式的近似而造成的误差；

③ 用停表测量单摆周期时，由于对单摆平衡位置判断忽前忽后造成的误差；

④ 因楼板的突然振动，造成望远镜中标尺的读数变化了约 1 cm；

⑤ 由公式 $V=\frac{\pi}{4}d^2h$ 测量圆柱体积，在不同位置处测得直径 $d$ 的数据因加工缺陷而离散。

2. $\sigma(x)$、$\sigma(\bar{x})$、$s(x)$ 和 $s(\bar{x})$ 分别表示了什么物理量？为什么要用 $s(x)=\sqrt{\frac{1}{k-1}\sum_{i=1}^{k}(x_i-\bar{x})^2}$ 而不是 $\sqrt{\frac{1}{k}\sum_{i=1}^{k}(x_i-\bar{x})^2}$ 作为 $\sigma(x)$ 的估计值呢？

3. 圆管体积 $V=\frac{\pi}{4}L(D_1^2-D^2)$，管长 $L\approx 10$ cm，外径 $D_1\approx 3$ cm，内径 $D\approx 2$ cm，问哪一个量测量误差对结果影响最大？（提示：比较不确定度传播系数）。

4. 实验测得一组扭摆50个周期的数据，如果认为人眼的位置判断和启停响应能力不会超过扭摆周期的1/4，表1.10.1数据中是否有粗差存在？如果用统计判别的方法呢？

表1.10.1　题4表

| $i$ | 1 | 2 | 3 | 4 | 5 |
|---|---|---|---|---|---|
| $50T_i$ | 1′10.36″ | 1′09.93″ | 1′10.12″ | 1′10.02″ | 1′09.90″ |

5. 试证明如果电流表指针的转动中心 $O$ 与刻度盘圆心 $O'$ 不重合（图1.10.1），读数将产生正弦规律的系统误差（已知 $OO'=e$，要求给出表达式）。

6. 数字三用表说明书给出电压（量程2 V）档的允许误差限是1% $V$ +5 字，若表的示值为1.315 V，应如何计算仪器误差？

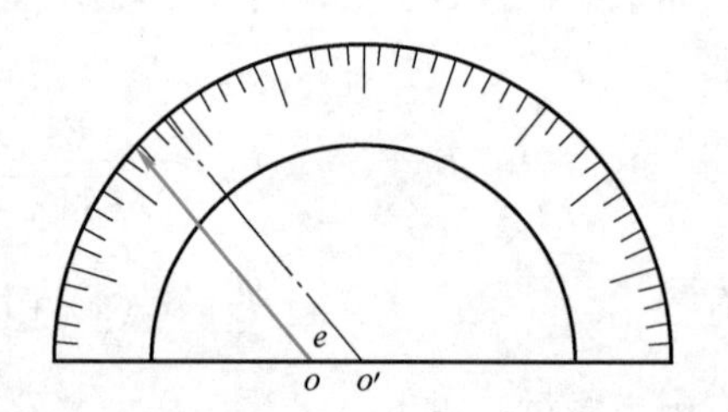

图1.10.1　题5图　电表指针的偏心差

7. 图1.4.1伏安法测电阻的示例中，用了两种方法来计算 $u(R)$，这两种方法有什么不同？哪种方法更方便一些？如果按式（1.4.15）处理，请写出直接取微分计算 $u(R)$ 的计算公式，并比较两者的优劣。

8. 刻度盘为25 div、量程为100 μA的2.5级电流表，若表的指针在19.2 div处，试给出测量结果的表示 $I\pm u(I)$。

9. 测量结果表述成 $x\pm u(x)$。对此有三种看法：①真值是 $x$；②$x$ 的误差是 $u(x)$；③真值落在 $x-u(x)\sim x+u(x)$ 之间。这些看法正确吗？为什么。

10. 有人说测量次数越多，平均值的标准偏差就越小，因此只要测量次数足够多，不确定度就可以在实际上减少到0，这样就可以得到真值。这种看法是否正确？

11. 用电子毫秒计测量时间 $t$ 共11次，结果是0.135，0.136，0.138，0.133，0.130，0.129，0.133，0.132，0.134，0.129，0.136（单位：s）。要求给出 $\bar{t}\pm u(\bar{t})$ 及 $\frac{u(\bar{t})}{\bar{t}}$。

12. 按照有效数字的定义及运算规则，改正以下错误：

① $L=(28\,000\pm 8\,000)$ mm

② $L=(35.0\pm 0.010)$ cm

③ 28 cm = 280 mm

④ $2\,500=2.5\times 10^3$

⑤ $0.022\,1\times 0.022\,1=0.000\,488\,41$

⑥ $\frac{400\times 1\,500}{12.60-11.6}=600\,000$

⑦ $a=0.002\,5$ cm，$b=0.12$ cm，则 $a\times b=3\times 10^{-4}$ cm²，$a+b=0.122\,5$ cm。

13. 导出表1.10.2中函数的不确定度表示。

表 1.10.2　题 13 表

| 函数表达式 $N$ | $u(N)$ | $u(N)/N$ |
| --- | --- | --- |
| $N = x - y$ | | |
| $N = x^m y^n / z^l$ | | |
| $N = x^{1/k}$ | | |
| $N = \ln x$ | | |
| $N = \sin x$ | | |

# 第2章

# 物理实验数据处理的基本方法

实验数据的处理包含十分丰富的内容，例如数据的记录、描绘，从带有误差的数据中提取参数，验证和寻找经验规律，外推实验数值等。本章将结合物理实验的基本要求，介绍一些最基本的实验数据处理方法。

## 2.1 列表法

顾名思义，列表法就是把数据按一定规律列成表格。这是在记录和处理实验数据时最常用的方法，也是其他数据处理方法的基础，要求熟练掌握。列表法的优点是对应关系清楚、简洁，有助于揭示相关数据之间的实验规律。

### 2.1.1 列表注意事项

列表时应注意以下事项：

① 表格设计合理、简单明了，应重点考虑如何能完整地记录原始数据及揭示相关量之间的函数关系。

② 表格的标题栏中注明物理量的名称、符号和单位，单位不必在数据栏内重复书写。

③ 数据要正确反映测量结果的有效数字。这里强调指出，数据的原始记录应该直接记录读数，不要做任何计算（包括从标尺上直接得到的分度数，一般也不要乘以分度值，以减少出错，在实验报告列表栏内再做必要的计算和整理）。

④ 提供与表格有关的说明和参数，包括表格名称、主要测量仪器的规格（型号、量程及准确度等级等）、有关的环境参数（如温度、湿度等）和其他需要引用的常量和物理量等。

⑤ 为了便于揭示或说明物理量之间的联系，可以根据需要增加除原始数据以外的处理结果。

列表法还可用于实验数据的运算，如求微商或积分的近似值，这里不再介绍。

### 2.1.2 应用举例——在气轨上做简谐振动实验，验证周期与系统参量的关系

简谐振子周期测量用表见表2.1.1。

表 2.1.1　简谐振子周期测量

主要仪器：光电计数仪　　　　型号＿＿＿＿＿＿　　　　量程＿＿＿＿＿＿

劲度系数 $k_1$ = ＿＿＿＿＿＿ N/m，$k_2$ = ＿＿＿＿＿＿ N/m

| 振子质量 $m$/kg | 周期 $T_{测}$/s | | | | | | $\left(T_{计算}=2\pi\sqrt{\dfrac{m}{k_1+k_2}}\right)$/s | $\dfrac{T_{计算}-T_{测}}{T_{测}}\times 100\%$ |
|---|---|---|---|---|---|---|---|---|
| | 1 次 | 2 次 | 3 次 | 4 次 | 5 次 | $\overline{T}_{测}$ | | |
| | | | | | | | | |
| | | | | | | | | |
| | | | | | | | | |
| | | | | | | | | |
| | | | | | | | | |

说明：

① 标题栏内给出了测振子周期的光电计数仪的有关参数，用于计算 $T_{计算}$ 的弹簧劲度系数 $k_1$ 及 $k_2$。

② 表格中有记录完整原始数据的内容（5 个质量值，对应每个质量的 5 次周期测量值）。

③ 栏目内物理量的名称、符号和单位正确。

④ 为了反映实验目的——用列表法验证周期与系统参数的关系，还增加了周期的理论计算值 $T_{计算}=2\pi\sqrt{\dfrac{m}{k_1+k_2}}$ 和 $\dfrac{T_{计算}-T_{测}}{T_{测}}$ 的栏目。如果只用作原始数据记录，表格中的 $T_{计算}$ 和 $\dfrac{T_{计算}-T_{测}}{T_{测}}$ 栏目可省去。

## 2.2　图示法

所谓图示法，就是把实验数据用自变量和因变量的关系画成曲线，以便反映它们之间的变化规律或函数关系。图示法是表述、处理或分析实验数据的常用手段之一，它不仅可以简洁、直观地显示实验数据，获得全面的测量信息，还可以对实验数据进行初步检验、快速分析、比较、计算和推断等。

### 2.2.1　作图的基本规则

① 有完整的原始数据并列成表格，注意名称、符号、单位及有效数字的规范使用。

② 除了一些特殊情况以外，凡要通过作图提取参数或内插、外推数据的，一定要用坐标纸作图。图纸的选择以不损失实验数据的有效数字和能包括全部实验点作为最低要求，因此至少应保证坐标纸的最小分格（通常为 1 mm）以下的估计位与实验数据中最后一位数字对应。在某些情况下（例如图形过小），还要适当放大，以便于观察，同时也有利于避免因作图而引入附加的误差。

③ 选好坐标轴并标明有关物理量的名称（或符号）、单位和坐标分度值。坐标起点不一定通过原点，通常以曲线充满图纸，使全图比较美观（不要偏于一边或一角，对于直线其

倾斜度最好在 40°~50°之间）为原则。分度比例要选择得当，一般取 1,2,5,10,…较好，以便于换算和描点。

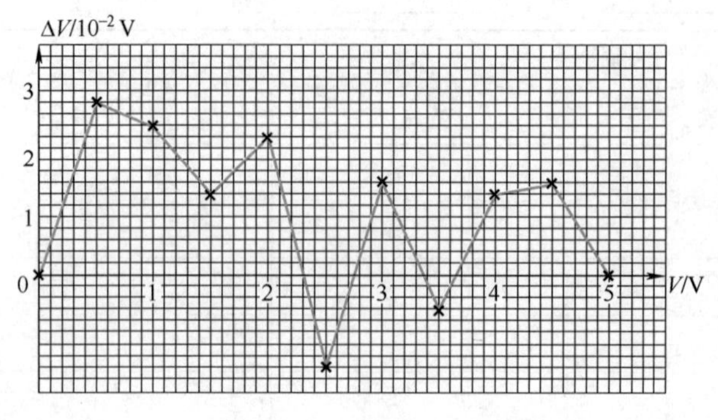


图 2.2.1　电压表校正曲线

④ 实验数据点以“+、×、□、⊙、△”等符号标出，不同曲线用不同的符号。一般不用细圆点“·”标示实验点（容易与图纸本身的缺陷如尘埃、斑点相混淆或被拟合曲线所掩盖）。用直尺或曲线板把数据点连成直线或光滑曲线。作曲线时应反映出实验的总趋势，不必强求曲线通过数据点，但应使实验点匀称地分布于曲线两侧。用曲线板作图的要领是：看准 4 个点，描中间两点间的曲线，依次后移，完成整个曲线。

光滑处理的原则不适用于绘制校准曲线。例如电表校准，数据点间应以直线连接（图 2.2.1）。这是因为考虑到被校表的测量误差主要来自可定系统误差，因此校准以后的数据准确度有所提高，两个点之间的测量值一般可用内插法处理。

⑤ 求直线图形的斜率和截距。当图线是直线时，图示法经常用于求直线的经验公式。这时只要求出斜率 $b$ 和截距 $a$，就可以得到直线方程：

$$y = a + bx$$

具体做法是在直线两端部各取一点（$x_1,y_1$）、（$x_2,y_2$），则

$$b = \frac{y_2 - y_1}{x_2 - x_1}$$

$$a = \frac{x_2 y_1 - x_1 y_2}{x_2 - x_1} \tag{2.2.1}$$

取点的原则是：从拟合的直线上取点（为利用直线的平均效果不取原数据点）；两点相隔要远一些（否则由式（2.2.1）计算后有效数字位数会减少，影响准确度），但仍在实验范围之内；所取点的坐标应在图上注明（见图 2.2.2）。若直线通过横坐标的 0 点，$a$ 也可由图上读出。

⑥ 曲线改直。有些物理量之间虽然没有线性关系，但能通过适当的变换将函数形式改成直线。这时就可以用直线来代替对曲线的研究。它的好处是对直线的判断和参数提取比曲线要方便得多。

随着计算机的普及，利用计算机软件作图也得到广泛应用，对此应当鼓励和提倡。但作为初学者的基本训练，在基本实验阶段，仍要求大家按本书的规定作图。进入综合性实验阶段以后，允许在实验报告中采用计算机作图。值得指出的是，即便是用计算机作图，这里强调的规范除个别叙述（例如必须使用坐标纸及有关最小分度的规定）外，原则上仍然有效。

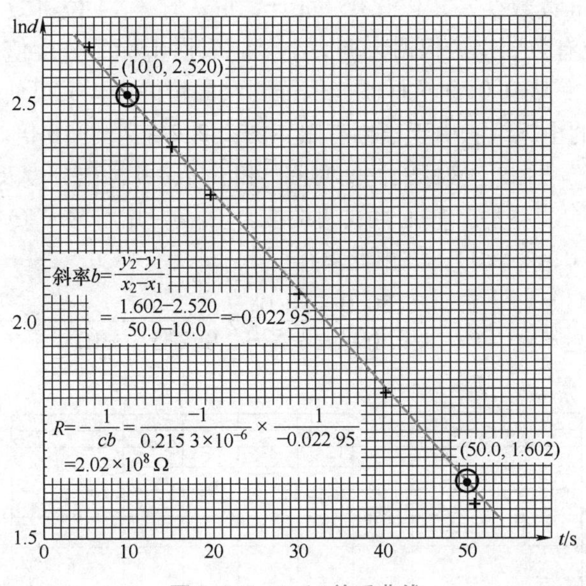


图 2.2.2　ln$d$-$t$ 关系曲线

### 2.2.2　应用举例——电容充放电法测高阻

实验原理如图 2.2.3 所示。电容器由电源充电后，经电阻放电，用停表测出放电时间 $t$，剩余电荷使冲击电流计发生偏转。可以证明冲击电流计的最大偏转 $d$ 和放电时间 $t$、时间常数 $RC$（被测电阻和电容的乘积）有如下关系：

$$d = d_0 e^{-t/RC} \tag{2.2.2}$$

实验测得 $t$ 和 $d$ 的数据如表 2.2.1 所示。要求用图示法计算 $R$。

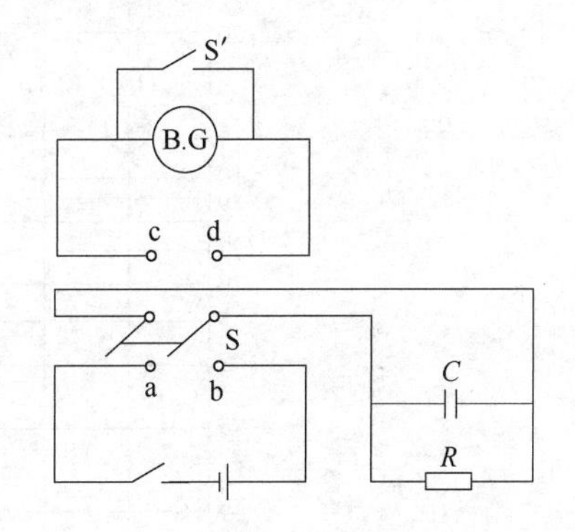


图 2.2.3　电容充放电法测高阻

表 2.2.1　$t$（放电时间）-$d$（冲击电流计偏转）关系

| $i$ | 1 | 2 | 3 | 4 | 5 | 6 |
|---|---|---|---|---|---|---|
| $t_i$/s | 5.4 | 15.2 | 19.9 | 30.1 | 40.3 | 51.0 |
| $d_i$/cm | 13.95 | 11.10 | 9.90 | 7.85 | 6.25 | 4.85 |
| $\ln d_i$ | $2.63_5$ | $2.40_7$ | $2.29_2$ | $2.06_0$ | $1.83_2$ | $1.57_9$ |

注：$C=0.215\ 3\ \mu F$。

说明：

① $t$ 和 $d$ 的关系不是线性关系，采用曲线改直的方案。对式（2.2.2）取对数

$$\ln d = -\frac{t}{RC} + \ln d_0 \tag{2.2.3}$$

以 $t$ 为自变量，$\ln d$ 为因变量，则由拟合直线的斜率 $b$ 可算出：

$$R = -\frac{1}{bC} \tag{2.2.4}$$

② $d$ 的不确定度（读数误差）以 0.05 cm 计，$\ln d$ 有 3 ~4 位有效数字（表格中末尾小字为第 4 位，$t$ 取 3 位有效数字。根据数据大小，应取横坐标的分度值为 5 mm 代表 1 s，纵坐标的分度值为 1 mm 代表 0.01，这样既能保证测量的精确度，又可使整个图形充满一张 16 开（23 cm × 16 cm）的坐标纸。由于篇幅有限，图 2.2.2 缩小了 10 倍。

③ 实验点用“+”标出，坐标轴注明时间 $t$ 和 $\ln d$，并标出分度及 $t$ 的单位。

④ 用直尺画出拟合直线后，靠近直线两端取计算点，用符号“⊙”标出，注明坐标值 (50.0，1.602)、(10.0，2.520)，并由此算得

$$R = -\frac{1}{bC} = -\frac{x_2 - x_1}{y_2 - y_1} \cdot \frac{1}{C} = -\frac{50.0 - 10.0}{1.602 - 2.520} \times \frac{1}{0.2153 \times 10^{-6}}\ \Omega = 2.02 \times 10^{8}\ \Omega$$

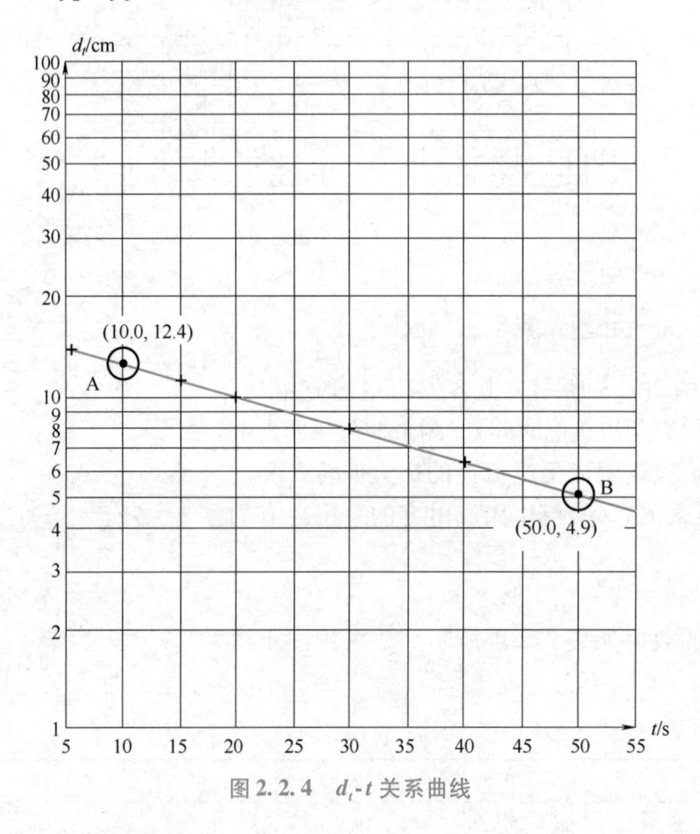


图 2.2.4　$d_t$-$t$ 关系曲线

图示法具有简单、直观的优点，能方便地显示出函数的极值、拐点、突变或周期等特征，连成光滑曲线的过程有取平均的效果（有时还有助于发现测量错误或问题），是一种基本的数据处理方法，应当很好地掌握。图示法的缺点是受图纸大小的限制，一般只有 3 ~4 位有效数字，且连线有一定的主观性，用图示法求值比较粗糙，一般也不再求不确定度。

如果变量变化范围较大，直角坐标纸容纳不下，或者物理量之间的关系为指数或幂函数，则可以使用对数坐标纸；为了显示物理量随角度的分布，还可采用极坐标纸。作为例子，采用半对数纸重新处理式（2.2.2）的有关数据。横坐标 $t$ 仍用直角坐标，纵坐标采用对数坐标，直接就得出直线。注意 $d_t$ 应直接描点，不必先算对数。但求斜率时，应将纵坐标取对数后再代入斜率公式。如图 2.2.4 所示，取两点 $A$、$B$，则

$$b = -\frac{\ln d_B - \ln d_A}{t_B - t_A} = \frac{\ln 4.9 - \ln 12.4}{50.0 - 10.0} = -0.0232$$

$$R = -\frac{1}{-Cb} = 2.0 \times 10^8\ \Omega$$

不难看到，采用半对数坐标纸后，图形在 $d_t$ 方向被压缩，精密度也要受影响。

## 2.3　最小二乘法和一元线性回归

从含有误差的数据中寻求经验方程或提取参数是实验数据处理的重要内容。事实上，用图示法获得直线的斜率和截距就是一种平均处理的方法，但这种方法有一定的主观成分，结果往往因人而异。最小二乘法是一种比较精确的曲线拟合方法。它的判据是：对等精密度测量若存在一条最佳的拟合曲线，那么各测量值与这条曲线上对应点之差（残差）的平方和应取极小值。

本课程将限于讨论用最小二乘法来处理直线的拟合（一元线性回归）问题，并进一步假定在等精密度测量中，只有因变量 $y$ 有误差，自变量 $x$ 作为准确值处理（实际只需 $x$ 的测量误差远小于 $y$ 的测量误差即可）。

### 2.3.1　一元线性回归

设直线的函数形式是 $y = a + bx$。实验测得的数据为 $(x_1, y_1), (x_2, y_2), \cdots, (x_k, y_k)$，其中 $x_1, x_2, \cdots, x_k$ 没有测量误差，$y$ 的最佳值（回归值）是 $a + bx_1, a + bx_2, \cdots, a + bx_k$。用最小二乘原理推算 $a$、$b$ 的值，应满足 $y$ 的测量值 $y_i$ 和回归值 $a + bx_i$ 之差的平方和取极小，即

$$\sum_{i=1}^{k} [y_i - (a + bx_i)]^2 = \min \tag{2.3.1}$$

选择 $a$、$b$ 使式（2.3.1）取极小值的必要条件为

$$\left.\begin{aligned} \frac{\partial}{\partial a}\sum_{i=1}^{k}[y_i - (a + bx_i)]^2 = 0 \\ \frac{\partial}{\partial b}\sum_{i=1}^{k}[y_i - (a + bx_i)]^2 = 0 \end{aligned}\right\} \tag{2.3.2}$$

即有

$$\left.\begin{aligned} \sum_{i=1}^{k} 2[y_i - (a + bx_i)](-1) = 0 \\ \sum_{i=1}^{k} 2[y_i - (a + bx_i)](-x_i) = 0 \end{aligned}\right\} \tag{2.3.3}$$

整理后得

$$\left.\begin{aligned} ak + b\sum_{i=1}^{k} x_i = \sum_{i=1}^{k} y_i \\ a\sum_{i=1}^{k} x_i + b\sum_{i=1}^{k} x_i^2 = \sum_{i=1}^{k} x_i y_i \end{aligned}\right\} \tag{2.3.4}$$

由式（2.3.4）解得

$$\left.\begin{aligned} b &= \frac{\sum x_i \sum y_i - k\sum x_i y_i}{(\sum x_i)^2 - k\sum x_i^2} = \frac{\bar{x}\,\bar{y} - \overline{xy}}{\bar{x}^2 - \overline{x^2}} \\ a &= \frac{\sum x_i y_i \sum x_i - \sum y_i \sum x_i^2}{(\sum x_i)^2 - k\sum x_i^2} = \bar{y} - b\bar{x} \end{aligned}\right\} \tag{2.3.5}$$

$a$、$b$ 称为回归系数。式（2.3.5）中 $\bar{x} = \frac{1}{k}\sum x_i$，$\bar{y} = \frac{1}{k}\sum y_i$，$\overline{x^2} = \frac{1}{k}\sum x_i^2$，$\overline{xy} = \frac{1}{k}\sum x_i y_i$。在进一步的研究中还有一些需要深入讨论的问题，我们将给出一些结论。关于证明，有兴趣的读者可参阅 1.9.3 小节和 2.3.4 小节。

**（1）相关系数 $r$**

任何一组测量值 $\{x_i, y_i\}$ 都可以通过式（2.3.5）得到“回归”系数 $a$、$b$，但 $x_i$ 和 $y_i$ 的线性关系是否强烈却需要讨论，一般可通过计算相关系数 $r$ 来描写：

$$r = \frac{\sum\left[\left(x_i - \frac{1}{k}\sum x_i\right)\left(y_i - \frac{1}{k}\sum y_i\right)\right]}{\sqrt{\sum\left(x_i - \frac{1}{k}\sum x_i\right)^2 \cdot \sum\left(y_i - \frac{1}{k}\sum y_i\right)^2}} = \frac{\overline{xy} - \bar{x}\,\bar{y}}{\sqrt{(\overline{x^2} - \bar{x}^2)(\overline{y^2} - \bar{y}^2)}} \tag{2.3.6}$$

$r$ 是一个绝对值≤1 的数。若 $x$、$y$ 有严格的线性关系（直线 $y = a + bx$ 通过全部的实验点 $x_i$、$y_i, i = 1,2,\cdots$），则 $|r| = 1$；若 $x_i$、$y_i$ 之间线性相关强烈，则 $|r| \approx 1$，$r > 0$ 表示随 $x$ 增加，$y$ 也增加；$r < 0$ 则表示随 $x$ 增加，$y$ 减小；$r = 0$，说明 $x$、$y$ 线性无关。$|r| < 1$，说明 $x$、$y$ 的线性关系未被严格遵守，其原因可以是来自 $y_i$ 的测量误差（$x_i$ 被认为是准确值），也可以是由于 $x$、$y$ 之间存在非线性关系，或者两者兼有。相关系数反映了 $x_i$、$y_i$ 之间的线性相关的程度，但它不能完全代替对线性模型本身的检验。

**（2）$y_i$ 的不确定度估计**

$y_i$为等精度测量，所有的 $y_i$应有相同的标准差 $\sigma(y)$。如果预先不知道 $\sigma(y)$，则可按 $y$ 的有限次测量的标准偏差 $s(y)$ 作为它的估计值：

$$s(y) = \sqrt{\frac{\sum[y_i - (a + bx_i)]^2}{k-2}} \tag{2.3.7}$$

**（3）回归系数的不确定度估计**

$a$、$b$ 的标准偏差（A 类不确定度）由下式给出，即

$$\left.\begin{aligned} u_a(a) &= s(a) = s(y)\sqrt{\frac{\sum x_i^2}{k\sum x_i^2 - (\sum x_i)^2}} = s(y)\sqrt{\frac{\overline{x^2}}{k(\overline{x^2} - \bar{x}^2)}} \\ u_a(b) &= s(b) = s(y)\sqrt{\frac{k}{k\sum x_i^2 - (\sum x_i)^2}} = s(y)\sqrt{\frac{1}{k(\overline{x^2} - \bar{x}^2)}} \end{aligned}\right\} \tag{2.3.8}$$

通常，回归系数和相关系数已经算出，这时 $a$、$b$ 的标准偏差可由下式得到，即

$$\left.\begin{aligned} u_a(b) &= s(b) = b\sqrt{\frac{1}{k-2}\left(\frac{1}{r^2} - 1\right)} \\ u_a(a) &= s(a) = \sqrt{\overline{x^2}} \cdot u_a(b) \end{aligned}\right\} \tag{2.3.9}$$

回归系数 $a$、$b$ 的 B 类不确定度由下式得到，即

$$u_b(b)=u_b(y)\sqrt{\frac{1}{k(\overline{x^2}-\bar{x}^2)}}$$

$$u_b(a)=u_b(b)\sqrt{\overline{x^2}} \tag{2.3.10}$$

### 2.3.2　应用举例——单摆测重力加速度

[例]　单摆的摆长 $L=l+d/2$（图 2.3.1）。在不同 $l$ 下，测定单摆摆动 50 个周期的时间如表 2.3.1 所列。试用一元线性回归方法，求出重力加速度 $g$。

表 2.3.1　单摆周期与摆长关系

| $i$ | 1 | 2 | 3 | 4 | 5 | 6 | 7 | 8 | 9 | 10 |
|---|---|---|---|---|---|---|---|---|---|---|
| $l_i$/cm | 28.70 | 38.70 | 48.70 | 58.70 | 68.70 | 78.70 | 88.70 | 98.70 | 108.70 | 118.70 |
| $50T_i$/s | 55.30 | 63.26 | 70.90 | 77.81 | 84.02 | 89.74 | 95.13 | 100.44 | 105.35 | 109.78 |

[解]　$$T=2\pi\sqrt{\frac{l+d/2}{g}}$$

$T$ 和 $l$ 之间不存在简单的线性关系，不能直接使用一元线性回归方法。为此，对上式取平方并做整理得

$$l=\frac{g}{4\pi^2}T^2-\frac{d}{2}$$

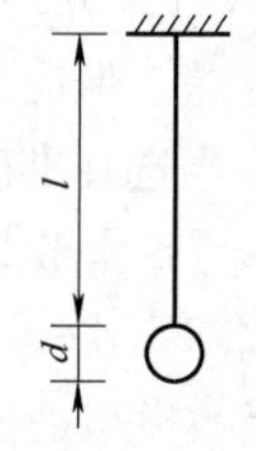

图 2.3.1　单摆测重力加速度

设 $x=T^2$，$y=l$（周期 $T$ 测量的准确度较高，故选 $T^2$ 为自变量），即可由回归方程 $y=a+bx$ 求得 $g=4\pi^2 b$。

列表计算及结果如表 2.3.2 所列（考虑到最后要计算 $g$ 的不确定度，中间过程的数据取位适当增加）。

表 2.3.2　回归计算列表及结果

| 类别 | $x_i=T_i^2$ | $x_i^2=T_i^4$ | $y_i=l_i$ | $y_i^2=l_i^2$ | $x_iy_i=l_iT_i^2$ |
|---|---|---|---|---|---|
| 1 | 1.223 38 | 1.496 6 | 28.70 | 823.69 | 35.111 |
| 2 | 1.600 66 | 2.562 1 | 38.70 | 1 497.69 | 61.946 |
| 3 | 2.010 72 | 4.043 0 | 48.70 | 2 371.69 | 97.922 |
| 4 | 2.421 76 | 5.864 9 | 58.70 | 3 445.69 | 142.157 |
| 5 | 2.823 74 | 7.973 5 | 68.70 | 4 719.69 | 193.991 |
| 6 | 3.221 31 | 10.376 8 | 78.70 | 6 193.69 | 253.517 |
| 7 | 3.618 9 | 13.103 6 | 88.70 | 7 867.69 | 321.084 |
| 8 | 4.035 28 | 16.283 5 | 98.70 | 9 741.69 | 398.282 |
| 9 | 4.439 41 | 19.708 4 | 108.70 | 11 815.69 | 482.564 |
| 10 | 4.820 62 | 23.238 4 | 118.70 | 14 089.69 | 572.208 |
| Σ | 30.216 8 | 104.650 8 | $7.370\,0\times10^2$ | $6.256\,7\times10^4$ | $2.558\,78\times10^3$ |
| 平均 | 3.021 68 | 10.465 08 | 73.700 | $6.256\,7\times10^3$ | $2.558\,78\times10^2$ |

$$a=\frac{\sum x_iy_i\sum x_i-\sum y_i\sum x_i^2}{(\sum x_i)^2-k\sum x_i^2}=\frac{2.55878\times10^3\times30.2168-737.00\times104.6508}{(30.2168)^2-10\times104.6508}\text{ cm}=-1.43\text{ cm}$$

$$b=\frac{\sum x_i\sum y_i-k\sum x_iy_i}{(\sum x_i)^2-k\sum x_i^2}=\frac{30.2168\times737.00-10\times2558.78}{(30.2168)^2-10\times104.6508}\text{ cm/s}^2=24.863\text{ cm/s}^2$$

$$r=\frac{\overline{xy}-\bar{x}\bar{y}}{\sqrt{(\overline{x^2}-\bar{x}^2)(\overline{y^2}-\bar{y}^2)}}=0.999949999$$

$$g=4\pi^2b=4\pi^2\times24.863\text{ cm/s}^2=981.55\text{ cm/s}^2$$

如略去其他不确定度分量的贡献，则有

$$u(b)=b\sqrt{\frac{1}{k-2}\left(\frac{1}{r^2}-1\right)}=0.088\text{ cm/s}^2,\quad u(g)=4\pi^2u(b)=3.47\text{ cm/s}^2$$

$$g=(982\pm3)\text{ cm/s}^2=(9.82\pm0.03)\text{ m/s}^2$$

### 2.3.3　小结

① 公式（2.3.5）建立在最小二乘的基础上，在各种可能的直线中，回归系数 $a$、$b$ 具有最小的方差。但应当注意公式的使用条件：等精密度测量并且自变量 $x$ 无测量误差。因此在使用时应当选择准确度较高的物理量作为自变量，并且确认不同的 $y$ 有大体相同的标准差，即 $\sigma(y_i)\approx$常数。

② 在求得回归系数 $a$、$b$ 以后，应当做线性关系的检验。这里包含着两层意思：$y$ 和 $x$ 的单一线性函数模型是否合理（是否还有非线性效应或其他物理量的影响等）以及是否会因为测量误差过大（甚至存在粗差）而在实际上掩盖了这种线性规律。在本课程中要求如下：

ⅰ. 利用物理规律或其他方法（如作图）确认线性关系 $y=a+bx$ 的存在。例如：电容充放电法测高阻 $\ln d=a+bt$（见图 2.2.3 示例）；单摆测重力加速度 $l=a+bT^2$（见图 2.3.1 示例）等。

ⅱ. 计算相关系数 $r$，并检查是否有 $|r|\approx1$。

顺便指出，本课程未对相关系数检验的定量指标做出讨论，也未涉及线性相关的其他显著性检验，这些均已超出课程的基本要求。在基础物理实验中，被测量之间的函数关系一般事先已经确定，线性关系在物理上可以得到保证，因此只要测量误差不是太大，$|r|$ 通常是非常接近 1 的。

③ 回归系数 $a$、$b$ 的 A 类不确定度估计由式（2.3.7）和式（2.3.8）给出。这里再次强调，上述公式是建立在忽略 $x$ 的测量误差和对 $y$ 进行等精密度测量的基础上的。式（2.3.8）中的 $u_a(a)$ 和 $u_a(b)$ 也只涉及通过重复测量可以反映出来的随机误差（有时也包括已经随机化了的部分未定系统误差）的贡献。

④ 最小二乘法是一种应用广泛的曲线拟合方法，本课程仅限于讨论直线拟合的问题，但利用曲线改直的方法，可以扩大一元线性回归的应用领域。上例中就是利用了摆长和周期的平方存在线性关系来求得加速度的。

应当注意回归系数 $a$、$b$ 的物理意义。在上例中 $a=-\frac{d}{2}$，所以 $d=-2a$，由此可以求得摆球直径的估计值。有些物理问题中，理论上应有 $a=0$，这时一般应按 $y=bx$ 进行最小二乘法处理。但也应注意另一类情况，理论上应有 $a=0$，但按 $y=a+bx$ 拟合后，发现 $a$ 并不能在误差范围内近似为 0，这时应检查具体原因，可能存在与 $a$ 有关的定值系统误差。

### 2.3.4 一元线性回归系数的标准偏差

回归系数 $a$、$b$ 的标准差计算并不复杂，可由不确定度的方差合成公式（1.4.4）直接得到。只要注意到：

① $x$ 无测量误差，所以所有 $x_i$ 可按常数处理。

② $y$ 为等精密度测量，所以所有 $y_i$ 有相同的标准差 $u(y_i)=\sigma(y)$。

由式（2.3.5），有

$$b=\frac{\bar{x}\bar{y}-\overline{xy}}{\bar{x}^2-\overline{x^2}}=\frac{\bar{x}\sum y_i-\sum x_i y_i}{k(\bar{x}^2-\overline{x^2})}=\frac{\sum(\bar{x}-x_i)y_i}{k(\bar{x}^2-\overline{x^2})} \tag{2.3.11}$$

所以

$$\sigma^2(b)=\frac{\sum(\bar{x}-x_i)^2\sigma^2(y_i)}{[k(\bar{x}^2-\overline{x^2})]^2}=\frac{\sigma^2(y)\sum(\bar{x}-x_i)^2}{[k(\bar{x}^2-\overline{x^2})]^2}=\frac{\sigma^2(y)}{k(\overline{x^2}-\bar{x}^2)} \tag{2.3.12}$$

推导中利用了

$$\begin{aligned}\sum_{i=1}^{k}(\bar{x}-x_i)^2&=\sum(\bar{x}^2-2\bar{x}x_i+x_i^2)=\sum\bar{x}^2-2\bar{x}\sum x_i+\sum x_i^2\\&=k\bar{x}^2-2\bar{x}k\bar{x}+k\,\overline{x^2}=k(\overline{x^2}-\bar{x}^2)\end{aligned}$$

类似地

$$a=\bar{y}-b\bar{x}=\bar{y}-\bar{x}\frac{\bar{x}\bar{y}-\overline{xy}}{\bar{x}^2-\overline{x^2}}=\frac{\bar{x}\,\overline{xy}-\overline{x^2}\bar{y}}{\bar{x}^2-\overline{x^2}}=\frac{\bar{x}\sum x_i y_i-\overline{x^2}\sum y_i}{k(\bar{x}^2-\overline{x^2})}=\frac{\sum(\bar{x}x_i-\overline{x^2})y_i}{k(\bar{x}^2-\overline{x^2})} \tag{2.3.13}$$

即有

$$\begin{aligned}\sigma^2(a)&=\frac{\sum(\bar{x}x_i-\overline{x^2})^2\sigma^2(y_i)}{k^2(\bar{x}^2-\overline{x^2})^2}=\frac{\sum[\bar{x}^2x_i^2+(\overline{x^2})^2-2\bar{x}\,\overline{x^2}x_i]}{[k(\bar{x}^2-\overline{x^2})]^2}=\sigma^2(y)\frac{\bar{x}^2\sum x_i^2+\sum(\overline{x^2})^2-2\bar{x}\,\overline{x^2}\sum x_i}{[k(\bar{x}^2-\overline{x^2})]^2}\\&=\sigma^2(y)\frac{\bar{x}^2\cdot k\,\overline{x^2}+k(\overline{x^2})^2-2\bar{x}\,\overline{x^2}k\bar{x}}{[k(\bar{x}^2-\overline{x^2})]^2}=\sigma^2(y)\frac{(\overline{x^2})^2-\bar{x}^2\,\overline{x^2}}{k(\bar{x}^2-\overline{x^2})^2}=\frac{\overline{x^2}\sigma^2(y)}{k(\overline{x^2}-\bar{x}^2)}\end{aligned} \tag{2.3.14}$$

如果预先不知道 $y$ 的标准差 $\sigma(y)$，则可以按有限次测量的标准偏差 $s(y)$ 作为它的估计值，即

$$s(y)=\sqrt{\frac{\sum[y_i-(a+bx_i)]^2}{k-2}}$$

此即式（2.3.7）。它和随机误差的标准偏差计算公式（1.2.6）非常类似，只是分母不是 $k-1$ 而是 $k-2$。这一点是与下列事实相关联的：式（1.2.6）中用平均值代替真值，自由度减少 1；而一元线性回归用回归值代替真值时，使用了 $a$、$b$ 两个关系式，自由度减少 2。

至于式（2.3.9），可由式（2.3.8）结合式（2.3.5）~式（2.3.7）的关系直接得出，这里不再赘述。

## 2.4 逐差法

在一些特定条件下，可以用简单的代数运算来处理一元线性拟合问题。逐差法就是其中

之一，它与图示法相比，没有人为拟合的随意性；与最小二乘法相比，计算上简单一些，但结果相近，在物理实验中也经常使用。

### 2.4.1　线性关系和一次逐差处理

设自变量和因变量之间存在线性关系 $y=a+bx$，并已测得一组相关实验数据：$(x_1,y_1)$，$(x_2,y_2)$，…，$(x_k,y_k)$。

为确定起见，设 $k$ 是偶数 $k=2n$，我们把数据分成两组，用“；”隔开：

$$x_1,x_2,\cdots,x_n;\ x_{n+1},x_{n+2},\cdots,x_{2n}$$
$$y_1,y_2,\cdots,y_n;\ y_{n+1},y_{n+2},\cdots,y_{2n}$$

用后一组的测量值和前一组测量值对应相减（隔 $n$ 项逐差），并利用公式 $y=a+bx$ 得到

$$\left.\begin{array}{lll} x_{n+1}-x_1, & y_{n+1}-y_1, & b_1=(y_{n+1}-y_1)/(x_{n+1}-x_1) \\ x_{n+2}-x_2, & y_{n+2}-y_2, & b_2=(y_{n+2}-y_2)/(x_{n+2}-x_2) \\ \cdots\cdots & & \cdots\cdots \\ x_{2n}-x_n, & y_{2n}-y_n, & b_n=(y_{2n}-y_n)/(x_{2n}-x_n) \end{array}\right\} \tag{2.4.1}$$

取平均值

$$\bar{b}=\frac{1}{n}\sum_{i=1}^{n}b_i=\frac{1}{n}\sum_{i=1}^{n}\frac{y_{n+i}-y_i}{x_{n+i}-x_i} \tag{2.4.2}$$

通常逐差法更多地用于自变量等间隔分布的情况，这时 $x_{n+i}-x_i=\Delta_n x$，$y_{n+i}-y_i=\Delta_n y_i$（$i=1，2，\cdots，n$），故

$$\bar{b}=\frac{1}{n\Delta_n x}\sum_{i=1}^{n}(y_{n+i}-y_i)=\frac{\overline{\Delta_n y}}{\Delta_n x} \tag{2.4.3}$$

求得 $\bar{b}$ 后可由 $\sum_{i=1}^{k}y_i=\sum_{i=1}^{k}a+b\sum_{i=1}^{k}x_i$ 求出

$$\bar{a}=\frac{1}{k}\left(\sum_{i=1}^{k}y_i-\bar{b}\sum_{i=1}^{k}x_i\right) \tag{2.4.4}$$

$b$ 的不确定度由式（2.4.3）可知

$$u(b)=\bar{b}\sqrt{\left[\frac{u(\Delta_n x)}{\Delta_n x}\right]^2+\left[\frac{u(\Delta_n y)}{\overline{\Delta_n y}}\right]^2} \tag{2.4.5}$$

其中

$$u(\Delta_n y)=\sqrt{u_{\mathrm{a}}^2(\Delta_n y)+u_{\mathrm{b}}^2(\Delta_n y)}$$
$$u(\Delta_n x)=u_{\mathrm{b}}(\Delta_n x)$$

在等精度测量条件下

$$u_{\mathrm{a}}(\Delta_n y)=\sqrt{\frac{\sum_{i=1}^{k}(\Delta_n y_i-\overline{\Delta_n y})^2}{(n-1)n}} \tag{2.4.6}$$

注意 $n=k/2$ 是测量次数的一半。

如果 $k$ 为奇数，设 $k=2n-1$，类似地有

$$b_i=\frac{y_{n+i}-y_i}{x_{n+i}-x_i}\qquad(i=1,2,\cdots,n-1)$$

$$\bar{b} = \frac{1}{n-1}\sum_{i=1}^{n-1}\frac{y_{n+i}-y_i}{x_{n+i}-x_i} \tag{2.4.7}$$

## 2.4.2　应用举例

［例］　重新处理 2.3 节中单摆测重力加速度的例子。

表 2.4.1　逐差法处理单摆测重力加速度

| $i$ | $x_i = l_i/\text{cm}$ | $y_i = T_i^2/\text{s}^2$ | $\Delta_5 x_i = l_{5+i} - l_i$ | $\Delta_5 y_i = T_{5+i}^2 - T_i^2$ |
|---|---|---|---|---|
| 1 | 28.70 | 1.223 38 | 50.00 | 1.997 93 |
| 2 | 38.70 | 1.600 66 | 50.00 | 2.019 23 |
| 3 | 48.70 | 2.010 72 | 50.00 | 2.024 56 |
| 4 | 58.70 | 2.421 76 | 50.00 | 2.017 65 |
| 5 | 68.70 | 2.823 74 | 50.00 | 2.002 46 |
| 6 | 78.70 | 3.221 31 | | |
| 7 | 88.70 | 3.619 89 | | |
| 8 | 98.70 | 4.035 28 | | |
| 9 | 108.70 | 4.439 41 | | |
| 10 | 118.70 | 4.820 62 | | |

［解］　由 $T^2 = \frac{4\pi^2}{g}\left(l + \frac{d}{2}\right)$，可得 $\bar{b} = \frac{4\pi^2}{g}$，又

$$\bar{b} = \frac{1}{5}\sum_{i=1}^{5}\frac{T_{5+i}^2 - T_i^2}{l_{5+i} - l_i} = \frac{1}{5\Delta_5 x}\sum_{i=1}^{5}(T_{5+i}^2 - T_i^2) = \frac{\overline{\Delta_5 y}}{\Delta_5 x}$$

$$\overline{\Delta_5 y} = \frac{1.997\,93 + 2.019\,23 + 2.024\,56 + 2.017\,65 + 2.002\,46}{5}\text{s}^2 = 2.012\,37\ \text{s}^2$$

$$\bar{b} = \frac{2.012\,37}{50.00}\text{s}^2/\text{cm} = 0.040\,247\text{s}^2/\text{cm}$$

$$g = \frac{4\pi^2}{\bar{b}} = \frac{4\pi^2}{0.040\,247}\ \text{cm/s}^2 = 980.9\ \text{cm/s}^2$$

$$\frac{u(g)}{g} = \frac{u(\bar{b})}{\bar{b}} = \sqrt{\left[\frac{u(\Delta_5 x)}{\Delta_5 x}\right]^2 + \left[\frac{u(\overline{\Delta_5 y})}{\overline{\Delta_5 y}}\right]^2}$$

其中

$$u(\Delta_5 x) = \frac{0.5}{\sqrt{3}}\ \text{mm} = 0.028\,868\ \text{cm}$$

忽略 $\Delta_5 y$ 的 b 类不确定度，有

$$u(\Delta_5 y) = u_a(\Delta_5 y) = \sqrt{\frac{\sum_{i=1}^{5}(\Delta_5 y_i - \overline{\Delta_5 y})^2}{5\times 4}}\ \text{s}^2 = 0.004\,647\,84\ \text{s}^2$$

$$\frac{u(g)}{g} = \frac{u(\bar{b})}{\bar{b}} = \sqrt{\left[\frac{0.028\,868}{50.00}\right]^2 + \left[\frac{0.004\,647\,84}{2.012\,37}\right]^2} = 2.38\times 10^{-3}$$

$$u(g) = g \cdot \frac{u(g)}{g} = 2.3\ \text{cm/s}^2$$

所以

$$g = (9.81 \pm 0.02)\ \text{m/s}^2$$

说明：

① 逐差法多用在自变量等间隔测量的情况，它的优点是能充分利用数据，计算也比较简单，且计算时有某种平均效果，还可以绕过一些具有确定值的未知量而直接得到“斜率”。本例中，就绕过了摆球直径 $d$ 的数据，而直接得到了重力加速度的估计值。

② 用逐差法计算线性函数的系数时，必须把数据分为两半，并对前后两半的对应项进行逐差，不应采用逐项逐差的办法处理数据。后者不仅会使计算的精密度下降（$\Delta_n y_i = y_{n+i} - y_i$ 的相对不确定度为 $\sqrt{u^2(y_{n+i}) + u^2(y_i)}/(y_{n+i} - y_i)$，易见间隔的项数 $n$ 越小，相对不确定度越大），而且不能均匀地使用数据，特别是在自变量等间隔分布时，将只计及首尾项的贡献（中间各项互相抵消），使多组测量失去意义。仍以 2.3 节单摆数据为例，逐项逐差的结果是

$$b = \frac{1}{10}\left[\frac{T_2^2 - T_1^2}{\Delta_1 l} + \frac{T_3^2 - T_2^2}{\Delta_1 l} + \frac{T_4^2 - T_3^2}{\Delta_1 l} + \cdots + \frac{T_{10}^2 - T_9^2}{\Delta_1 l}\right] = \frac{1}{10\Delta_1 l}[T_{10}^2 - T_1^2]$$

只剩下 $T_1$ 和 $T_{10}$ 的贡献。式中，$\Delta_1 l = l_{i+1} - l_i = 10.00\ \text{cm}$。

③ 用逐差只能处理线性函数或多项式形式的函数。后者需用多次逐差，因为使用很少，精密度也低，这里不做介绍。

## 2.5 第 2 章练习题

1. 弹簧自然长度 $l_0 = 10.00\ \text{cm}$，以后依次增加砝码 10 g，测得长度依次为 10.81，11.60，12.43，13.22，14.01，14.83，15.62（单位：cm）。试按列表法要求将原始数据列表并验证虎克定律：$F = -kx$。

2. 阻尼振动实验中，每隔 1/2 周期（周期 $T = 2.56\ \text{s}$），测得振幅 $A$ 的数据如表 2.5.1 所示。

表 2.5.1 题 2 表

| 半周期数 | 1 | 2 | 3 | 4 | 5 | 6 |
|---|---|---|---|---|---|---|
| $A$/div | 60.0 | 31.0 | 15.2 | 8.0 | 4.2 | 2.2 |

试用图示法验证振幅变化满足指数衰减规律，并求出衰减系数。

3. 用最小二乘原理证明：在一组测量值 $N_1, N_2, \cdots, N_k$ 中，真值的最佳估计值是它的算术平均值 $\overline{N} = \sum N_i / k$。

4. 试证明由最小二乘原理拟合的直线，通过数据点的“重心”$(\overline{x}, \overline{y})$。

5. 已知铜棒长度随温度变化的关系为 $l = l_0(1 + \alpha t)$，试用一元线性回归方法由表 2.5.2 中的数据求线膨胀系数 $\alpha$。

表 2.5.2　题 5 表

| $i$ | 1 | 2 | 3 | 4 | 5 | 6 |
|---|---|---|---|---|---|---|
| $t_i$/℃ | 10.0 | 20.0 | 25.0 | 30.0 | 40.0 | 45.0 |
| $l_i$/mm | 2 000.36 | 2 000.72 | 2 000.80 | 2 001.07 | 2 001.48 | 2 001.60 |

6. 给出题 5 中铜棒在 35.0 ℃时 $l$ 的最佳估计值。

7. 用图示法来求得 2.3 节实例中摆球的直径。

8. 用逐差法来求得 2.3 节实例中摆球的直径。

9. 伏安法测电阻的实验中，数据如表 2.5.3 所列。

表 2.5.3　题 9 表

| $i$ | 1 | 2 | 3 | 4 | 5 | 6 | 7 |
|---|---|---|---|---|---|---|---|
| $V$/V | 0 | 0.50 | 1.00 | 1.50 | 2.00 | 2.50 | 3.00 |
| $I$/mA | 0 | 36 | 77 | 116 | 145 | 190 | 231 |

试用图示法求出电阻值。

10. 重新讨论第 9 题，结合仪器误差，计算各测量值的相对不确定度。说明上述数据处理有什么缺点？

11. 高温计温度 $t$ 和电流 $I$ 之间的经验公式为：$t = a + bI + cI^2$。已测得 $m$ 组不同温度下的电流值（$t_i, I_i$），$i = 1, 2, \cdots, m$。试由最小二乘法求出参数 $a, b, c$ 的最佳估计值。

# 第3章 实验预备知识

## 3.1 电学实验预备知识

### 3.1.1 电学实验操作规程

① 分析线路图。实验线路一般分为电源部分、控制部分和测量部分。在线路中找出这三部分并了解其功能。

② 合理安排仪器。在看懂线路图的基础上，把需要经常操作的仪器放在手边，需要经常读数据的仪表放在眼前，并按实验安全、操作方便和走线合理的原则来布置仪器。

③ 按回路接线法连线和查线。布置好仪器后，将线路图分解为若干回路，由第一个回路的高电位点开始连线，循回路连至电位最低点，然后再接第二个回路，这样一个回路、一个回路地接线称回路接线法。连线后再按回路检查，保证接线正确无误。

在连接时可利用不同颜色的导线，以标示电路的电位高低，也便于检查。一般用红色或浅色导线接正极或高电位，用黑色或深色导线接负极或低电位。导线要长短合适，走线美观整齐。最后还要特别指出，连线时电源要先空出一端，在所有开关打开的情况下最后连入电路，绝对不可先接通电源。

④ 检查仪器零点与安全位置。在接电源前要检查各电表指针是否指零并检查各电器是否处于安全位置：电键处于“开”位，滑线变阻器滑动端处于使电路中电流最小或电压最低位置，电阻值处于预估值，电表量程合适等。如不符合要求则需进行调整。

⑤ 瞬态试验和“宏观”粗测。在确信线路连接无误后，先跃接电源开关，密切观察线路状况有无异常，若出现异常（如电源不能启动、发热、有焦味、表针反转、表针超量程等），则应立即断电，一定要检查出异常的原因，方可再次试接通。若情况正常，则正式接通电源。然后粗调控制电路，宏观、全面地查看测量仪器的变化，待心中有数后，再仔细调节至实验的最佳状态，进行数据测量。当需要更换电路或元器件时，应将电路中各仪器的有关旋钮拨到安全位置，然后断开开关，再改接电路。

⑥ 实验完毕先断电源。实验结束后，应将电路中仪器旋钮拨到安全位置，断开开关，经教师检查实验数据后再拆线。拆线时要先断开电源，拆下电源两端连线再拆其他导线，以免无意中造成电源短路，然后将仪器还原至非工作状态（如电源输出旋钮打至“最小”，检流计处于“短路”等），并归位放置，最后把导线捆扎好，将实验台收拾整齐。

## 3.1.2　电学基本仪器

### 1. 直流电源

**（1）晶体管直流稳压电源**

晶体管直流稳压电源的输出电压有的为固定的，有的为连续可调的；有的仅有一路输出，有的可有两路输出，甚至有多路输出，使用起来很方便。晶体管稳压电源内阻小，输出电压长期稳定性好，瞬时稳定性稍差。对有两路或多路输出的电源，应注意仪器所显示的电压是哪一路的输出，不可盲目调节。使用时注意电压的调节范围和额定电流值。实验室中最常用的稳压电源的电压调节范围是 0 ~ 30 V，最大电流 1 ~ 3 A。一般稳压电源的输出可通过面板上的表头读出，使用时注意选对开关（许多双路电源共用一个表头，而且电压表和电流表也是切换使用的），其指示一般也不能作为准确值（精度偏低）。

**（2）干电池**

干电池的优点是体积小，安装方便，内阻小，电压瞬时稳定性好；缺点是长期稳定性较差，有寿命限制，长期使用后电压降低，内阻增加，直至报废。干电池的主要特性包括几何尺寸、标称（输出）电压和容量。常用的有 1 号、2 号、5 号干电池等，标称输出电压 1.5 V。另一类实验室常用的电池是层叠电池，标称电压分 6 V、9 V、15 V 等几种。需要指出的是干电池的寿命与放电条件有关，超过正常的放电电流范围，会大大缩短电池的使用寿命，甚至失效报废。仪器盒中的干电池较长时间不用时，应及时取出；电压低于终止值时必须更换，以免损坏仪器。

**（3）直流稳流电源**

直流稳流电源的内阻很大，可在一定负载范围内输出稳定的电流。电流大小可调。

选用电源要注意功率要求。在输出电压符合需求的情况下，要注意其电流是否在额定范围之内，电流过载，将导致电源急剧发热而损坏。对**稳压电源、干电池，要特别防止短路**。有些稳压电源具有过载保护功能，在短路或过载时，会自动切断或限制输出，这时应首先排除故障，才能重新启动使用。

### 2. 直流电表

直流电表是指用于直流电路中的电流表（毫安表、微安表、安培表）及电压表（毫伏表、伏特表）。在物理实验中常用的为指针式磁电仪表和数字电压表。

**（1）指针式磁电仪表**

指针式磁电仪表的结构示意图如图 3.1.1 所示。将一个可以自由转动的线圈放在永久磁铁的磁场（径向均匀分布）内，当有电流流过时，线圈受电磁力矩作用而偏转，同时弹簧游丝又给线圈一个反向回复力矩，使线圈平衡在某一角度，线圈偏转角度的大小与所通过的电流成正比。

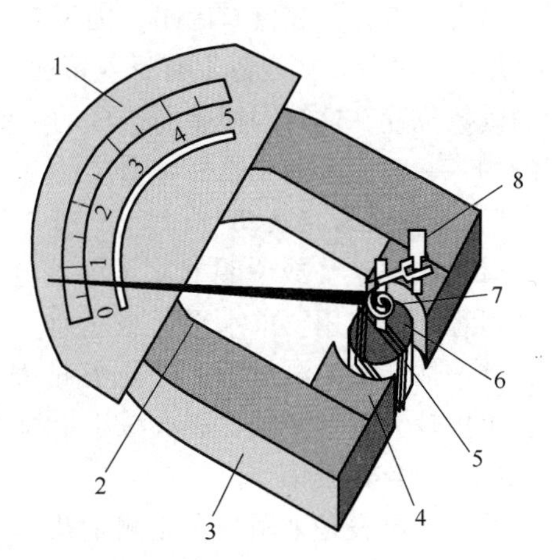


图 3.1.1　指针式磁电仪表结构示意图

1—刻度盘　2—指针　3—永久磁铁　4—极掌　5—线圈　6—软铁芯　7—游丝　8—调零器

指针式电表的主要规格指量程、内阻和准确

度等级。它的某些技术指标、性能、使用条件等常用符号标在表盘上，现择要列举于表3.1.1中。

表3.1.1　表盘上的符号及意义

| 符号 | ∩ | — | ≃ | 1.0 | ⊓ | ⊥ | Ω/V |
|---|---|---|---|---|---|---|---|
| 意义 | 磁电式 | 直流 | 交直流两用 | 准确度等级 | 平放 | 竖放 | 电压表内阻：每伏欧姆数 |

**1）电表的量程和内阻**

量程表示可测量的范围，一块表可以是多量程的。内阻对电表的性能有着极大的影响，其大小可由说明书查出，精确数值须由实验测定。电压表的内阻常表示为每伏欧姆数，不同量程电压表的内阻可由下式计算，即

$$\text{内阻}=\text{量程}\times\text{每伏欧姆数}$$

**2）电表的准确度等级和仪器误差限**

国家标准规定，电表一般分为0.1，0.2，0.5，1.0，1.5，2.5，5.0七个准确度等级，电表出厂时通常已将等级标在表盘上。

仪器误差限是指在规定的（计量检定）条件下，电表所具有的允许误差范围。指针式电表的仪器误差限$\Delta_m$可按下式进行计算，即

$$\Delta_m = N_m \cdot a_m\% \tag{3.1.1}$$

式中，$N_m$是电表的量程；$a_m$是电表的等级。

**3）电表测量值的相对误差限**

电表测量值的相对误差的极限可由仪器误差限$\Delta_m$与测量值$N_x$之比求出：即

$$E = \frac{\Delta_m}{N_x} = \frac{N_m}{N_x} \cdot a_m\% \tag{3.1.2}$$

显然，$E$因$N_x$的增大而减小，故从减小测量误差考虑，应选择合适的量程，使测量值接近或达到满量程，一般不应小于2/3量程，至少不小于1/2量程。

**4）电表的读数**

电表的指针与表盘有间距，因视差而使读数不准。为消除视差，眼睛需正对指针。通常1.0级以上的电表在表盘上有反射镜面，观察时，只有指针与镜面中指针的像重合，才是正确的读数位置，这时因视差而造成的读数误差可以忽略。电表的表盘分度与准确度等级是相匹配的，一般应读到仪表最小分度的1/10或1/5。

**5）电表的正确使用**

首先从表盘（或说明书）了解该电表的技术规格及使用条件，认清接线柱的极性及对应的量程。按使用要求水平（或垂直）地放置在便于观测的位置，用调零钮调整好机械零点，并按估计出的测量值大小选好量程后再行连线。有时测量值大小无法估计，为安全起见，可由较大量程开始，逐次减小量程，以保证测量值既最接近量程，又不超量程。

**（2）数字电压表**

数字电压表是采用数字化测量技术，把连续的模拟量（直流输入电压）转换成离散的数字量并加以显示的仪表，它可以与计算机接口组成自动化测试系统，还可以配以各种转换器实现对其他电学量的测量，如测量电流、电阻、电容、电感、频率、温度等，这种功能齐全的数字表又称为数字万用表。

数字电压表具有测量准确度高（高质量的数字电压表显示位数可达 7 ~ 8 位，相对误差可小到 ± 0.000 1%）、输入阻抗高（一般的数字电压表为 1 MΩ 或 10 MΩ，最高可达 $10^{10}$ Ω）、分辨率高（最高可达 1 μV）、抗干扰能力强等特点。

数字电压表按显示位数可分为三位半、四位半、五位半、六位、八位等。其中位数指数字电压表能完整地显示数字的最大位数，能显示出 0 ~ 9 这十个数字称为一个整位，最高位只能显示 0 和 1 的称为半位。例如能显示“999 999”时称为六位；最大能显示“19 999”的称为四位半，半位都是出现在最高位。

数字电压表的仪器误差限有如下两种表示形式：

$$\Delta_{\text{仪}} = a\% U_x + b\% U_{\text{m}} \tag{3.1.3}$$

$$\Delta_{\text{仪}} = a\% U_x + n \text{ 字} \tag{3.1.4}$$

式中，$a$ 是误差的相对项系数，即数字电压表的准确度等级；$b$ 是误差的绝对项系数；$U_x$是测量指示值；$U_{\text{m}}$是满度值；$n$ 代表仪器固定项误差，是最小量化单位的整倍数，只取 1,2,⋯ 等数字。例如，某数字电压表 $\Delta_{\text{仪}} = 0.02\% U_x + 2$ 字，则其固定项误差是最小量化单位的 2 倍。一个 2 V 量程的数字电压表，若示值为 1.478 6 V，最小量化单位是 0.000 1 V，则 $\Delta U = (0.02\% \times 1.478\,6 + 2 \times 0.000\,1)\ \text{V} \approx 5 \times 10^{-4}\ \text{V}$。

### 3. 电阻箱

电阻箱一般由锰铜线绕制的精密电阻串联而成，通过十进位旋钮使阻值改变。电阻箱的主要规格是总电阻、额定功率（即允许使用的最大功率）和准确度等级。以 ZX-21 型旋钮式直流电阻箱为例，如图 3.1.2 所示，总电阻为 $9 \times (0.1 + 1 + 10 + \cdots + 10\,000)$ Ω，有六个十进旋钮盘，四个接线柱。若所需电阻在 0 ~ 0.9 Ω 范围内，则用“0”与“0.9”Ω 接线柱；在 0.9 ~ 9.9 Ω 范围内，则用“0”与“9.9”Ω 接线柱。这可避免电阻箱其余部分的接触电阻和导线电阻对低电阻的附加误差。

电阻箱仪器误差计算式为

$$\Delta_{\text{仪}}(R) = \sum_i a_i\% \cdot R_i + R_0 \tag{3.1.5}$$

式中，$a_i$ 为电阻箱各示值盘的准确度等级；$R_i$ 为各示值盘的示值；$R_0$ 为残余电阻。常用铭牌标出各示值盘的不同准确度等级。较早期的电阻箱准确度处理比较粗糙，也不太合理，只给出单一等级，各电阻盘的准确度视为相同。图 3.1.3 是 ZX-21 型电阻箱的铭牌，第二行的数值是以百万分数（$10^{-6}$）表示的准确度，由此可换算出该示值盘准确度等级百分数 $a_i\%$。以 ×10 000 示值盘为例：

99 999.9 Ω
9.9 Ω
0.9 Ω
0
×10 000
×1 000
×100
×10
×1
×0.1

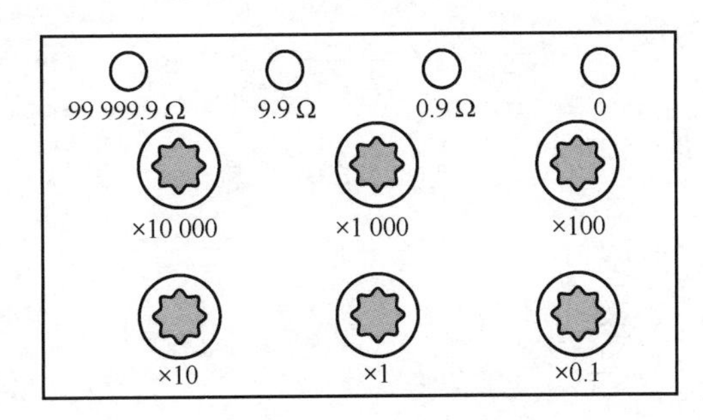

图 3.1.2 直流多值电阻箱

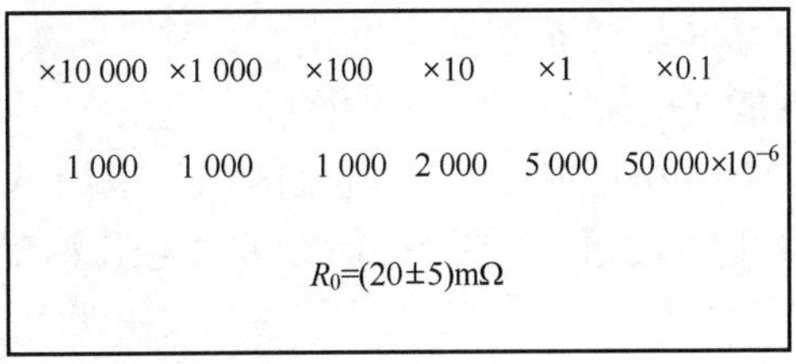

×10 000 ×1 000 ×100 ×10 ×1 ×0.1
1 000 1 000 1 000 2 000 5 000 50 000×10⁻⁶
R₀=(20±5)mΩ

图 3.1.3 ZX-21 型电阻箱铭牌

$$a_i\% = 1\,000 \times 10^{-6} = 0.001 = 0.1\%$$

故该电阻盘 $a_i = 0.1$。同理可得其他各电阻盘的准确度等级：×10 000～×100 各电阻盘均为 0.1 级，×10 电阻盘为 0.2 级，×1 电阻盘为 0.5 级，×0.1 电阻盘为 5.0 级。可见电阻越小，准确度越低。

**4. 滑线变阻器**

滑线变阻器是一种阻值可连续调节的电阻器，由均匀密绕在瓷管上的电阻丝构成，它有两个固定的接线端 $A$ 和 $B$ 以及一个在线圈上滑动的滑动端 $C$，如图 3.1.4 所示。滑线变阻器的主要规格是全电阻值和额定电流。

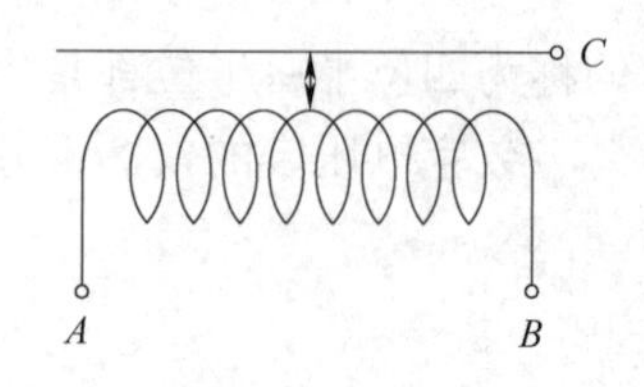


图 3.1.4　滑线变阻器

滑线变阻器在电路中常用作串联可变电阻，起控制电流大小的作用；或并联于电路中组成分压电路，起调节电压高低的作用。应当根据在电路中的作用及外接负载的情况来选用适当阻值和额定电流的变阻器。

**(1) 制流作用**

图 3.1.5 所示为滑线变阻器的制流电路。电路中 $R_L$ 为负载，$R$ 为滑线变阻器。根据欧姆定律，此电路中的电流 $I$（电流表的内阻略去）为

$$I = \frac{V_0}{R_L + R_{AC}} \tag{3.1.6}$$

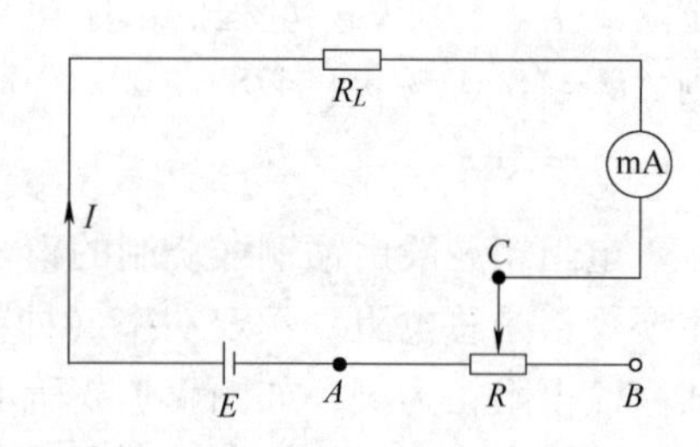


图 3.1.5　制流电路

式中，$V_0$ 为电源的端电压；$R_{AC}$ 为变阻器 $R$ 中接入电路的部分电阻；$R_L$ 为负载电阻。当 $R_{AC}=0$ 时，$I=I_0$，且

$$I_0 = \frac{V_0}{R_L} \tag{3.1.7}$$

式（3.1.6）与式（3.1.7）相除得

$$\frac{I}{I_0} = \frac{R_L}{R_L + R_{AC}} = \frac{R_L/R}{R_L/R + R_{AC}/R} \tag{3.1.8}$$

式中，$R$ 为变阻器的总电阻。

以 $R_{AC}/R$ 为横坐标、$I/I_0$ 为纵坐标绘出图 3.1.6，此即滑线变阻器的制流特性曲线。由图 3.1.6 可以看出：

① 当 $R_{AC}=0$ 时，电路中电流最大，为 $I_0$；当 $R_{AC}=R$ 时，电路中电流最小，为 $I_{\min}$，一般此电流不为零。电流调节范围为 $I_{\min} \sim I_0$。

② $R$ 相对 $R_L$ 越小，电流 $I$ 的调节量 $\Delta I$ 越小，但调节性能（电流 $I$ 随 $R_{AC}$ 线性变化）越好。

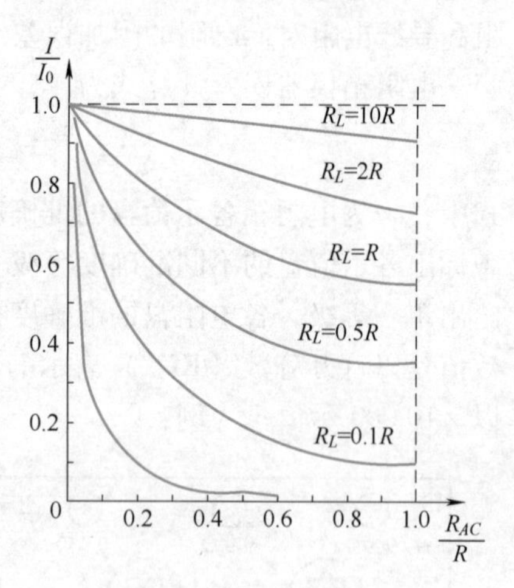


图 3.1.6　制流特性曲线

③ $R$ 相对 $R_L$ 越大，电流的调节范围越大，但调节的线性变化性能变差。一般在负载电阻 $R_L$ 确定后，按

$$\frac{R_L}{2} < R < R_L \tag{3.1.9}$$

选择变阻器阻值 $R$，既可使电流调节范围大，又可使调节线性变化性能较好。当选取变阻器

时，除考虑阻值外，还要考虑其额定电流应满足电路需要。

**(2) 分压作用**

图3.1.7所示为滑线变阻器的分压电路。略去电压表的接入误差，$AC$两端输出可调电压$V_{AC}$为

$$V_{AC}=\frac{V_{AB}}{R_{BC}+\frac{R_{AC}R_L}{R_{AC}+R_L}}\left(\frac{R_{AC}R_L}{R_{AC}+R_L}\right) \tag{3.1.10}$$

上式左右两端分别除以$V_{AB}$，有

$$\frac{V_{AC}}{V_{AB}}=\frac{\frac{R_{AC}R_L}{R_{AC}+R_L}}{R_{BC}+\frac{R_{AC}R_L}{R_{AC}+R_L}} \tag{3.1.11}$$

右端分子、分母同除以$R$。以$R_{AC}/R$为横坐标、$V_{AC}/V_{AB}$为纵坐标绘出图3.1.8。由图3.1.8可见：

① 当$R_{AC}=0$时，$V_{AC}=0$；$R_{AC}=R$时，$V_{AC}=V_{AB}\approx E$，电压调节范围为$0\sim E$。

② $R$相对$R_L$越小，调节线性变化性能越好。

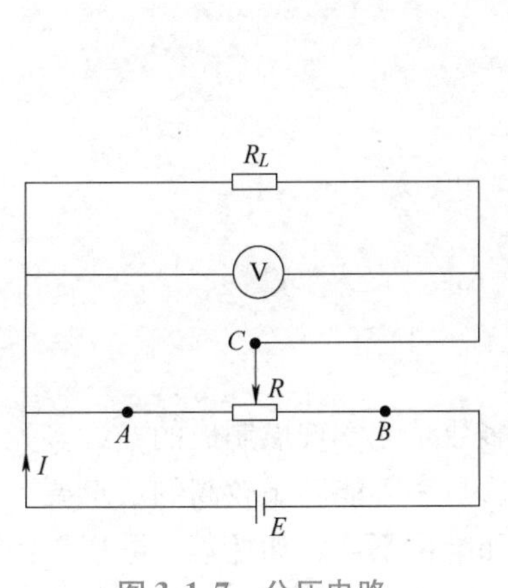

图3.1.7 分压电路

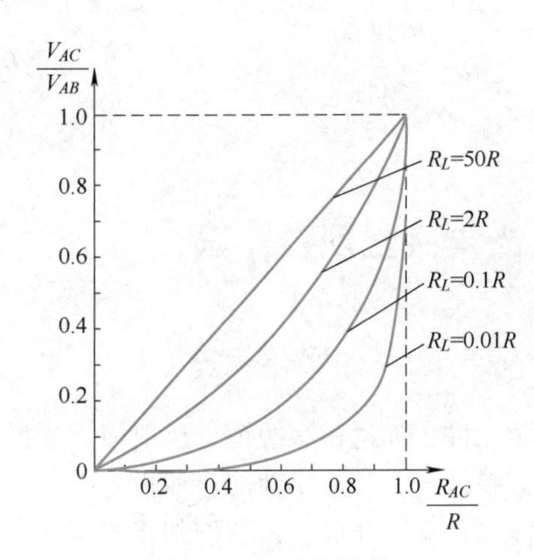

图3.1.8 分压特性

在$R_L$确定后，选取作分压器用的变阻器时，其阻值取$R\leqslant R_L/2$，但$R$不可取得过小，以免电流过多地消耗在变阻器上，甚至超过其额定电流而损坏变阻器。

有时为了使电流（或电压）有较大调节范围又能做精细调节，还可在电路中增加一细调电阻$R'\approx R/10$，如图3.1.9所示。

**5. 开关**

开关在电路中具有重要作用。在物理实验中最常用的有单刀单掷、单刀双掷、双刀单掷、双刀双掷和换向开关等，它们的表示符号如图3.1.10所示。单刀单掷开关多用于电源的通断及其他需要通断的单回路。单刀双掷开关主要用于两个单回路的换接。双刀单掷开关用于需同时接通或断开两个回路的场合，双刀双掷开关用做两个回路的换接。换向开关是双刀双掷开关的变形，用于使负载中的电流换向。

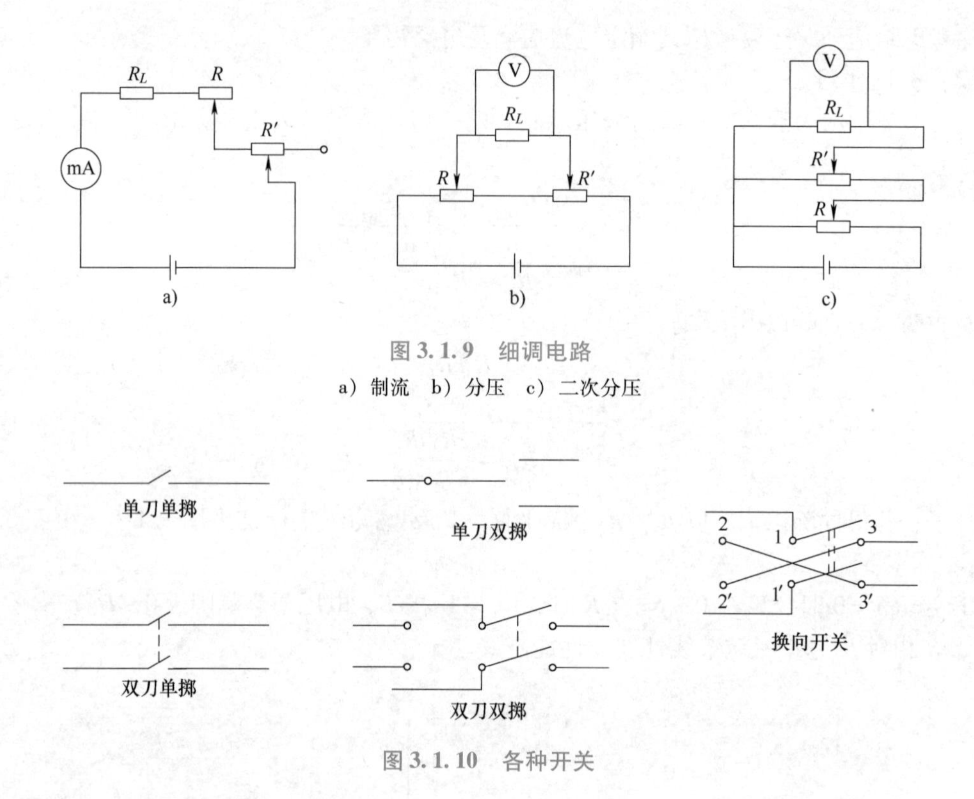


图 3.1.9　细调电路

a）制流　b）分压　c）二次分压

图 3.1.10　各种开关

## 3.2　光学实验预备知识

### 3.2.1　光学元件和仪器的保护

光学元件，如透镜、棱镜、反射镜、光栅等，大多数是光学玻璃制成的，许多光学表面还经过镀膜处理。其光学性能，如折射率、反射率、透射率等能满足较高的质量要求，但就机械性能和化学性能而言，它们却相当娇气，若使用和维护不当，如摔落、磨损、污损、发霉、腐蚀等都会降低其光学性能，甚至损坏报废。

为了安全使用光学元件和仪器，必须遵守以下规则：

① 在了解仪器的操作和使用方法后方可使用仪器。

② 轻拿轻放，勿使仪器或光学元件受到冲击或振动，特别要防止摔落。不使用的光学元件应随时装入专用盒内并放在桌子的里侧。

③ 严禁用手触摸光学元件的表面。需用手拿光学元件时，只能接触其磨砂面、边缘、上下底面等非光学表面。

④ 光学表面上如有灰尘，须用专用的干燥脱脂软毛笔轻轻拭去，或用橡皮球吹掉，不得用手擦拭或用嘴吹气，以免出现污痕或溅上唾液。

⑤ 光学表面上若有轻微的污痕或指印，用清洁的镜头纸轻轻拭去，但不能加压擦拭，更不准用手帕、纸片等擦拭。若表面有较严重的污痕和指印，应交由实验室人员做特殊的清洁处理，所有镀膜面均不能触碰或擦拭。

⑥ 调整光学仪器时，要耐心细致，需一边观察一边调整，动作要轻、慢，严禁野蛮操作。

⑦ 仪器用毕应放回箱（盒）内或加罩，防止灰尘沾污。

### 3.2.2 常用光源

光学实验离不开光源。光源的正确选择对实验的成败和结果的准确性至关重要。下面简要介绍一些常用光源。

#### 1. 白炽灯

白炽灯是一种热辐射源。常用的白炽灯灯丝通电加热后，呈白炽状态而发光。灯丝常用钨丝制成，它熔点高，蒸发率低，可在较高的温度下工作，从而有较多的可见光能量辐射，机械强度大。普通白炽灯可作白光光源和照明用，交流或直流供电均可。如需更大的亮度时，一般采用卤钨灯。在钨丝灯泡中加入卤素的用处是减慢因钨蒸发而造成泡壳的黑化，从而使钨丝能工作在更高的温度，提高发光的强度和效率。

#### 2. 气体放电灯

利用灯内气体在两电极间放电发光的原理制成的灯称为气体放电灯。其基本原理是：管内气体原子与被两电极间电场加速的电子发生非弹性碰撞，使气体原子处于激发态，激发态原子返回基态时，多余的能量以光辐射的形式释放出来。实验室中最常用的气体放电灯是低压钠灯、汞灯和氢灯，在可见光谱区，它们各自发出较强的特征光谱线。

**（1）低压钠灯**

钠灯是蒸气放电灯。灯管内充有金属钠和惰性气体。灯丝通电后，惰性气体电离放电，灯管温度逐渐升高，金属钠气化，然后产生钠蒸气弧光放电，发出较强的钠黄光。钠黄光光谱含有589. 0 nm 和589. 6 nm 两条特征谱线，物理实验中常取其平均值589. 3 nm 作为单色光使用。

钠灯具有弧光放电负阻现象。为防止钠光灯发光后电流急剧增加而烧坏灯管，在供电电路中需串入相应的限流器。由于钠是一种难熔金属，故一般通电后要十多分钟才能稳定发光。注意：气体放电光源关断后，不能马上重新开启，以免烧断熔丝，影响灯管寿命。

**（2）低压汞灯**

灯管内充有汞及惰性气体，工作原理和钠灯相似。它发出绿白色光，在可见光范围内主要特征谱线是：579. 1 nm、577. 0 nm、546. 1 nm、435. 8 nm 和 404. 7 nm，其中 546. 1 nm 和 435. 8 nm 两条谱线最强。

**（3）氢放电管**（氢灯）

灯管内充氢气，在管子两端加上高电压后，氢气放电发出粉红色的光。在可见光范围内，氢灯发射的原子光谱线主要有三条，其波长分别为656. 28 nm（红）、486. 13 nm（青）、434. 05 nm（蓝紫）。

#### 3. 激光器

激光是一种新的光源，它将激活介质和谐振腔结合在一起，形成了受激辐射的光的“信号源”。激光器是一种单色性好、方向性强、亮度高、相干性好的新型光源。实验室最常用的激光器为氦氖激光器和半导体激光器。氦氖激光器发出的光波长为632. 8 nm。激光管内充有一定配比的氦气和氖气，在管端两极加以直流高压才能激发出光，使用中应注意人身安全。激光器关闭后，也不能马上触及两电极，否则电源内的电容器高压会放电伤人。半导体激光器可以获得几种不同波长的红色或绿色的激光，其中最常见的波长为 650 nm。激光束能量集中，不能用眼睛直接观察，以免造成伤害。

### 3.2.3 消视差

要测准物体的大小，必须将量度标尺与被测物体紧靠在一起，处于同一平面；如果标度尺远离被测物体，读数将随眼睛的位置不同而有所改变，此称视差，如图 3.2.1 所示。光学实验中经常要测量像的位置和大小，像往往是看得见而摸不着的。怎样才能判断标尺（叉丝）和待测像是否紧靠一起（处于同一平面）呢？这就要利用“视差”现象。如果待测像和叉丝未调到同一平面，当上下左右晃动眼睛时，叉丝与像将有相对位移，出现“视差”。一边调节像面位置或叉丝位置，一边微微晃动眼睛观察，直到“视差”消失，此称“消视差”调节。“消视差”是光学实验中必不可少的操作步骤。

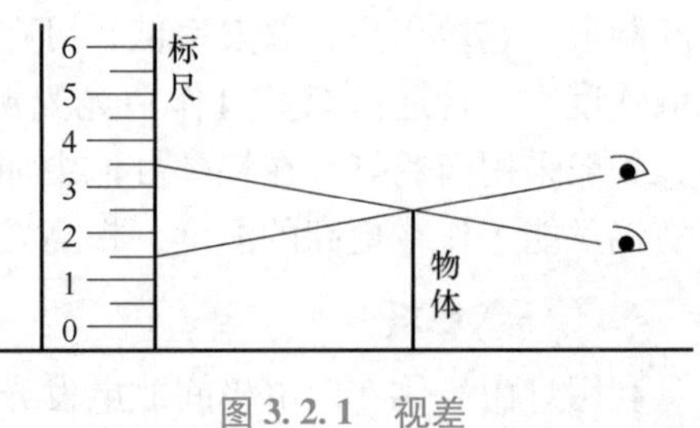


图 3.2.1 视差

### 3.2.4 等高共轴调节

光学实验中，经常要用到一个或多个光学元件（透镜、测微目镜、双棱镜等）。为了保证光路通畅、满足近轴成像条件并获得好的像质，必须使它们的光轴重合即所谓等高共轴。等高共轴调节方法如下：

① 粗调：将物和各光学元件靠拢在一起，调节它们的高低、左右位置，凭目测使它们的中心大致在一条与导轨平行的直线上，元件平面与导轨垂直。这一步仅凭眼睛判断，称为目测粗调。有时为了寻找光的传播途径，还需借助白屏进行粗调。

② 细调：在粗调的基础上，再靠仪器或依成像规律来判断和调节，称为细调。不同的实验装置，具体的调节方法也有所不同。下面介绍物与单个凸透镜的共轴调节方法。

使物与凸透镜共轴，是指把物上的某一点（通常是指其中心，例如物点 $B$）调到透镜的主光轴上。如图 3.2.2 所示，取物（$AC$）与屏间的距离 $L>4f$（$f$ 为透镜焦距）。将透镜沿光轴方向移到 $O_1$ 和 $O_2$，分别在屏上成大像 $A_1C_1$ 和小像 $A_2C_2$。物点 $A$ 位于光轴上，两次所成像 $A_1$ 和 $A_2$ 也均在光轴上。物点 $B$ 不在光轴上，两次所成像 $B_1$、$B_2$ 也都不在光轴上（物点 $B$ 在光轴上方，$B_1$、$B_2$ 在光轴下方），且不重合（$B_1$ 在 $B_2$ 下方）。但小像的 $B_2$ 点总比大像的 $B_1$ 点更接近光轴。据此可知，欲将 $B$ 调至光轴上，只需记下屏上小像 $B_2$ 点的位置，再找到放大像 $B_1$，调节透镜的高低位置，使 $B_1$ 向 $B_2$ 靠拢并稍超过（称“大像追小像”），反复调节几次，逐步逼近，直到 $B_1$ 和 $B_2$ 重合，物点 $B$ 便与透镜共轴了。

在使用激光做光源的实验中，经常利用激光束的方向性来调整光学系统的同轴等高。基本方法是：先用激光束打在白屏上，前后移动白屏、观察光点在屏上的位置。调整激光器，使屏上的光点位置始终保持不变。将白屏放在远端，再依次加入其他元件，调整该元件的方位，使光点（斑）仍然落在原处即可。

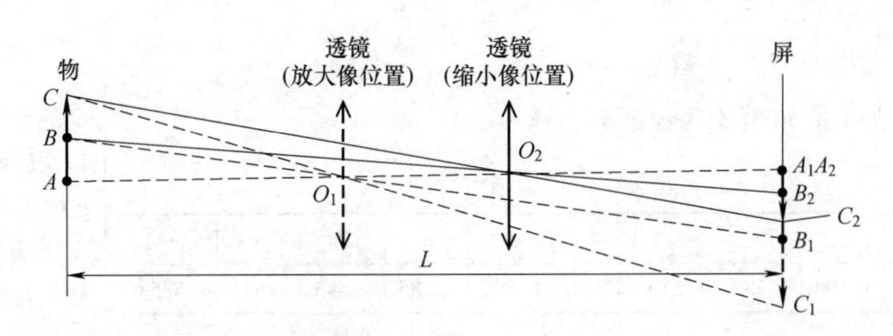


图 3.2.2 等高共轴调整

## 3.3 数据处理示例

这里给出若干实验数据处理示例，以便了解主要的数据处理方法。

### 3.3.1 示例1 测钢丝的弹性模量

实验原理与测量方法见4.1节。

1. 数据记录

钢丝长度 $L=39.7$ cm；

平面镜到标尺的距离 $H=103.5$ cm；

光杠杆前后足垂直距离 $b=8.50$ cm。

钢丝直径 $D$ 如表3.3.1所列，加外力后标尺的读数 $r$ 如表3.3.2所列。

表 3.3.1 钢丝直径 $D$

千分尺零点 $x_0=-0.003$（mm）

| $i$ | 1 | 2 | 3 | 4 | 5 | 6 | 7 | 8 | 9 | 10 |
|---|---|---|---|---|---|---|---|---|---|---|
| $x$/mm | 0.800 | 0.797 | 0.798 | 0.800 | 0.797 | 0.798 | 0.800 | 0.797 | 0.796 | 0.798 |
| $D$/mm | 0.803 | 0.800 | 0.801 | 0.803 | 0.800 | 0.801 | 0.803 | 0.800 | 0.799 | 0.801 |

表 3.3.2 加外力后标尺的读数 $r$

| $i$ | 1 | 2 | 3 | 4 | 5 | 6 | 7 | 8 |
|---|---|---|---|---|---|---|---|---|
| $m$/kg | 10.0 | 11.0 | 12.0 | 13.0 | 14.0 | 15.0 | 16.0 | 17.0 |
| $r_+$/cm | 3.10 | 3.29 | 3.49 | 3.68 | 3.89 | 4.08 | 4.27 | 4.47 |
| $r_-$/cm | 3.02 | 3.22 | 3.43 | 3.62 | 3.82 | 4.02 | 4.21 | 4.42 |
| $r=(r_++r_-)/2$/cm | 3.060 | 3.255 | 3.460 | 3.65 | 3.855 | 4.050 | 4.240 | 4.445 |
| $i$ | 9 | 10 | 11 | 12 | 13 | 14 | 15 | 16 |
| $m$/kg | 18.0 | 19.0 | 20.0 | 21.0 | 22.0 | 23.0 | 24.0 | 25.0 |
| $r_+$/cm | 4.68 | 4.85 | 5.04 | 5.30 | 5.45 | 5.65 | 5.85 | 6.02 |
| $r_-$/cm | 4.62 | 4.82 | 5.02 | 5.22 | 5.42 | 5.62 | 5.82 | 6.02 |
| $r=(r_++r_-)/2$/cm | 4.650 | 4.835 | 5.030 | 5.26 | 5.435 | 5.635 | 5.835 | 6.020 |

**说明**

本实验中 $L$ 和 $H$ 用钢卷尺测量，$R$ 用 1/50 mm 卡尺测量，通常可分别读至0.01 cm位和0.002 cm位，但由于测量方法的限制，读数有效位减少。钢丝直径 $D$ 用千分尺测量，应读到 0.001 mm。注意读取估读位，若估读位为“0”，末位要用“0”补齐。

$r_+$ 和 $r_-$ 系经望远镜放大的叉丝位置，即钢板尺读数，应读到0.01 cm。$r$ 作为中间过程数据，应多保留一位。

注意：实际实验中各待测量读到哪一位、误差限取多大，根据实验室提供的测量仪器和实验条件来定。

### 2. 用逐差法计算弹性模量

标尺读数改变量如表 3.3.3 所列。

表 3.3.3　逐差法求标尺读数改变量 $C$

| $i$ | 1 | 2 | 3 | 4 | 5 | 6 | 7 | 8 | 平均 |
|---|---|---|---|---|---|---|---|---|---|
| $C=(r_{i+8}-r_i)/\text{cm}$ | 1.590 | 1.580 | 1.570 | 1.610 | 1.580 | 1.585 | 1.595 | 1.575 | 1.585 6 |

$$E=\frac{16\,mgLH}{\pi D^2 bC}=\frac{16\times 8\times 9.801\,2\times 0.397\times 1.035}{3.141\,6\times 0.000\,801\,1^2\times 0.085\,0\times 0.015\,856}\ \text{Pa}$$
$$=1.897\times 10^{11}\ \text{Pa}$$

（北京地区 $g=9.801\,2\ \text{m/s}^2$）

### 3. 不确定度的计算

$L$、$H$、$b$ 只测一次，不确定度只有 $B$ 类分量，根据测量过程的实际情况，如尺弯曲、不水平，数值读不准等，估计出它们的误差限为 $\Delta L=0.3$ cm，$\Delta H=0.5$ cm，$\Delta b=0.02$ cm。

$$u(L)=u_{\text{b}}(L)=\frac{\Delta L}{\sqrt{3}}=\frac{0.3}{\sqrt{3}}=0.173\ \text{cm}$$

$$u(H)=u_{\text{b}}(H)=\frac{\Delta H}{\sqrt{3}}=\frac{0.5}{\sqrt{3}}=0.289\ \text{cm}$$

$$u(b)=u_{\text{b}}(b)=\frac{\Delta b}{\sqrt{3}}=\frac{0.02}{\sqrt{3}}=0.011\,5\ \text{cm}$$

$D$ 的不确定度：

$$u_{\text{a}}(D)=\sqrt{\frac{\sum(D_i-\overline{D})^2}{10(10-1)}}=0.000\,46\ \text{mm}$$

$$u_{\text{b}}(D)=\frac{\Delta_{\text{仪}}}{\sqrt{3}}=\frac{0.005}{\sqrt{3}}\ \text{mm}=0.002\,89\ \text{mm}$$

$$u(D)=\sqrt{u_{\text{a}}^2(D)+u_{\text{b}}^2(D)}=\sqrt{0.000\,46^2+0.002\,89^2}\ \text{mm}$$
$$=0.002\,93\ \text{mm}$$

$C$ 的不确定度：

$$u_{\text{a}}(C)=\sqrt{\frac{\sum(C_i-\overline{C})^2}{8(8-1)}}=0.004\,5\ \text{cm}$$

$$u_{\text{b}}(C)=\frac{\Delta_{\text{仪}}}{\sqrt{3}}=\frac{0.05}{\sqrt{3}}\ \text{cm}=0.028\,9\ \text{cm}$$

$$u(C)=\sqrt{u_{\text{a}}^2(C)+u_{\text{b}}^2(C)}=\sqrt{0.004\,5^2+0.028\,9^2}\ \text{cm}$$
$$=0.029\,2\ \text{cm}$$

计算 $E$ 的不确定度：

由 $E$ 的计算公式，两边取对数得

$$\ln E=\ln L+\ln H-2\ln D-\ln b-\ln C+\ln 16+\ln m+\ln g-\ln\pi$$

$C$ 的结果要列表表示，以便后面计算不确定度。$g$ 取 5 位有效数字，以不影响最后结果的有效数字位数。

$L$、$H$、$b$ 只测一次是因为多次测量结果接近，其不确定度 $A$ 类分量远小于 $B$ 类分量。

不确定度的 A 类分量用 $u_{\text{a}}$ 表示，B 类分量用 $u_{\text{b}}$ 表示，合成不确定度用 $u$ 表示。

千分尺 $\Delta_{\text{仪}}=0.000\,5$ cm

钢板尺 $\Delta_{\text{仪}}=0.05$ cm

对弹性模量 $E$ 这类以乘除为主的运算，先计算相对不确定度 $u(E)/E$，再计算不确定度 $u(E)$ 比较简便；若运算以加减为主，则先计算不确定度 $u(E)$，再计算相对不确定度 $u(E)/E$ 较好。

等式两边同时求导：

$$\frac{dE}{E}=\frac{dL}{L}+\frac{dH}{H}-2\frac{dD}{D}-\frac{db}{b}-\frac{dC}{C}$$

将上式中的 d 改为 $u$，并取方和根：

$$\frac{u(E)}{E}=\sqrt{\left[\frac{u(L)}{L}\right]^2+\left[\frac{u(H)}{H}\right]^2+4\left[\frac{u(D)}{D}\right]^2+\left[\frac{u(b)}{b}\right]^2+\left[\frac{u(C)}{C}\right]^2}$$

$$=\sqrt{\left[\frac{0.173}{39.7}\right]^2+\left[\frac{0.289}{103.5}\right]^2+4\left[\frac{0.00293}{0.8011}\right]^2+\left[\frac{0.0115}{8.50}\right]^2+\left[\frac{0.0292}{1.5856}\right]^2}$$

$$=0.020=2.0\%$$

$$u(E)=E\left[\frac{u(E)}{E}\right]=1.897\times10^{11}\ \text{Pa}\times0.020=0.04\times10^{11}\ \text{Pa}$$

为避免多次截断增大计算误差，中间过程不确定度都保留了三位，其他的计算也适当多保留了 1 ~ 2 位有效数字。**相对不确定度一般保留 2 位。**

不确定度 $u(E)$ 保留一位有效数字，$E$ 的有效数字由 $u(E)$ 确定，两者的有效位数对齐。

**4. 测量结果**

$$E\pm u(E)=(1.90\pm0.04)\times10^{11}\ \text{Pa}=(0.190\pm0.004)\ \text{TPa}$$

### 3.3.2　示例 2　气轨上研究简谐振动

该实验是验证周期与系统参量的关系。测得振子质量 $m$ 与对应的振动周期 $T$ 的一系列数据，欲验证公式 $T=2\pi\sqrt{\frac{m}{k_1+k_2}}$ 的正确性（$k_1$ 和 $k_2$ 为振子弹簧的劲度系数），可采用列表比较、作图、线性回归等方法处理数据。本示例说明一元线性回归法在该实验中的应用。

下面给出某次实验弹簧劲度系数的测量结果。$m$ 与对应的振动周期 $T$（5 次测量的平均值）的测量数据，如表 3.3.4 所列。

由于版面的限制，略去了部分原始数据，如作为正式的实验报告则必须列出全部实验数据。

表 3.3.4　质量 $m$ 与周期 $T$ 测量结果

$k_1=2.9269\ \text{N/m}$　$k_2=2.3958\ \text{N/m}$

| $i$ | $m$/kg | 周期的平均值 $T_{测}$/s |
|---|---|---|
| 1 | 0.259 66 | 1.388 08 |
| 2 | 0.309 66 | 1.511 98 |
| 3 | 0.359 66 | 1.626 90 |
| 4 | 0.409 66 | 1.733 47 |
| 5 | 0.459 66 | 1.837 97 |

曲线改直线：

由公式
$$T=2\pi\sqrt{\frac{m}{k_1+k_2}}$$

可得
$$m=\frac{k_1+k_2}{4\pi^2}T^2 \tag{3.3.1}$$

令 $x\equiv T^2$，$y\equiv m$，并设一元线性回归方程

$$y=a+bx$$

为求出回归系数 $a$、$b$ 与相关系数 $r$，列表计算 $\sum x$、$\sum y$、$\sum x^2$、$\sum y^2$ 与 $\sum xy$，如表 3.3.5 所列。

回归法要求自变量 $x$ 的误差可以忽略，故选择测量准确度较高的周期平方 $T^2$ 作自变量，而振子质量 $m$ 作因变量。不宜将公式变形为 $T^2=\frac{4\pi^2}{k_1+k_2}m$，从而设 $x\equiv m$，$y\equiv T^2$。

表 3.3.5　求回归系数

| $i$ | $x_i=T_i^2$ | $y_i=m_i$ | $x_i^2=T_i^4$ | $y_i^2=m_i^2$ | $x_iy_i=T_i^2m_i$ |
|---|---|---|---|---|---|
| 1 | 1.926 77 | 0.259 66 | 3.712 43 | 0.067 423 | 0.500 304 |
| 2 | 2.286 08 | 0.309 66 | 5.226 18 | 0.095 885 | 0.707 909 |
| 3 | 2.646 80 | 0.359 66 | 7.005 57 | 0.129 355 | 0.951 950 |
| 4 | 3.004 92 | 0.409 66 | 9.029 53 | 0.167 821 | 1.230 995 |
| 5 | 3.378 13 | 0.459 66 | 11.411 79 | 0.211 287 | 1.552 792 |
| 求和 Σ | 13.242 70 | 1.798 30 | 36.385 50 | 0.671 775 | 4.943 950 |
| 平均 | 2.648 54 | 0.359 66 | 7.277 10 | 0.134 355 | 0.988 790 |

线性拟合如果在计算机上用专用软件或在具有线性回归功能的计算器上完成，表 3.3.5 可省去。

### 1. 计算回归系数 $b$

用回归法求出 $k_1+k_2$ 的计算值，并与实测的 $k_1+k_2$ 值比较。

$$b=\frac{\sum x_i\sum y_i-k\sum x_iy_i}{(\sum x_i)^2-k\sum x_i^2}$$
$$=\frac{13.242\ 70\times1.798\ 30-5\times4.943\ 950}{13.242\ 70^2-5\times36.385\ 50}\ \mathrm{N/m}$$
$$=0.138\ 05\ \mathrm{N/m}$$

式中，$k=5$ 是测量次数。

对比式（3.3.1）与回归方程 $y=a+bx$，可求出：

回归值为

$$(k_1+k_2)_{回}=4\pi^2b=5.450\ 0\ \mathrm{N/m}$$

而实测值为

$$(k_1+k_2)_{测}=(2.926\ 9+2.395\ 8)\ \mathrm{N/m}=5.322\ 7\ \mathrm{N/m}$$

相对偏差

$$\frac{(k_1+k_2)_{测}-(k_1+k_2)_{回}}{(k_1+k_2)_{回}}=\frac{5.322\ 7-5.450\ 0}{5.450\ 0}$$
$$=-0.023=-2.3\%$$

由于动态测量与静态测量方法的差异及其他的测量误差，实测的 $k_1+k_2$ 与按回归法计算出的 $k_1+k_2$ 不会完全相等，但相差不应太大，一般相对偏差不超过3%，上面得出的相对偏差为 -2.3%（负号表示回归法得出的动态 $k_1+k_2$ 偏大，这是合理的），说明系统参量与周期的上述关系是正确的。

### 2. 计算回归系数 $a$

$$a=\bar{y}-b\bar{x}=(0.359\ 66-0.138\ 05\times2.648\ 54)\ \mathrm{kg}$$
$$=-5.971\times10^{-3}\ \mathrm{kg}$$

$a$ 值并不等于零，而是稍小于零，这是因为上面的讨论忽略了弹簧的有效质量 $m_0$。考虑 $m_0$ 后，公式应为 $T=2\pi\sqrt{\dfrac{m+m_0}{k_1+k_2}}$，则式（3.3.1）应改写为

$$m=\frac{k_1+k_2}{4\pi^2}T^2-m_0 \tag{3.3.2}$$

可见

$$a=-m_0$$

由 $a$ 可求出弹簧的有效质量为

用一元线性回归方法来验证弹簧振子周期与系统参量关系应包括两层意思，即

① 计算公式中线性函数形式的确认；

② 拟合直线定量关系的满足。

其中①的重点是考察 $T^2$ 与 $m$ 的线性模型是否严格成立。由相关系数 $r=0.999\ 973$ 说明 $T^2$ 与 $m$ 正相关，且两者的线性相关极好，故 $m=bT^2+a$ 的关系成立。②是检查 $b=k/(4\pi^2)$ 和 $a=-m_0$ 的定量关系是否满足。由拟合结果，$k=k_1+k_2$ 有很大可能落在 5.43 ~ 5.47 N/m 之间，它与测量值 5.322 7 N/m 有一定偏离，即使按照 $3u(k_1+k_2)$ 考虑，计算 $k$ 也应落在 5.38 ~ 5.52 N/m，仍大于测量值。表明两者存在某种系统误差。其原因正是前面所说的动、静态劲度系数的差异造成的。

$$m_0 = -a = 5.971 \times 10^{-3}\ \text{kg} = 5.971\ \text{g}$$

（按弹性理论，$m_0$ 应为两弹簧总质量的 1/3）

**3. 计算相关系数 $r$**

$$r = \frac{\overline{xy} - \bar{x}\,\bar{y}}{\sqrt{(\overline{x^2} - \bar{x}^2)\ (\overline{y^2} - \bar{y}^2)}} = 0.999\,973$$

$r$ 极接近于 1，说明 $T^2$ 与 $m$ 高度线性相关。

**4. 计算不确定度**

$$u_a(b) = s(b) = b\sqrt{\frac{1}{k-2}\left(\frac{1}{r^2} - 1\right)}$$

$$= 0.138\,05\sqrt{\frac{1}{5-2}\left(\frac{1}{0.999\,973^2} - 1\right)}\ \text{N/m}$$

$$= 0.000\,586\ \text{N/m}$$

$$u_a(a) = s(a) = \sqrt{\overline{x^2}} \cdot u_a(b) = \sqrt{7.277\,10} \times 0.000\,586\ \text{g}$$

$$= 0.001\,58\ \text{g}$$

计算 $u_a(b)$ 时，相关系数 $r$ 的位数必须足够多（本题中至少取 6 位以上），否则将给结果带来很大的出入。这再一次说明中间过程应当增加取位的重要。

易证明 $u_b(b) \ll u_a(b)$、$u_b(a) \ll u_a(a)$，则

$$u(k_1 + k_2) = 4\pi^2 u_a(b) = 4\pi^2 \times 0.000\,586\ \text{N/m} = 0.023\ \text{N/m}$$

$$u(m_0) = u_a(a) = 0.001\,6\ \text{g}$$

**5. 最后结果**

$$(k_1 + k_2) \pm u(k_1 + k_2) = (5.45 \pm 0.02)\ \text{N/m}$$

$$m_0 \pm u(m_0) = (5.971 \pm 0.002)\ \text{g}$$

综合以上各点，周期与系统参量的关系已得到验证。

### 3.3.3　示例 3　自组电桥测电阻

自组电桥如图 3.3.1 所示。$R_1$ 与 $R_2$ 是两个标称值相同的固定电阻，$R_N$是标准电阻箱，$R_X$是待测电阻。调电桥平衡测得 $R_N$的值，交换 $R_X$与 $R_N$（或 $R_1$ 与 $R_2$），再调电桥平衡测得电阻箱的值为 $R'_N$，并测得相应的灵敏度。

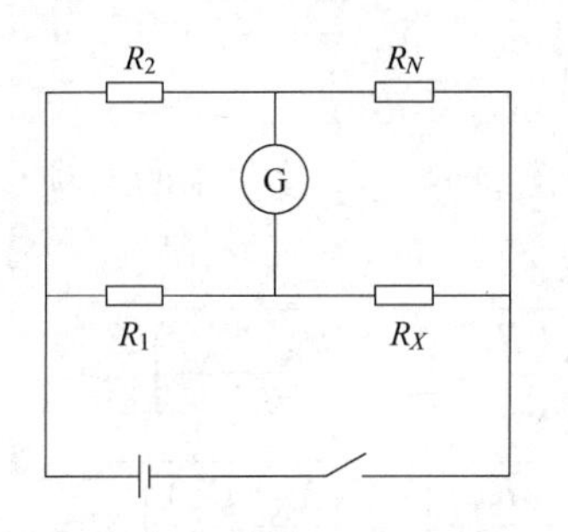

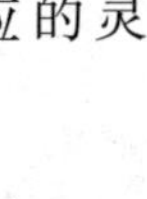

图 3.3.1　示例 3 附图

实测数据如表 3.3.6 所列：

表 3.3.6　电阻测量数据

| $R_N/\Omega$ | $R'_N/\Omega$ | $\Delta n$/格 | $\Delta R_N/\Omega$ |
|---|---|---|---|
| 181.1 | 183.6 | 5.0 | 1.1 |

根据第 4.7 节的式（4.7.14）得

$$R_X = \sqrt{R_N R'_N} = \sqrt{181.1 \times 183.6}\ \Omega = 182.35\ \Omega$$

测量只进行一次，如果忽略电阻 $R_1$ 与 $R_2$ 在测量过程中数值变动引起的误差，不确定度只有B类分量，则由电阻箱仪器误差引起的不确定度与电桥灵敏度引起的不确定度合成得到，即

思考：为什么只做一次测量？

$$u(R_X)=\sqrt{u_{仪}^2(R_X)+u_{灵}^2(R_X)}$$

**1. 仪器误差引起的不确定度**

电阻箱仪器误差为

$$\Delta_{仪}=\sum a_i\% R_i+R_0$$

$a_i$ 为电阻箱各示值盘的准确度等级，$R_i$ 为各示值盘的示值，$R_0$ 为残余电阻。

根据电阻箱的铭牌（见图3.1.3），可得出各示值盘的准确度等级，×100 电阻盘为 0.1 级（$1\,000\times10^{-6}=0.1\%$），×10 电阻盘为 0.2 级，×1 电阻盘为 0.5 级，×0.1 电阻盘为 5.0 级，则

$$\Delta_{仪}(R_N)=(0.1\%\times100+0.2\%\times80+0.5\%\times1+5.0\%\times0.1+0.02)\ \Omega=0.290\ \Omega$$

$$\Delta_{仪}(R_N')=(0.1\%\times100+0.2\%\times80+0.5\%\times3+5.0\%\times0.6+0.02)\ \Omega=0.325\ \Omega$$

也可根据铭牌值直接计算：

$\Delta_{仪}(R_N)=(1\,000\times10^{-6}\times100+2\,000\times10^{-6}\times80+5\,000\times10^{-6}\times1+50\,000\times10^{-6}\times0.1+0.020)\ \Omega=0.290\ \Omega$

其标准差为

$$u_{仪}(R_N)=\frac{\Delta_{仪}(R_N)}{\sqrt{3}},\quad u_{仪}(R_N')=\frac{\Delta_{仪}(R_N')}{\sqrt{3}}$$

$R_X$的仪器误差引起的不确定度由传递公式得出：

$$R_X=\sqrt{R_NR_N'},\quad \ln R_X=\frac{1}{2}(\ln R_N+\ln R_N')$$

$$\frac{dR_X}{R_X}=\frac{1}{2}\left(\frac{dR_N}{R_N}+\frac{dR_N'}{R_N'}\right)$$

把微分符号改成不确定度符号，并对右端的两项取方和根：

$$\frac{u_{仪}(R_X)}{R_X}=\frac{1}{2}\sqrt{\left[\frac{u_{仪}(R_N)}{R_N}\right]^2+\left[\frac{u_{仪}(R_N')}{R_N'}\right]^2}$$

$$=\frac{1}{2}\sqrt{\left[\frac{\Delta_{仪}(R_N)}{\sqrt{3}R_N}\right]^2+\left[\frac{\Delta_{仪}(R_N')}{\sqrt{3}R_N'}\right]^2}$$

$$=\frac{\sqrt{3}}{6}\sqrt{\left[\frac{0.290}{181.1}\right]^2+\left[\frac{0.325}{183.6}\right]^2}$$

$$=6.9\times10^{-4}$$

$$=0.069\%$$

所以　$u_{仪}(R_X)=(6.9\times10^{-4}\times182.35)\ \Omega=0.128\ \Omega$

也可直接求导计算 $u_{仪}(R_X)$：

$$R_X=\sqrt{R_NR_N'}$$

$$dR_X=\frac{1}{2}\frac{R_N'dR_N}{\sqrt{R_NR_N'}}+\frac{1}{2}\frac{R_NdR_N'}{\sqrt{R_NR_N'}}$$

$$u_{仪}(R_X)=\frac{1}{2}\sqrt{\frac{R_N'^2u^2(R_N)}{R_NR_N'}+\frac{R_N^2u^2(R_N')}{R_NR_N'}}$$

$$=\frac{1}{2}\sqrt{\frac{R_N'\Delta^2(R_N)}{R_N\times3}+\frac{R_N\Delta^2(R_N')}{R_N'\times3}}$$

$$=\frac{1}{2}\sqrt{\frac{183.6}{181.1}\times\frac{0.295^2}{3}+\frac{181.1}{183.6}\times\frac{0.33^2}{3}}\ \Omega$$

$$=0.128\ \Omega$$

不难看出此算法要麻烦得多。

**2. 灵敏度引起的不确定度**

灵敏度
$$S=\frac{\Delta n}{\Delta R_x}=\frac{R_2\Delta n}{R_1\Delta R_N}$$

$R_1$ 与 $R_2$ 的标称值相同，即 $R_1\approx R_2$，则 $S\approx\frac{\Delta n}{\Delta R_N}=\frac{5.0}{1.1}=4.5$ 格/Ω。

$$u_{灵}(R_X)=\frac{\Delta_{灵}(R_X)}{\sqrt{3}}=\frac{0.2}{S\sqrt{3}}=\frac{0.2}{4.5\sqrt{3}}=0.0257\ \Omega$$

**3. 合成不确定度**

$$u(R_X)=\sqrt{u_{仪}^2(R_X)+u_{灵}^2(R_X)}=\sqrt{0.128^2+0.0257^2}\ \Omega$$
$$=0.131\ \Omega$$

**4. 测量结果**

$$R_X\pm u(R_X)=(182.4\pm0.1)\ \Omega$$

$S$ 的计算公式参阅 4.7 的式 (4.7.15) ~ 式 (4.7.18)

由于 $\frac{u_{灵}(R_X)}{u_{仪}(R_X)}=\frac{0.0257}{0.128}\approx0.2$，计算 $u(R_X)$ 时可以忽略 $u_{灵}(R_X)$ 的影响，即 $u(R_X)=u_{仪}(R_X)=0.128\ \Omega$。这给我们提供了简化不确定度计算的启示：两分量不确定度做方差合成时，若其中之一的大小≤合成不确定度的1/3，通常可以略去它对合成不确定度的贡献。

### 3.3.4 示例 4 测条纹间距

某实验中用分度值为 0.01 mm 的测微目镜测得连续 20 个条纹的位置读数如表 3.3.7 所列。

表 3.3.7 条纹位置　　单位：mm

| $i$ | 1 | 2 | 3 | 4 | 5 | 6 | 7 | 8 | 9 | 10 |
|---|---|---|---|---|---|---|---|---|---|---|
| $x_i$ | 8.330 | 8.052 | 7.805 | 7.562 | 7.344 | 7.105 | 6.865 | 6.648 | 6.408 | 6.115 |
| $i$ | 11 | 12 | 13 | 14 | 15 | 16 | 17 | 18 | 19 | 20 |
| $x_i$ | 5.955 | 5.705 | 5.445 | 5.215 | 5.005 | 4.752 | 4.526 | 4.265 | 4.045 | 3.815 |

原始数据列表表示。

试用逐差法、一元线性回归法和图示法分别计算条纹间距。

**1. 逐差法**

表 3.3.8 逐差结果　　单位：mm

| $i$ | 1 | 2 | 3 | 4 | 5 |
|---|---|---|---|---|---|
| $x_i$ | 8.330 | 8.052 | 7.805 | 7.562 | 7.344 |
| $x_{i+10}$ | 5.955 | 5.705 | 5.445 | 5.215 | 5.005 |
| $10\Delta x=x_i-x_{i+10}$ | 2.375 | 2.347 | 2.360 | 2.347 | 2.339 |
| $i$ | 6 | 7 | 8 | 9 | 10 |
| $x_i$ | 7.105 | 6.865 | 6.648 | 6.408 | 6.115 |
| $x_{i+10}$ | 4.752 | 4.526 | 4.265 | 4.045 | 3.815 |
| $10\Delta x=x_i-x_{i+10}$ | 2.353 | 2.339 | 2.383 | 2.363 | 2.300 |

注意：此处应将 $10\Delta x$ 理解为“直接观测量”，而不能将 $\Delta x$ 作为直接观测量处理。它说明测量等间隔条纹的间距时，增加间隔数有利于提高测量精度。

$$\overline{10\Delta x}=2.3506\ \text{mm},\qquad \Delta x=0.23506\ \text{mm}$$

$$u_a(10\Delta x)=\sqrt{\frac{\sum(10\Delta x_i-\overline{10\Delta x})^2}{10(10-1)}}=0.00726\ \text{mm}$$

$$u_b(10\Delta x)=\frac{\Delta_{仪}}{\sqrt{3}}=\frac{0.01/2}{\sqrt{3}}\text{ mm}=0.002\,89\text{ mm}$$

$$u(10\Delta x)=\sqrt{u_a^2(10\Delta x)+u_b^2(10\Delta x)}$$
$$=\sqrt{0.007\,26^2+0.002\,89^2}\text{ mm}$$
$$=0.007\,8\text{ mm}$$

$$u(\Delta x)=\frac{u(10\Delta x)}{10}=\frac{0.007\,8}{10}\text{ mm}=0.000\,78\text{ mm}$$

测微目镜仪器误差为最小分度一半，即 $\Delta_{仪}=0.005$ mm。此处常易错将 $\Delta x$ 当作直接测量量，从而取

$$u_b(\Delta x)=\frac{\Delta_{仪}}{\sqrt{3}}$$

所以

$$\Delta x\pm u(\Delta x)=(0.235\,1\pm0.000\,8)\text{ mm}$$

**2. 回归法**

设第0个条纹的位置读数为 $x_0$，则条纹间距 $\Delta x$ 计算公式可写为

$$\Delta x=\frac{x_i-x_0}{i}\quad 即\quad x_i=x_0+\Delta x\cdot i$$

令 $x\equiv i$，$y\equiv x_i$，并设一元线性回归方程 $y=a+bx$，则有

$$\Delta x=b,\quad x_0=a$$

关键是要找到线性函数关系并正确选择自变量。这里 $i$ 是一个整数，没有误差，可作为自变量。

有人习惯沿用逐差法公式来找线性关系：

$$\Delta x=\frac{x_{i+10}-x_i}{10}$$

然后变形为

$$x_{i+10}=10\Delta x+x_i$$

并设

$$y\equiv x_{i+10},\quad x\equiv x_i$$

请想一想，这样做有什么问题？

计算回归系数与相关系数：

$$b=\frac{\sum x_i\sum y_i-k\sum x_iy_i}{(\sum x_i)^2-k\sum x_i^2}=-0.235\,88\text{ mm}$$

$$a=\overline{y}-b\,\overline{x}=8.524\,9\text{ mm}$$

$$r=\frac{\overline{xy}-\overline{x}\,\overline{y}}{\sqrt{(\overline{x^2}-\overline{x}^2)(\overline{y^2}-\overline{y}^2)}}=-0.999\,908\,9$$

则

$$u_a(b)=b\sqrt{\frac{1}{k-2}\left(\frac{1}{r^2}-1\right)}$$
$$=0.235\,88\sqrt{\frac{1}{20-2}\left(\frac{1}{0.999\,908\,9^2}-1\right)}\text{ mm}$$
$$=0.000\,750\,5\text{ mm}$$

$$u_b(b)=u_b(y)\sqrt{\frac{1}{k(\overline{x^2}-\overline{x}^2)}}=\frac{0.005}{\sqrt{3}}\sqrt{\frac{1}{20\times(143.5-10.5^2)}}\text{ mm}$$
$$=0.000\,111\,9\text{ mm}$$

$$u(b)=\sqrt{u_a^2(b)+u_b^2(b)}=\sqrt{0.000\,750\,5^2+0.000\,111\,9^2}\text{ mm}$$
$$=0.000\,76\text{ mm}$$

$$u(a)=\sqrt{\overline{x^2}}\,u(b)=\sqrt{143.5}\times0.000\,76\text{ mm}=0.009\,1\text{ mm}$$

于是可得

$$\Delta x=|b|=0.236\,13\text{ mm}$$
$$u(\Delta x)=u(b)=0.000\,76\text{ mm}$$

即
$$\Delta x\pm u(\Delta x)=(0.236\,1\pm0.000\,8)\text{ mm}$$

### 3. 图示法

所用公式同回归法。

正确作图见图 3. 3. 2a。由于篇幅所限，作图精度少取一位，若条件许可，则最好将图纸加大五倍。

由图易算得

$$b = \frac{y_2 - y_1}{x_2 - x_1} = \frac{3.900 - 8.260}{19.60 - 1.20}\text{ mm} = -0.2370\text{ mm}$$

所以

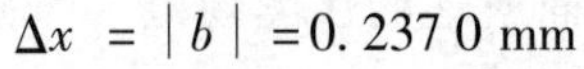

$$\Delta x = |b| = 0.2370\text{ mm}$$

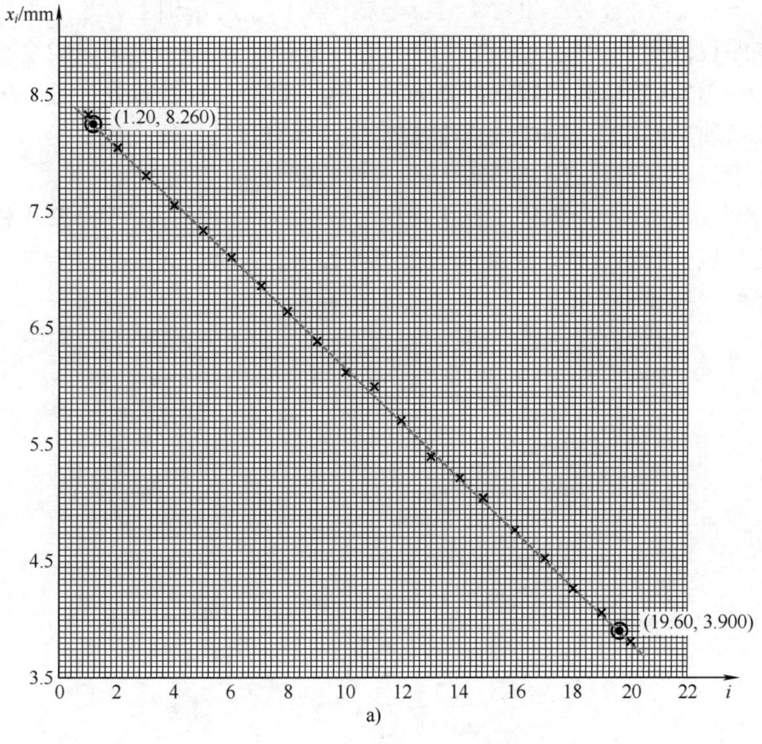


a)

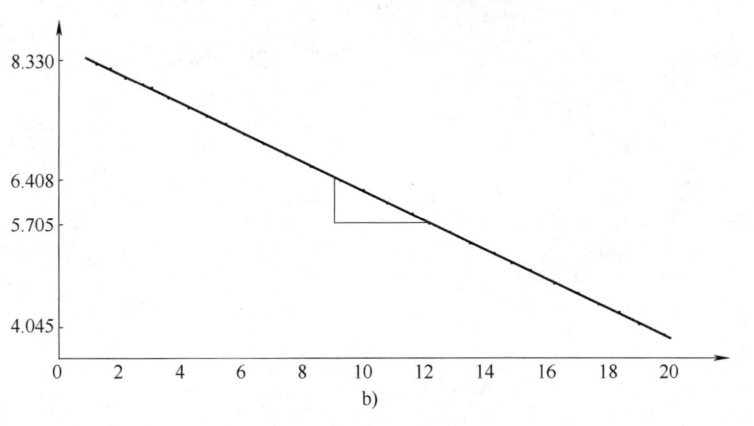


b)

**图 3. 3. 2　示例 4 图示法**

a）规范的作图示例　b）不规范的作图示例

为了说明图示法的要领，作为对照，图 3. 3. 2b 给了一个初学者作图不规范的例子。该图的问题是：

① 没有使用坐标纸，无法保证拟合值的精度；

② 横轴无物理量，纵轴既无物理量又无单位；

③ 纵轴无合理的分度标示，只标了一些测量值；

④ 实验点标示不显著，一些实验点被掩盖；

⑤ 用以计算斜率的点未以明确方式注明坐标；

⑥ 采用实验点来计算斜率，失去了作图的意义；

⑦ 计算点相距太近，降低了 $b$ 的计算精度。按此计算：

$$b = \frac{6.408 - 6.865}{9 - 7} = -0.2285$$

### 3.3.5 数据处理方法小结

① 图示法的优点是简单直观，能方便地显示出函数的极值、拐点、突变或周期等特征，连成光滑曲线的过程有取平均的效果，且有时有助于发现错误或问题。缺点是受图纸大小限制会影响精度，且连线有一定的主观性；作图法求值比较粗糙，一般不要求计算不确定度。

随着计算机的高度普及和各种软件的应用，手工作图已逐渐被计算机作图所替代。计算机作图克服了图示法精度不高的缺点，同时又保留了简单、直观的优点，目前被越来越多地采用。然而在使用计算机作图时，也应遵守前面所述的作图规范（个别叙述如必须使用坐标纸等除外），因此学习图示法仍非常必要。

② 最小二乘法建立在忽略 $x$ 的测量误差和对 $y$ 进行等精密度测量的基础上，是一种应用广泛的曲线拟合方法。本课程仅限于讨论一元线性回归的数据处理方法（包括曲线变直的情况）。一元线性回归法是一种比较精确的数据处理方法，其结果的合理性较强，且不因人而异。缺点是计算过程较繁琐，但使用多功能计算器或借助计算机也可简便完成。使用一元线性回归法还需注意，在求得回归系数之后应当做线性关系的检验。

③ 逐差法多用在自变量等间隔测量的情况，能充分利用数据，与回归法相比计算比较简单，与作图法相比没有人为拟合的随意性。逐差法只处理线性函数或多项式函数，后者需多次逐差，精度也会因此降低，故很少使用。

# 第4章

# 基本实验

本章所给出的是学生在第一学期要完成的实验。一个刚接触大学物理实验的学生，常常会感到有些茫然，如不知怎样做预习，怎样才能很好地完成一次实验，怎样记录数据和书写实验报告等。本章将带领大家逐步适应这门课的学习。本书对这部分实验的描述有以下特点：

① 安排了预习要点，帮助理解实验原理及操作要点；

② 说明了操作方法，对重要的操作环节给出了提示；

③ 增加了一个“实验方法专题讨论”栏目，分放在10个实验之后，每个专题的内容通常涉及若干个实验，旨在帮助大家从实验中归纳总结物理实验方法；

④ 每个实验提供的二维码可以查看具体仪器及其操作视频；

⑤ 每个实验后面增加了拓展研究实验，供大家做研究性实验参考。

另外，第3章中给出了几个实验数据处理示例，可供学生在开始时模仿。只要大家肯动脑筋，一定会很快熟悉大学物理实验的特点，理解并掌握物理实验的基本方法与技能以及数据处理的方法。

每做完一个实验，应该对本次实验中的成功与不足甚至失误之处进行很好的总结，还应该想想：“该实验用到哪些测量方法？已掌握了哪些仪器的正确使用？数据处理有什么长进？”等等。每次课都应该在这些方面有所收获，只要注意每一个收获的积累，实验素质与实验能力就会不断提高。

# 4.1　金属弹性模量的测量

物体在外力作用下或多或少都要发生形变。当形变不超过某个限度时，外力撤销后形变会随之消失，这种形变称为“弹性形变”。发生弹性形变时，物体内部会产生回复原状的内应力。弹性模量就是描述材料形变与应力关系的重要特征量，它是工程技术中常用的一个参数。本节通过若干实验，学习弹性模量的不同测量方法。

## 4.1.1　实验要求

### 1. 实验重点

① 学习两种测量微小长度的方法——光杠杆法和霍尔位置传感器法；

② 了解弯曲法测弹性模量的原理及霍尔位置传感器原理的应用；

③ 了解用动力学法测弹性模量的原理和测量方法及用李萨如图来研究强迫振动相位特性的原理；

④ 熟练使用游标卡尺和千分尺，正确读取游标，注意千分尺的规范操作（恒力装置的使用和零点校对）。

### 2. 预习要点

**实验 1　拉伸法测钢丝弹性模量**

① 对任意方向的入射光线，根据光的反射定律，证明入射光线的方向不变时，平面镜转动 $\theta$ 角，反射光线转过 $2\theta$ 角。

② 光杠杆是怎样进行角放大的？它的灵敏度（放大率）与哪些物理量有关？怎样提高灵敏度？

③ 测量钢丝伸长时应采用什么方法来减小钢丝的弹性滞后效应？数据的记录应如何安排？

④ 使用千分尺时，应转动其什么部位使丝杠前进？某同学认为：使用千分尺要先转动微分筒夹住测件，再转动恒力装置，听到“咔咔”声进行微调，然后读数；若听不到响声，则继续转紧微分筒，使千分尺夹紧。这种做法正确吗？

**实验 2　弯曲法测横梁弹性模量**

① 弯曲梁所受力为中心点处砝码的重力 $mg$，以及两刀口处向上的支撑力，为什么应用胡克定律推导式（4.1.6）时，取 $\mathrm{d}S=b\mathrm{d}y$，而不是取 $\mathrm{d}S=b\mathrm{d}x$？此时对所研究的对象而言受力的方向如何？

② 本实验利用霍尔传感器测量微小位移 $\Delta Z$，其基本原理是霍尔电压在一定条件下与位移成正比，请问这个条件是什么？怎样来保证？

③ 应用霍尔位置传感器测量位移前，必须先对其进行定标，即测量霍尔传感器的灵敏度 $\dfrac{\Delta U_H}{\Delta Z}=KI\dfrac{\mathrm{d}B}{\mathrm{d}Z}$，本实验是利用什么进行定标的？

**实验 3　动态法测弹性模量**

① 本实验中应将悬线挂在细棒的什么位置？为什么？

② 双踪示波器观察的是什么波形？如何连接？如何正确选择功能开关的档位？

③ 实验中常会观察到一些伪信号，它们不是由试件棒共振产生的，用什么办法可简单分辨它们？

### 4.1.2　实验原理

**实验1　拉伸法测钢丝弹性模量**

一条各向同性的金属棒（丝），原长为 $L$，截面积为 $A$，在外力 $F$ 作用下伸长 $\delta L$。当呈平衡状态时，如忽略金属棒本身的重力，则棒中任一截面上，内部的恢复力必与外力相等。在弹性限度（更严格的说法是比例极限）内，按胡克定律应有应力 $\left(\sigma=\dfrac{F}{A}\right)$ 与应变 $\left(\varepsilon=\dfrac{\delta L}{L}\right)$ 成正比关系，即 $E=\dfrac{应力}{应变}=\dfrac{\sigma}{\varepsilon}$。$E$ 称为该金属的弹性模量（又称杨氏模量）。弹性模量 $E$ 与外力 $F$、物体的长度 $L$ 以及截面积 $A$ 的大小均无关，只取决于棒（丝）的材料性质，是表征材料力学性能的一个物理量。

拉伸法测钢丝的弹性模量

若金属棒为圆柱形，直径为 $D$，在金属棒（丝）下端悬以重物，产生的拉力为 $F$，则

$$E=\frac{\sigma}{\varepsilon}=\frac{F/A}{\delta L/L}=\frac{4FL}{\pi D^2\delta L} \tag{4.1.1}$$

根据式（4.1.1）测出等式右边各项，就可算出该金属的弹性模量，其中 $F$、$L$、$D$ 可用一般的方法测得。测量的难点是，在弹性限度内，$F=mg$ 不可能很大，相应的 $\delta L$ 很小，用一般的工具不易测出。下面介绍用光杠杆法测量微小长度变化的实验方法。

光杠杆的结构如图4.1.1所示，一个直立的平面镜垂直地装在倾角调节架上，它与望远镜、标尺、调节反射镜组成光杠杆测量系统。

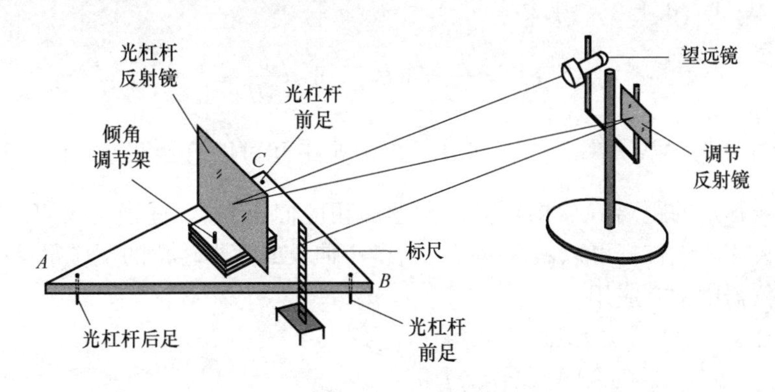


图4.1.1　光杠杆及其测量系统

实验时，将光杠杆两个前足尖放在弹性模量测定仪的固定平台上，后足尖放在待测金属丝的测量端面上。当金属丝受力后，产生微小伸长，后足尖便随测量端面一起做微小移动，并使光杠杆绕前足尖转动一微小角度，从而带动光杠杆反射镜转动相应的微小角度，这样标尺的像在光杠杆反射镜和调节反射镜之间反射，便把这一微小角位移放大成较大的线位移。这就是光杠杆产生光放大的基本原理。

开始时光杠杆反射镜与标尺在同一平面，在望远镜上读到的标尺读数为 $r_0$，当光杠杆反射镜的后足尖下降 $\delta L$ 时，产生一个微小偏转角 $\theta$，在望远镜上读到的标尺读数为 $r_i$，则放大后的钢丝伸长量 $C_i = r_i - r_0$（常称作视伸长）。由图 4.1.2 可知

$$\delta L_i = b \cdot \tan\theta \approx b\theta \tag{4.1.2}$$

式中，$b$ 为光杠杆前后足间的垂直距离，称为光杠杆常数（图 4.1.3）。

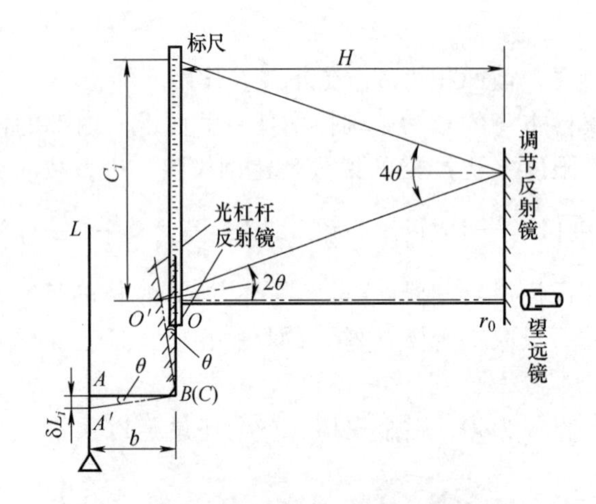


图 4.1.2　光杠杆工作原理图

图 4.1.3　光杠杆前后足间距

由于经光杠杆反射而进入望远镜的光线方向不变，故当平面镜旋转一角度 $\theta$ 后，入射到调节反射镜的光线的方向就要偏转 $4\theta$，因 $\theta$ 甚小，$OO'$ 也甚小，故可认为调节反射镜到标尺的距离 $H \approx O'r_0$，并有

$$2\theta \approx \tan 2\theta = \frac{C_i/2}{H}, \quad \theta = \frac{C_i}{4H} \tag{4.1.3}$$

从式（4.1.2）与式（4.1.3）得

$$\delta L_i = \frac{bC_i}{4H} = WC_i, \quad W = \frac{b}{4H} \tag{4.1.4}$$

$\frac{1}{W} = \frac{4H}{b}$称作光杠杆的“放大率”。式（4.1.4）中 $b$ 和 $H$ 可以直接测量，因此只要从望远镜中测得标尺刻线移过的距离 $C_i$，即可算出钢丝的相应伸长 $\delta L_i$。适当增大 $H$，减小 $b$，可增大光杠杆的放大率。光杠杆可以做得很轻，对微小伸长或微小转角的反应很灵敏，方法简单实用，在精密仪器中常有应用。

将式（4.1.4）代入式（4.1.1）中得

$$E = \frac{16FLH}{\pi D^2 bC_i} \tag{4.1.5}$$

霍尔法弹性模量实验仪

### 实验 2　弯曲法测横梁弹性模量（霍尔法测横梁弹性模量）

将厚度为 $a$、宽度为 $b$ 的横梁放在相距为 $l$ 的两刀口上（图 4.1.4），在梁上两刀口的中点处挂一质量为 $m$ 的砝码，这时梁被压弯，梁中心处下降的距离 $\Delta Z$ 称为弛垂度。

在横梁发生微小弯曲时，梁的上半部发生压缩，下半部发生拉伸；而

中间存在一个薄层，虽然弯曲但长度不变，称为中性面，如图4.1.5虚线所示。

取中性面上相距为$y$、厚为$\mathrm{d}y$、形变前长为$\mathrm{d}x$的一段作为研究对象（图4.1.5）。梁弯曲后所对应的张角为$\mathrm{d}\theta$，长度改变量为$y\mathrm{d}\theta$，所受拉力为$-\mathrm{d}F$。根据胡克定律有

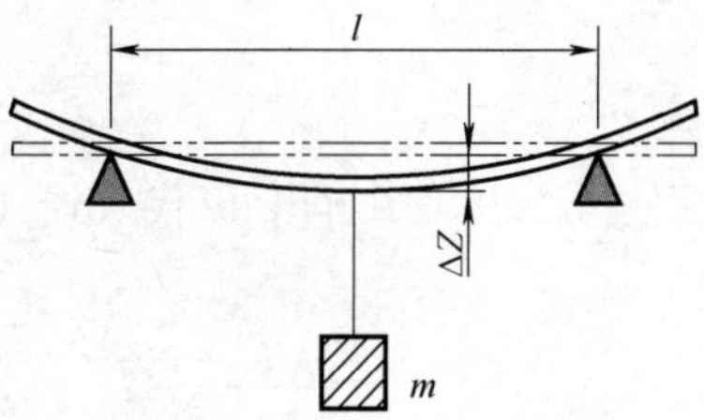

$$\frac{\mathrm{d}F}{\mathrm{d}S}=-E\frac{y\mathrm{d}\theta}{\mathrm{d}x}$$

图4.1.4　弯曲法测弹性模量原理

式中，$\mathrm{d}S$表示形变层的横截面积，设横梁宽度为$b$，则$\mathrm{d}S=b\mathrm{d}y$。于是

$$\mathrm{d}F=-Eb\frac{\mathrm{d}\theta}{\mathrm{d}x}y\mathrm{d}y \tag{4.1.6}$$

此力对中性面的转矩$\mathrm{d}M$为

$$\mathrm{d}M=|\mathrm{d}F|y=Eb\frac{\mathrm{d}\theta}{\mathrm{d}x}y^2\mathrm{d}y$$

积分得

$$M=Eb\frac{\mathrm{d}\theta}{\mathrm{d}x}\int_{-\frac{a}{2}}^{\frac{a}{2}}y^2\mathrm{d}y=\frac{Eba^3}{12}\frac{\mathrm{d}\theta}{\mathrm{d}x} \tag{4.1.7}$$

如果将梁的中点$O$固定，在两侧各为$\frac{l}{2}$处分别施以向上的力$\frac{1}{2}mg$（图4.1.6），则梁的弯曲情况与图4.1.5所示完全相同。梁上距中点$O$为$x$、长为$\mathrm{d}x$的一段，由于弯曲产生的下降$\mathrm{d}(\Delta Z)$为

$$\mathrm{d}(\Delta Z)=\left(\frac{l}{2}-x\right)\mathrm{d}\theta \tag{4.1.8}$$

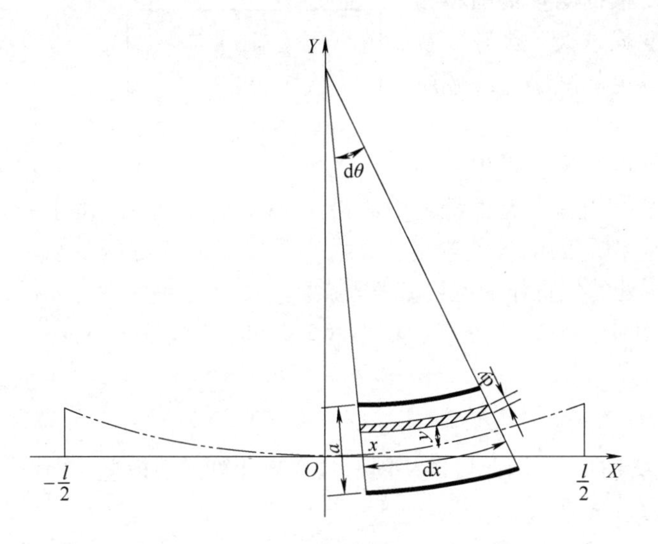

图4.1.5　弯曲梁弹性模量计算用图

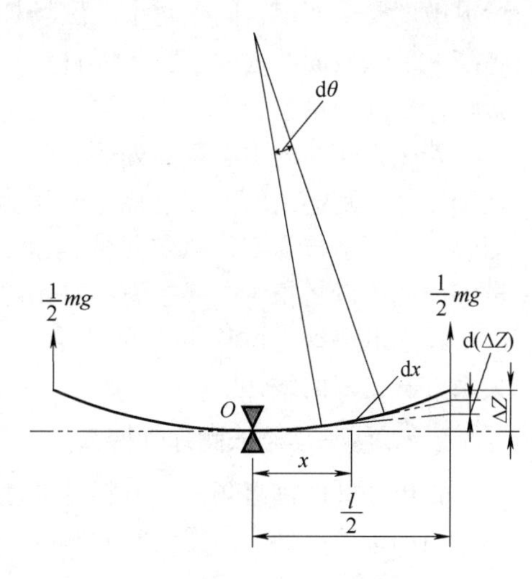

图4.1.6　中心固定时梁弯曲等效图

当梁平衡时，由外力$\frac{1}{2}mg$对该处产生的力矩$\frac{1}{2}mg\left(\frac{l}{2}-x\right)$应当等于由式（4.1.7）求出

的转矩 $M$，即

$$\frac{1}{2}mg\left(\frac{l}{2}-x\right)=\frac{Eba^3}{12}\frac{\mathrm{d}\theta}{\mathrm{d}x} \tag{4.1.9}$$

从式（4.1.9）中解出 $\mathrm{d}\theta$ 代入式（4.1.8）中并积分，可求出弛垂度

$$\Delta Z=\frac{6mg}{Ea^3b}\int_0^{\frac{l}{2}}\left(\frac{l}{2}-x\right)^2\mathrm{d}x=\frac{mgl^3}{4Ea^3b} \tag{4.1.10}$$

于是弹性模量为

$$E=\frac{mgl^3}{4a^3b\Delta Z} \tag{4.1.11}$$

与前一实验同理，$\Delta Z$ 属微小位移，用一般工具很难测准，在此可用霍尔位置传感器进行测量。将霍尔元件置于磁感应强度为 $B$ 的磁场中，在垂直于磁场方向通以电流 $I$，则与这二者相垂直的方向上将产生霍尔电势差：

$$U_{\mathrm{H}}=kIB \tag{4.1.12}$$

式中，$k$ 为元件的霍尔灵敏度。如果保持霍尔元件的电流 $I$ 不变，而使其在一个均匀梯度的磁场中移动，则输出的霍尔电势差变化量为

$$\Delta U_{\mathrm{H}}=kI\frac{\mathrm{d}B}{\mathrm{d}Z}\Delta Z=K\Delta Z \tag{4.1.13}$$

式（4.1.13）说明，若$\frac{\mathrm{d}B}{\mathrm{d}Z}$为常数，则 $\Delta U_H$ 与 $\Delta Z$ 成正比，其比例系数用 $K$ 表示，称为霍尔传感器灵敏度。

为实现均匀梯度的磁场，可按如图 4.1.7 所示将两块相同的磁铁（磁铁截面积及表面磁感应强度相同）相对放置，即 N 极与 N 极相对，两磁铁之间留一定间隙，霍尔元件平行于磁铁放在该间隙的中轴上。间隙大小要根据测量范围和测量灵敏度要求而定，间隙越小，磁场梯度就越大，灵敏度就越高。磁铁截面要远大于霍尔元件，以尽可能减小边缘效应影响，提高测量精确度。

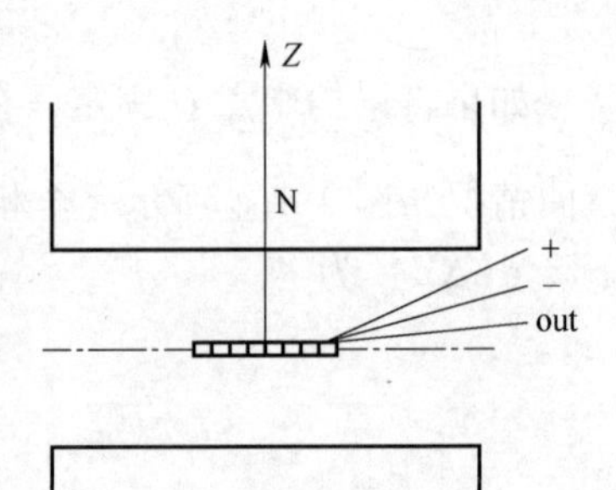


图 4.1.7　均匀梯度磁场

若磁铁间隙内中心截面处的磁感应强度为零，霍尔元件处于该处，则输出的霍尔电势差应该为零。当霍尔元件偏离中心沿 $Z$ 轴发生位移时，由于磁感应强度不再为零，霍尔元件也就产生相应的电势差输出，其大小可以用数字电压表测量。由此可以将霍尔电势差为零时元件所处的位置作为位移参考零点。

霍尔电势差与位移量之间存在一一对应关系，当位移量较小（<2mm）时，这一对应关系具有良好的线性。

### 实验 3　动态法测弹性模量

物体振动的固有频率与材料的弹性模量有关，因此可以从固有频率来计算弹性模量。两端自由的细棒在做弯曲振动时固有频率为

$$f=\frac{k^2}{2\pi l^2}\sqrt{\frac{EI}{\rho s}} \tag{4.1.14}$$

式中，$E$、$\rho$、$l$、$s$ 分别是材料的弹性模量、密度、棒长、截面积；$I=\int z^2\mathrm{d}s$ 是截面 $s$ 对 $z$ 轴

（质点做弯曲振动的位移方向）的面积转动惯量（惯性矩），对圆形棒 $I=\pi d^4/64$（$d$ 是圆棒直径），对矩形棒 $I=bh^3/12$（$b$ 和 $h$ 分别是截面的宽度和高度）；$k$ 是一个常数，与棒做弯曲振动的简正方式有关。对基频振动，$k=4.730\,040\,8$（图 4.1.8a）；对一阶的反对称振动，$k=7.853\,204\,6$（图 4.1.8b）。对圆形棒，只要测出棒的直径 $d$、长度 $l$、质量 $m$ 和它做弯曲振动的基频固有频率 $f$，即可定出该材料的弹性模量 $E$，即

$$E=\frac{\rho s}{I}\cdot\frac{4\pi^2 l^4 f^2}{k^4}=1.606\,7\,\frac{l^3 m}{d^4}f^2 \tag{4.1.15}$$

式中，已取 $k=4.730\,040\,8$。

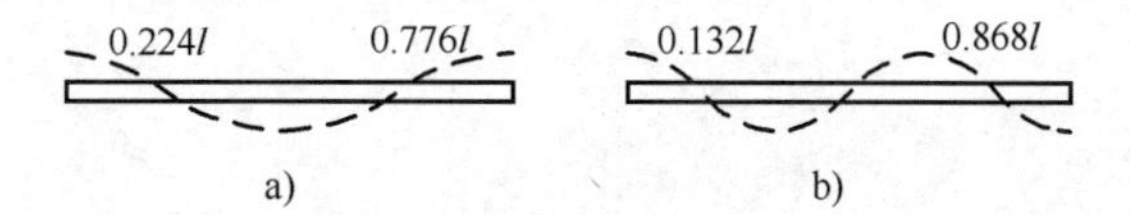


图 4.1.8 细长棒弯曲振动模式

本实验的关键是要准确测出试样棒的固有频率 $f$，其装置如图 4.1.9 所示，被测试样用两根细线悬挂在换能器下面。其中一个作为激振器，来自信号发生器的正弦信号经放大（如信号已能满足激振需要，则可省去放大器）后加在激振器上，使激振器的膜片发生振动，它又通过固定在膜片中心的悬线激发试样（棒）振动，试样棒的振动又通过另一端的悬线传给拾振器。而作为拾振器的换能器则将试样的振动转变为电信号，再经放大（如拾振器输出能满足显示需要，也可以不放大）后输出给示波器。改变加在激振器上的电信号的频率（信号幅度不变），当强迫振动频率与试样棒的弯曲振动基频固有频率一致时，试样棒振动最强烈，拾振器输出的电信号最大，由此可测出 $f$。

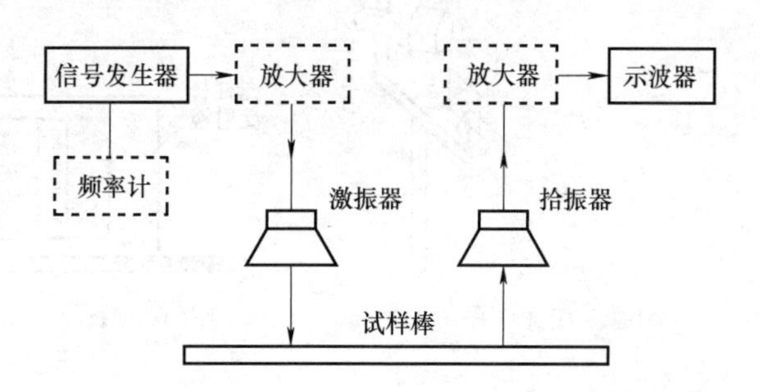


图 4.1.9 动力学法测弹性模量

试样共振用示波器来观察。当信号发生器的频率不等于试样的固有频率时，示波器上几乎没有波形；当信号发生器的频率等于试样的固有频率时，试样发生共振，示波器上的波形突然增大，这时信号发生器的频率可以认为就是试样的固有频率 $f$。

细线悬挂点的选择是实验必须考虑的一个问题。由图 4.1.8a 可知，如果要严格保证弯曲振动的简正波条件，细线应悬挂在细棒振动的节点位置（距细棒端部 $0.224l$ 和 $0.776l$ 处），但这样做，激振器将不可能激发出细棒的振动，测量也就无法进行，因此只能将细线悬挂在试样节点的附近来进行测量。更细致的考虑则可通过改变悬线的位置，测出共振频率与位置的关系曲线，从而拟合出悬线在节点位置的共振频率值。

### 4.1.3　实验仪器

实验1：弹性模量测定仪（包括：细钢丝、光杠杆、望远镜、标尺及拉力测量装置）、钢卷尺、游标卡尺和千分尺。

实验2：霍尔位置传感器测弹性模量装置一台（底座固定箱、读数显微镜、95型集成霍尔位置传感器、磁铁两块等）、霍尔位置传感器输出信号测量仪一台（包括直流数字电压表）、直尺、游标卡尺。

实验3：动态弹性模量测定仪、铜棒、铝棒、卡尺、电子天平、信号发生器、频率计、示波器、屏蔽电缆若干。

### 4.1.4　实验内容

**实验1　拉伸法测钢丝弹性模量**

**（1）调整测量系统**

测量系统的调节是本实验的关键，调整后的系统应满足光线沿水平面传播的条件，即与望远镜等高位置处的标尺刻度经两个平面镜反射后进入望远镜视野（图4.1.10）。为此，可通过以下步骤进行调节。

**1）目测粗调**

首先调整望远镜，使其与光杠杆等高，然后左右平移望远镜与调节反射镜，直至凭目测从望远镜上方观察到光杠杆反射镜中出现调节反射镜的像，再适当转动调节反射镜至出现标尺像（图4.1.11）。

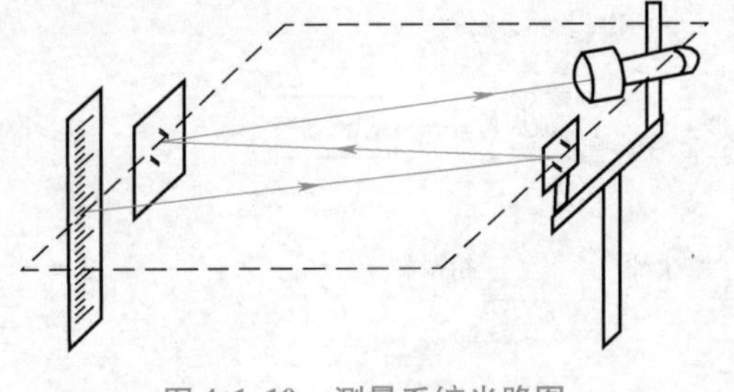

图4.1.10　测量系统光路图

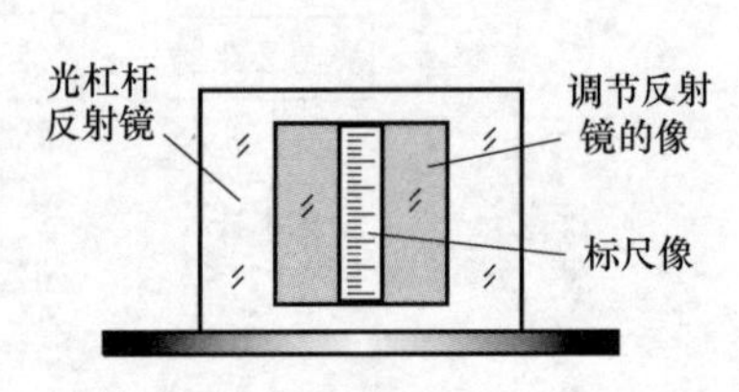


图4.1.11　目测粗调结果

**2）调焦找尺**

首先转动望远镜目镜旋钮，使“十”字叉丝清晰成像（目镜调焦）；然后旋转望远镜右侧的手轮，至标尺像与“十”字叉丝无视差（物镜调焦）。

**3）细调光路水平**

观察望远镜中水平叉丝所对应的标尺读数与光杠杆在标尺上的实际位置读数是否一致，若明显不同，则说明入射光线与反射光线未沿水平面传播，可适当调节调节反射镜的俯仰，直到望远镜读出的数恰为其实际位置为止。调节过程中还应兼顾标尺像上下清晰度一致，若清晰度不同，则可适当调节望远镜俯仰螺钉。

**（2）测量数据**

① 首先预加10kg质量的拉力，将钢丝拉直，然后逐次改变钢丝拉力，测量望远镜水平

叉丝对应的标尺读数。

**提示：**物体受力后并不是立即伸长到应有数值，外力撤消后也不能立即回复原状，这是弹性滞后效应。为了减小该效应引起的误差，可在增加拉力过程和减小拉力过程中各测一次对应拉力下标尺的读数，然后取两次结果的平均值。

**注意：**测量结束后要将拉力全部释放至“0”，否则加力装置易受损。

② 根据量程及相对不确定度大小，选择合适的长度测量仪器，分别用卷尺、游标卡尺或千分尺测 $L$、$H$、$b$ 各一次，测钢丝直径 $D$ 若干次。

**(3) 数据处理**

选择用逐差法、一元线性回归法或图解法计算弹性模量，并估算不确定度。其中 $L$、$H$、$b$ 各量只测了一次，由于实验条件的限制，它们的不确定度不能简单地只由量具的仪器误差来决定。

① 测量钢丝长度 $L$ 时，由于钢丝上下端装有紧固夹头，米尺很难测准，其误差限可达 0.3 cm。

② 测量镜尺间距 $H$ 时，难以保证米尺水平、不弯曲和两端对准，若该距离为 1.2 ~ 1.5 m，则误差限可定为 0.5 cm。

③ 用卡尺测量光杠杆前后足距 $b$ 时，不能完全保证是垂直距离，该误差限可定为 0.02 cm。

## 实验2 弯曲法测横梁弹性模量

**(1) 调整系统**

① 参见图 4.1.12 所示实验装置，利用水准器将底座调水平，再通过调节架将霍尔位置传感器调至磁铁中间，当毫伏表数值很小时，旋调零电位器使毫伏表读数为零。

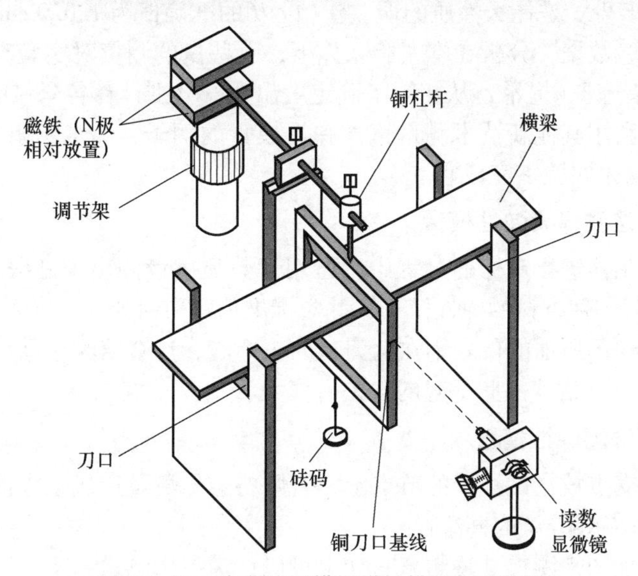


图 4.1.12 弯曲法测横梁弹性模量实验装置

② 调节读数显微镜，使观察到清晰分划板和铜架上的基线，并使两者重合。

**(2) 测量数据**

① 对霍尔传感器定标。逐次增加砝码 $m_i$，用读数显微镜读出梁的弯曲位移 $\Delta Z_i$，同时

用数字电压表测出霍尔电压 $U_{Hi}$。

② 测另一根横梁弹性模量。换另一种材料的横梁，仅测量霍尔电压 $U_H$随砝码 $m$ 变化的数据。

③ 测量横梁两刀口间的长度 $l$、横梁宽度 $b$ 和横梁厚度 $a$。

**(3) 数据处理**

① 用一元线性回归法计算霍尔位置传感器的灵敏度 $K$ 及其不确定度。

② 用逐差法按照公式（4.1.11）计算待测材料的弹性模量 $E$，并估算不确定度，计算与标准值的相对误差。

已知黄铜材料弹性模量的标准值为 $E_{Cu}=10.55\times10^{10}\ N/m^2$，铸铁材料弹性模量的标准值为 $E_{Fe}=18.15\times10^{10}\ N/m^2$。

**实验 3　动态法测弹性模量**

**(1) 调节示波器**

参见 4.6 节示波器的使用，调整好示波器。

**(2) 测量数据**

用示波器观察试棒做受迫振动的振幅特性，测量固有频率。

**(3) 数据处理**

计算铝棒和铜棒的弹性模量 $E$ 及其不确定度 $u(E)$。

### 4.1.5　思考题

**实验 1　拉伸法测钢丝弹性模量**

① 测光杠杆镜面到标尺的水平距离时，尺子不能绝对水平，如果倾角为 5°，则由此产生 $H$ 的测量误差是多少？是什么性质的误差？（设 $H$ 的准确值为 120.0 cm）

② 根据你的实验数据，分析在本实验条件下，哪些量的测量对实验准确度的影响最大？实验中采取了什么措施？（提示：从相对不确定度出发，分别计算各分量的贡献。）

③ 请提供一个利用其他新技术测量钢丝弹性模量的例子，要求给出实验方案和装置简图。如果有可能，请来实验室完成它。

**实验 2　弯曲法测横梁弹性模量**

① 在对霍尔传感器进行定标的过程中，已用读数显微镜测出了砝码 $m$ 与位移 $\Delta Z$ 的关系，试据此计算出第一种材料的弹性模量，并与标准值进行对比。

② 本实验中若砝码所加的位置不在两刀口的正中心，这会给测量结果带来怎样的影响？设此偏离为 0.5 mm，试估算由此引起的误差有多大？

**实验 3　动态法测弹性模量**

① 由于不能把支点放在试样棒的节点上，否则将会给测量造成多大的误差或不确定度？能否找到一种能更精确测定 $f$ 的办法？

② 能否用李萨如图来测得共振频率？如果可以，请提供测量方案。

### 4.1.6　拓展研究

① 本实验测微长度的思想和仪器在其他基础物理实验中的应用。

② 自组实验装置研究其他材料弹性模量的测试新方法。

# 实验方法专题讨论之一——对实验结果的讨论

（本节实例主要取自“光杠杆法测弹性模量”）

初次做实验的学生往往只满足于求得被测量的数值，而忽略了对实验和数据处理结果的讨论。实际上对实验结果的解释和测量数据的讨论是研究工作的重要方面，也是写好实验报告的基本要求。下面结合基本实验的特点，指出几个应在实验报告中注意的问题。

**1. 结果表述**

**测量结果的最终表达形式为 $X \pm u(X)$（单位）。**例如光杠杆法测弹性模量的某次实验测量结果为

$$E \pm u(E) = (1.85 \pm 0.05) \times 10^{11}\ \text{Pa}$$

这个表达式的含义是什么呢？它表示该材料的弹性模量的真值应以较大的概率落在 $1.80 \times 10^{11} \sim 1.90 \times 10^{11}$ Pa 之间。这个概率究竟是多大，书中未做讨论。如果认为被测量满足正态分布，一般可估计为2/3 左右，那么这个结论是否可信呢？由于被测量的约定真值不知道，因此常常感到无从下手。好在基础物理实验中这个问题在许多情况下是可以解决的。例如查阅文献，用精度更高的仪器测定，用同一系统去测量真值已知的物理量，用不同仪器测同一物理量做比对等[⊖]。这时测量结果会存在两种情况：

① 真值落在测量结果的范围内。这时如果没有未被计及的重要的不确定度分量，一般可以认为测量结果是可信的。

② 真值没有落在测量结果的范围内，它又可以分成三种情况：

ⅰ. 完全由于概率的原因，真值未落在不确定度估计的范围内。比如置信概率约为 2/3，那就意味着真值还有约 1/3 的可能性落在该范围之外。

ⅱ. 还有未被计及的重要误差来源，特别是定值系统误差存在。这在基础物理实验中并不少见。

ⅲ. 由于熟练程度等原因，操作中出现了粗差。

为了使分析具有说服力，也为了使报告人能从这种分析中获得能力的提高，这种讨论不应该空对空地泛泛议论，而应力求在定量或半定量的基础上进行。为此我们给出一个讨论的实例。在弹性模量的测量中，多数学生测得的 $E$ 要比文献报道的测量值（$2.0 \times 10^{11} \sim 2.1 \times 10^{11}$ Pa）偏小。仔细分析后发现，钢丝在多次使用后，留下了许多折弯。它是造成测量结果偏小的一个可能的原因：在同样的载荷下，钢丝的表观“伸长”将显著增加。为了说明这一点，审查某次钢丝的伸长记录（表4.1.1）。逐差法计算结果表明，4 个砝码的载荷下，钢丝的伸长在逐渐减小，从 2.51 mm→2.485 mm→2.43 mm→2.41 mm。画出每增加一个砝码的载荷钢丝的伸长曲线，如图 4.1.13 所示，也不难发现第一次施加载荷时，钢丝伸长最大，随载荷

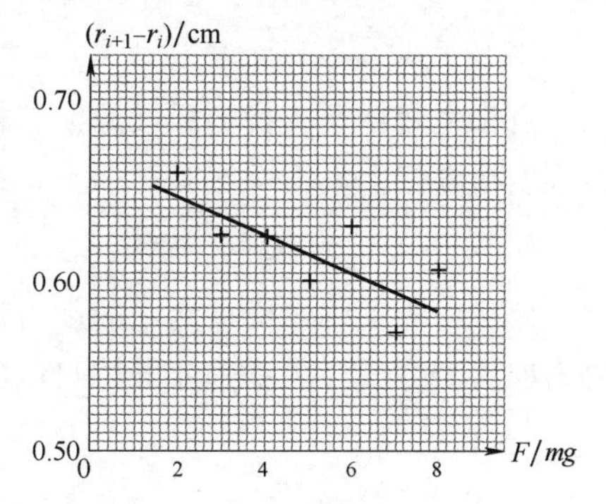


图 4.1.13 载荷与钢丝伸长关系曲线

---

⊖ 还可以进行有关的统计检验，例如 $\chi^2$ 检验等。由于篇幅的限制，此处不做讨论，也不做教学要求。

的增加，钢丝有变“硬”的趋势。这一切都隐含着一个事实：钢丝的“伸长”包括两部分，一部分是钢丝的折弯被拉直，另一部分才是钢丝的应变。而随着载荷的增加，折弯减少，它的贡献也就下降了。

表 4.1.1　加载荷后标尺的读数 $r$　　长度单位：cm

| $i$ | 1 | 2 | 3 | 4 | 5 | 6 | 7 | 8 |
|---|---|---|---|---|---|---|---|---|
| $m$/kg | 0 | 0.36 | 0.72 | 1.08 | 1.44 | 1.80 | 2.16 | 2.52 |
| 增砝码 $r_+$ | 23.43 | 22.77 | 22.14 | 21.53 | 20.92 | 20.27 | 19.74 | 19.13 |
| 减砝码 $r_-$ | 23.47 | 22.81 | 22.19 | 21.55 | 20.96 | 20.34 | 19.73 | 19.13 |
| $r=\frac{r_+ + r_-}{2}$ | 23.45 | 22.79 | 22.165 | 21.54 | 20.94 | 20.305 | 19.735 | 19.13 |
| $C_i = r_{i+4} - r_i$ | 2.51 | 2.485 | 2.43 | 2.41 | — | — | — | — |

## 2. 对不确定度的分析讨论

以 3.3.1 小节的数据进行讨论。

$$\frac{u(E)}{E}=\sqrt{\left[\frac{u(L)}{L}\right]^2+\left[\frac{u(H)}{H}\right]^2+\left[2\frac{u(D)}{D}\right]^2+\left[\frac{u(b)}{b}\right]^2+\left[\frac{u(C)}{C}\right]^2}$$

$$=\sqrt{\left(\frac{0.173}{39.7}\right)^2+\left(\frac{0.289}{103.5}\right)^2+\left(2\times\frac{0.00293}{0.8011}\right)^2+\left(\frac{0.0115}{8.50}\right)^2+\left(\frac{0.0292}{1.5856}\right)^2}$$

$$=\sqrt{0.00435^2+0.00279^2+0.00731^2+0.00135^2+0.0184^2}=0.020=2.0\%$$

在 $E$ 的 5 个不确定度分量中，来自 $u(C)$ 的影响最大，其次是 $u(D)$ 的影响。因此本实验提高测量精度的首要因素是改善 $C$（钢丝伸长的标尺读数）和 $D$（钢丝直径）的测量。

实际上按微小误差的舍去原则：某项不确定度分量在合成不确定度的 1/3 以下，即可略去不计。按本例的数据，略去$\frac{u(L)}{L}$、$\frac{u(H)}{H}$、$\frac{u(b)}{b}$的贡献，则$\frac{u(E)}{E}\approx\sqrt{\left[2\frac{u(D)}{D}\right]^2+\left[\frac{u(C)}{C}\right]^2}=0.020$，对结果没有影响。

## 3. 对实验现象的分析讨论

例如，怎样迅速找到标尺像？怎样判断系统是否已经调好？为什么有时看到了标尺像，但刻度清晰度上下不一样？

## 4. 关于实验的应用、提高精度的途径以及新的测量原理方法等的讨论

例如，有关弹性模量测定的新方法的讨论等。上面提到的几个方面，不必面面俱到，还要力戒人云亦云。关键是要锻炼自己的思考能力，在突破点上有中肯的分析与见地。

## 4.2 测定刚体的转动惯量

转动惯量是描写刚体转动特性的一个基本物理量，它不仅与物体的质量、转轴位置有关，还与质量分布（即形状、大小和密度分布）有关。对于形状简单且质量分布均匀的刚体，可直接计算其绕特定转轴的转动惯量。而工程中常见形状不规则、质量分布不均匀的刚体，其转动惯量计算将极为复杂，通常采用实验方法来测定。

测量转动惯量，一般是使刚体以一定形式运动，通过表征这种运动特征的物理量与转动惯量的关系，进行转换测量。对于不同形状的刚体，设计了不同的测量方法和仪器，如三线摆（three-wire pendulum）、扭摆（torsional pendulum）、复摆（compound pendulum）以及利用各种特制的转动惯量测定仪等都可以很方便地测定刚体的转动惯量。本实验利用扭摆和三线摆，由摆动周期及其他参数的测定计算出物体的转动惯量。

### 4.2.1 实验要求

#### 1. 实验重点

① 学习两种物理实验方法——比值测量法和转换测量法；

② 熟悉扭摆的构造及使用方法，掌握数字式计时器的正确使用；

③ 用扭摆测定几种不同形状物体的转动惯量，并与理论值进行比较；

④ 验证转动惯量平行轴定理；

⑤ 用振动法（三线摆）测量物体的转动惯量。

#### 2. 预习要点

① 本实验是怎样运用比值测量法的？其中哪个物理量是已知标准量？通过比较又消去了哪个物理量的影响？试导出全部待测物的转动惯量测量公式。

② 参考其他教材，查出全部待测物转动惯量的理论计算公式。

③ 考虑测量待测物质量时，其上金属支座的质量应计入其中吗？

④ 保证三线摆做简谐振动的主要措施是什么？

⑤ 三线摆测转动惯量的公式中的 $R$、$r$ 是否一定是上下盘的半径？

### 4.2.2 实验原理

**实验1 扭摆法测定转动惯量**

扭摆的构造如图4.2.1所示，在其垂直轴1上装有一根薄片状的螺旋弹簧2，用以产生恢复力矩。在轴的上方可以装上各种待测物体。垂直轴与支座间装有轴承，使摩擦力矩尽可能降低。将物体在水平面内转过一角度 $\theta$ 后，在弹簧的恢复力矩作用下，物体就开始绕垂直轴做往返扭转运动。根据胡克定律，弹簧受扭转而产生的恢复力矩 $M$ 与所转过的角度 $\theta$ 成正比，即

转动惯量测定仪

$$M = -K\theta \tag{4.2.1}$$

式中，$K$ 为弹簧的扭转常数。根据转动定律 $M_{总} = I\beta$（$I$ 为物体绕转轴的转

动惯量，$\beta$ 为角加速度），忽略轴承的摩擦阻力矩，则有 $M_{总}=M$。由 $\beta=\ddot{\theta}$，并令 $\omega^2=\frac{K}{I}$，得

$$\beta=\frac{d^2\theta}{dt^2}=-\frac{K}{I}\theta=-\omega^2\theta \tag{4.2.2}$$

上述方程表示扭摆运动具有简谐振动的特性：角加速度与角位移成正比，且方向相反。此方程的解为

$$\theta=A\cos(\omega t+\varphi) \tag{4.2.3}$$

式中，$A$ 为谐振动的角振幅；$\varphi$ 为初相位角；$\omega$ 为角（圆）频率。此谐振动的周期为

$$T=\frac{2\pi}{\omega}=2\pi\sqrt{\frac{I}{K}} \tag{4.2.4}$$

利用式（4.2.4），测得扭摆的摆动周期后，在 $I$ 和 $K$ 中任何一个量已知时即可计算出另一个量。

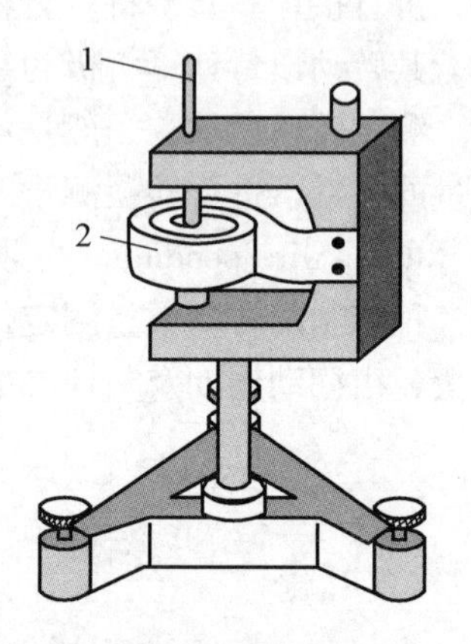

图 4.2.1　扭摆法测转动惯量
1—垂直轴　2—螺旋弹簧

本实验用一个几何形状规则的物体（圆柱），其转动惯量（$I_1$）可以根据它的质量和几何尺寸用理论公式直接计算得到，再算出本仪器弹簧的 $K$ 值。若要测定其他形状物体的转动惯量，只需将待测物体安放在本仪器顶部的各种夹具上，测定其摆动周期，由式（4.2.4）即可换算出该物体绕转动轴的转动惯量。

理论分析证明，若质量为 $m$ 的物体绕过质心轴的转动惯量为 $I_C$，当转轴平行移动距离 $x$ 时，则此物体对新轴线的转动惯量变为 $I_C+mx^2$。这称为转动惯量的平行轴定理。

## 实验 2　三线摆测定转动惯量

两半径分别为 $r$ 与 $R(R>r)$ 的刚性圆盘，用对称分布的三条等长的无弹性、质量可忽略的细线相连，上盘固定，则构成一振动系统，称为三线摆，如图 4.2.2 所示。上、下圆盘的系线点构成等边三角形，下盘处于悬挂状态，并可绕 $OO'$ 轴线做扭转摆动，称为摆盘。若调节三线摆使上下盘均处于水平，当摆角很小，且忽略空气阻力与悬线扭力时，根据能量守恒与刚体转动定律，可以证明下圆盘绕中心轴的振动是简谐振动（参见本节附录）。

设下圆盘质量为 $m_0$，上下圆盘间距 $H$，则下盘的振动周期为

$$T_0=2\pi\sqrt{\frac{H}{m_0gRr}I_0} \tag{4.2.5}$$

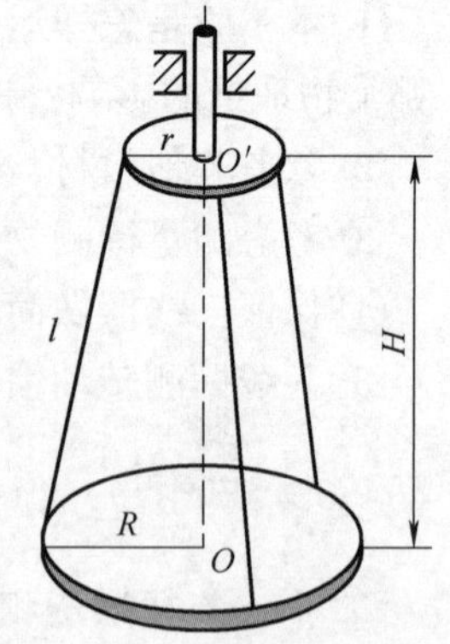

图 4.2.2　三线摆示意图

由上式看出，振动系统的周期将取决于结构参数 $R$、$r$、$H$ 及下盘的质量 $m_0$ 和下盘绕转轴的转动惯量 $I_0$（转动惯量与质量及质量的分布有关）。如果将质量为 $m_1$、转动惯量为 $I_1$ 的圆环对称放置在下盘上，使其圆心重合，则新振子的质量为 $m_0+m_1$，相对于系统中心的转动惯量为 $I_0+I_1$，那么新振子的振动周期为

$$T_1=2\pi\sqrt{\frac{H(I_0+I_1)}{(m_0+m_1)gRr}} \tag{4.2.6}$$

由式（4.2.5）和式（4.2.6）可求出待测转动惯量 $I_1$ 为

$$I_1=\left[\frac{(m_0+m_1)T_1^2}{m_0T_0^2}-1\right]I_0 \tag{4.2.7}$$

$I_0$ 可以用理论公式

$$I_0=\frac{1}{8}m_0{D_0}^2 \tag{4.2.8}$$

计算得到，式中的 $D_0$ 是下盘的直径。$I_0$ 也可根据式（4.2.5）用实验方法测得。

由于三线摆的摆动周期与摆盘的转动惯量有一定关系，所以把待测样品放在摆盘上后，三线摆系统的摆动周期就要相应地随之改变。这样，根据摆动周期、摆动质量以及有关的参量，就能求出摆盘系统的转动惯量。

### 4.2.3 实验仪器

扭摆、塑料圆柱体、金属空心圆筒、实心塑料（或木）球、金属细长杆（两个滑块可在上面自由移动）、数字式计时器、电子天平；

三线摆、钢卷尺、电子秒表、圆环、气泡水平仪。

### 4.2.4 实验内容

电子天平

**实验1 扭摆法测定转动惯量**

**（1）调整测量系统**

用水准仪调整仪器水平，设置计时器。

**（2）测量数据**

① 装上金属载物盘，测定其摆动周期 $T_0$；将塑料圆柱体垂直放在载物盘上，测出摆动周期 $T_1$，测定扭摆的弹簧扭转常数 $K$。

**提示：**

ⅰ. 安装时要旋紧止动螺钉，否则摆动数次后摆角可能会明显减小甚至停下。

ⅱ. 光电探头宜放置在挡光杆的平衡位置处，挡光杆（片）不能和它相接触，以免增大摩擦力矩。

ⅲ. 弹簧的扭转常数 $K$ 不是固定常数，它与摆动角度略有关系，摆角在 $90°\sim40°$ 间基本相同，在小角度时变小。因此，整个实验中应保持摆角基本在这一范围内。

ⅳ. 由测出的 $T_0$ 和 $T_1$，再结合式（4.2.4）推导出扭转常数 $K$ 的计算公式，其中圆柱的转动惯量 $I_1$ 视作已知量（由理论公式算出）。

② 测定金属圆筒、塑料（或木）球与金属细长杆的转动惯量。列表时注意给出各待测物体转动惯量的测量公式（金属圆筒 $I_2$、塑料球 $I_3$ 以及金属细长杆 $I_4$）和理论计算公式（金属圆筒 $J_2$、塑料球 $J_3$ 以及金属细长杆 $J_4$）。

③ 验证转动惯量平行轴定理。将滑块对称地放置在细杆两边的凹槽内［此时滑块质心离转轴的距离分别为 5.00、10.00、15.00、20.00、25.00（单位：cm）］，测出摆动周期 $T_{5i}$。

若时间许可，还可以将两个滑块不对称放置［例如分别取 5.00 与 10.00，10.00 与 15.00，15.00 与 20.00，20.00 与 25.00（单位：cm）］，这样采用图解法验证此定理时效果更好。

**提示：**滑块绕过质心且平行其端面的对称轴转动，其转动惯量的计算公式（理论值）为 $J_{滑}=\frac{1}{16}m_{滑}\left(D_{滑内}^{2}+D_{滑外}^{2}\right)+\frac{1}{12}m_{滑}h^{2}$，其中 $m_{滑}$ 是滑块质量，$D_{滑内}$、$D_{滑外}$ 分别是滑块的内外直径，$h$ 是滑块的长度。

④ 测量其他常数。利用电子天平，测出塑料圆柱、金属圆筒、塑料（或木）球与金属细长杆的质量，并记录有关物体的内、外径和长度。

**考虑：**在称衡圆球与金属细长杆的质量时，是否要取下支架？

**（3）数据处理——用列表法处理数据**

① 设计原始数据记录表格。

② 算出金属圆筒、塑料（或木）球和金属细长杆的转动惯量 $I_2$、$I_3$、$I_4$，并与理论计算值 $J_2$、$J_3$、$J_4$ 比较，求百分差。

③ 验证平行轴定理。

**实验 2　三线摆测定转动惯量**

**（1）自行设计方案测量物体的转动惯量**

**（2）数据处理**

① 设计原始数据记录表格。

② 计算转动惯量及其不确定度，并给出最后结果表述。

### 4.2.5 思考题

① 测塑料球和细长杆的转动惯量是在一个金属支座上进行的，它会引起误差吗？计算塑料球和细长杆转动惯量的理论值时，是否应该加上其支座（金属块）的质量？合理的修正应当怎样进行？

② 由测量结果算出小滑块绕过质心且平行其端面的对称轴的转动惯量，并与理论值对比。

③ 研究一个测量实物（例如飞机或微电机）转动惯量的实验方案，并给出测量公式。

### 4.2.6 拓展研究

① 用实验方法研究扭摆法测定转动惯量实验原理中未考虑转轴的摩擦对实验结果的影响。

② 研究扭摆法测定转动惯量实验中弹簧片的劲度系数与摆角的关系。

### 4.2.7 附录　三线摆下盘做简谐振动的推证

设悬线长度为 $l$，下圆盘悬线距圆心为 $R_0$，当下圆盘转过一角度 $\theta_0$时，悬线点由 $A$ 变为 $A_1$，从上圆盘 $B$ 点作下圆盘垂线，与升高 $h$ 前、后的下圆盘分别交于 $C$ 和 $C_1$，如图 4.2.3 所示，则

$$h=BC-BC_1=\frac{(BC)^2-(BC_1)^2}{BC+BC_1}$$

由于

$$(BC)^2=(AB)^2-(AC)^2=l^2-(R-r)^2$$

及

$$(BC_1)^2=(A_1B)^2-(A_1C_1)^2=l^2-(R^2+r^2-2Rr\cos\theta_0)$$

有
$$h=\frac{2Rr(1-\cos\theta_0)}{BC+BC_1}=\frac{4Rr\sin^2\dfrac{\theta_0}{2}}{BC+BC_1}$$

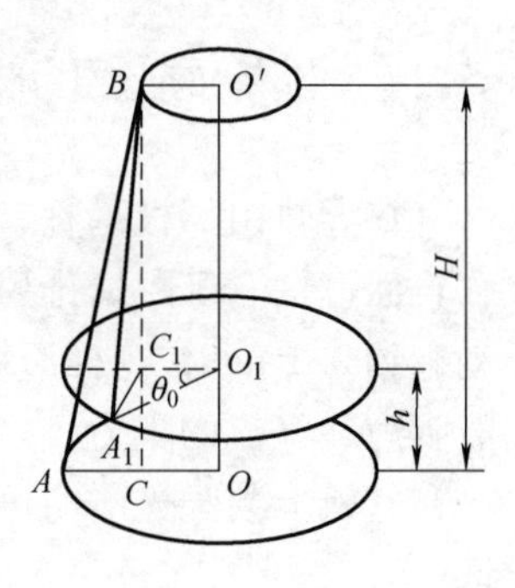


图 4.2.3 三线摆原理图

在扭转角 $\theta_0$很小，摆长 $l$ 很长时，$\sin\frac{\theta_0}{2}\approx\frac{\theta_0}{2}$，而 $BC+BC_1\approx 2H$，其中 $H=\sqrt{l^2-(R-r)^2}$，则

$$h=\frac{Rr{\theta_0}^2}{2H} \tag{4.2.9}$$

$H$ 为两盘静止时的垂直距离。

另外，当忽略摩擦力与悬线扭力时，此系统遵循机械能守恒定律，对下盘有

$$\frac{1}{2}I_0\omega^2+m_0gh+\frac{1}{2}m_0v^2=\text{常量} \tag{4.2.10}$$

式中，$m_0$ 是下盘的质量；$I_0$ 是下盘绕中心轴的转动惯量，$\omega$ 是下盘扭转 $\theta_0$角上升到 $h$ 时的角速度 $\mathrm{d}\theta_0/\mathrm{d}t$，$v$ 是下盘上升的速度 $\mathrm{d}h/\mathrm{d}t$。

在 $\theta_0$相当小且 $l$ 较长时，大圆盘上下运动的平动动能远小于转动动能，即$\frac{1}{2}m_0v^2\ll\frac{1}{2}I_0{\omega_0}^2$，于是近似有$\frac{1}{2}I_0\omega^2+m_0gh=\text{常量}$，对该式微分，可得

$$I_0\frac{\mathrm{d}\theta_0}{\mathrm{d}t}\frac{\mathrm{d}^2\theta_0}{\mathrm{d}t^2}+m_0g\frac{\mathrm{d}h}{\mathrm{d}t}=0 \tag{4.2.11}$$

又由式（4.2.9）得$\frac{\mathrm{d}h}{\mathrm{d}t}=\frac{Rr\theta_0}{H}\frac{\mathrm{d}\theta_0}{\mathrm{d}t}$，将此式代入式（4.2.11），整理得

$$\frac{\mathrm{d}^2\theta_0}{\mathrm{d}t^2}=-\frac{m_0gRr}{I_0H}\theta_0=-\omega^2\theta_0 \tag{4.2.12}$$

上式为简谐振动方程。这就证明了在满足一定的近似条件时，下盘做简谐振动的结论。其振动周期 $T_0=\frac{2\pi}{\omega}$可由式（4.2.12）得出，故得式（4.2.5）结果：

$$T_0=2\pi\sqrt{\frac{H}{m_0gRr}I_0}$$

## 4.3 气垫导轨上的系列实验

气垫导轨由一根平直、光滑的三角形铝合金型材固定在一根刚性很强的金属支承梁上构成，轨面上钻有等距离排列的喷气小孔。气轨内腔充入压缩空气，气流从小孔喷出可使滑块浮动起约0.1 mm，这样滑块在气轨上运动时就避免了接触，消除了摩擦，仅有微小的空气黏滞阻力和气流的阻力，多数情况下可近似看成是无摩擦运动。

在气轨上装配光电门可以测量运动物体的速度，从而可进行动量和能量守恒定律等的验证。

### 4.3.1 实验要求

#### 1. 实验重点

① 学习气轨的调整及光电计时仪的使用，通过对气轨进行水平调节，学习物理实验的对称测量法；

② 用碰撞特例检验动量守恒定律；

③ 讨论弹簧振子的振动周期与系统参量的关系；

④ 验证简谐振动中的机械能守恒定律；

⑤ 根据黏滞性摩擦阻力所遵从的规律，测定黏滞阻尼常数。

#### 2. 预习要点

① 两个等质量物体的弹性碰撞和完全非弹性碰撞各具什么规律？在两种碰撞中，机械能是否也守恒？若不守恒，请给出碰撞前后动能损失百分比的理论计算公式。

② 本实验要求将气轨调成滑块做匀速运动，而不是调成水平，这是为什么？其中包含了怎样的实验条件？（注意滑块的运动方向）

③ 结合图4.3.3说明，调整气轨时应调节哪个螺钉？怎样判断气轨是否调节好？

④ 实验中两光电门间的距离按什么原则选取？为什么？

⑤ 如何用光电门测量振子的振动周期？

### 4.3.2 实验原理

**实验1 动量守恒的研究**

动量守恒是自然界的基本规律之一，无论是宏观物体还是微观粒子运动，无论是低速运动还是高速（接近光速）的运动，都普遍成立。按动量守恒定律，如果系统不受外力或所受外力的矢量和为零，则系统的总动量保持不变。考虑在水平气轨上的两个物体，由于气垫的漂浮作用，物体受到的摩擦力被大大减小，这样，在气轨上研究碰撞时，如略去滑块与气轨之间很小的黏滞阻力，系统（即两个滑块）在水平方向所受合外力为零，只有相互作用的内力，则系统的水平动量守恒。

设两个滑块的质量分别为 $m_1$ 和 $m_2$，它们在碰撞前的速度为 $\boldsymbol{v}_{10}$ 和 $\boldsymbol{v}_{20}$，碰撞后的速度为 $\boldsymbol{v}_1$ 和 $\boldsymbol{v}_2$，则根据动量守恒有

$$m_1\boldsymbol{v}_{10}+m_2\boldsymbol{v}_{20}=m_1\boldsymbol{v}_1+m_2\boldsymbol{v}_2 \tag{4.3.1}$$

碰撞前后，物体的运动在同一水平直线上，为一维水平碰撞；当给定速度的正方向以后，式（4.3.1）可改写为

$$m_1 v_{10} + m_2 v_{20} = m_1 v_1 + m_2 v_2 \tag{4.3.2}$$

**（1）弹性碰撞**

弹性碰撞的特点是碰撞前后系统的动量守恒，机械能也守恒。如果在两个滑块的相碰端安装缓冲弹簧，在碰撞过程中，缓冲弹簧仅发生弹性变形，则可近似认为机械能没有损失，两滑块碰撞前后的总动能不变（机械能守恒），用公式可表示为

$$\frac{1}{2}m_1 v_{10}^2 + \frac{1}{2}m_2 v_{20}^2 = \frac{1}{2}m_1 v_1^2 + \frac{1}{2}m_2 v_2^2 \tag{4.3.3}$$

如果两滑块的质量相等，即 $m_1 = m_2$，而且在碰撞前 $m_2$ 滑块的速率为零，即 $v_{20} = 0$，则两滑块彼此交换速率，$m_1$ 静止下来，$m_2$ 以 $v_2$ 速率前进，即

$$v_1 = 0,\quad v_2 = v_{10}$$

**（2）完全非弹性碰撞**

如果两个滑块碰撞后合在一起以同一速度运动，则两滑块做完全非弹性碰撞，碰撞前后系统的动量守恒，但机械能不守恒。为了实现完全非弹性碰撞，可以在滑块的相碰端装上尼龙搭扣或橡皮泥。

设碰撞后两滑块合在一起具有相同的速率 $v$，即

$$v_1 = v_2 = v$$

由式（4.3.2）得

$$m_1 v_{10} + m_2 v_{20} = (m_1 + m_2) v$$

$$v = \frac{m_1 v_{10} + m_2 v_{20}}{m_1 + m_2}$$

如果两滑块的质量相等，$m_1 = m_2$，而且在碰撞前，其中一个滑块的速度为零，如 $v_{20} = 0$，则 $v = \frac{1}{2}v_{10}$。

## 实验2 气轨上研究简谐振动

**（1）弹簧振子的简谐运动方程**

两个劲度系数近似相等的弹簧，拴住一个质量为 $m$ 的物体。弹簧的另外两端固定在气轨两端。物体在光滑面（气轨）上做振动，如图4.3.1所示。当 $m$ 处于平衡位置 $O$ 时，两个弹簧的伸长量分别为 $x_1$、$x_2$。当 $m$ 距平衡点 $x$ 时，$m$ 受弹性恢复力的作用，略去阻尼，根据牛顿第二定律，其运动方程为

$$-k_1(x_1 + x) + k_2(x_2 - x) = m\ddot{x} \tag{4.3.4}$$

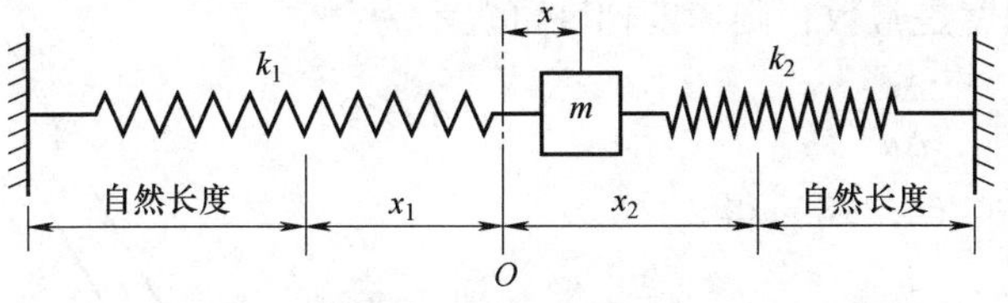

图4.3.1 气轨上的振子

当滑块处于平衡位置时，其所受合力为零，即 $-k_1 x_1 + k_2 x_2 = 0$，则式（4.3.4）变为

$$-(k_1+k_2)x=m\ddot{x}\ ,\ \ddot{x}=-\frac{k_1+k_2}{m}x$$

令 $\omega^2=\dfrac{k_1+k_2}{m}$，则得方程

$$\ddot{x}=-\omega^2 x \tag{4.3.5}$$

这表明滑块的运动是简谐运动，它的解为 $x=A\cos(\omega t+\varphi_0)$，滑块的运动速度为 $v=-A\omega\sin(\omega t+\varphi_0)$。

**（2）简谐振动的能量**

本实验中，任意时刻系统的振动动能为 $E_k=\dfrac{1}{2}mv^2$，系统的弹性势能为两个弹簧的弹性势能之和。若选取滑快处于平衡位置时的势能为零，则在任意位置，弹性势能为

$$E_p=\frac{1}{2}(k_1+k_2)x^2 \tag{4.3.6}$$

系统总机械能为

$$E=\frac{1}{2}mv^2+\frac{1}{2}(k_1+k_2)x^2 \tag{4.3.7}$$

### 实验 3　黏滞性阻尼常数的测定

在气轨上运动的滑块虽说不受滑动摩擦力的作用，但仍受到滑块和气轨之间由于气层的相对运动所产生的一种“内摩擦力”的作用。这种“内摩擦力”也称为“黏滞性摩擦阻力”。正是由于黏滞性摩擦阻力的存在，会造成测量系统误差。为了对这种系统误差进行修正，必须研究黏滞性摩擦阻力所遵从的规律。

由气体的内摩擦理论可知，如果用 $f_\mu$ 表示这种“黏滞性摩擦阻力”，则在滑块的速度不太大时，可以认为它由下式决定，即

$$f_\mu=\eta\frac{\Delta v}{\Delta d}A \tag{4.3.8}$$

式中，$\dfrac{\Delta v}{\Delta d}$ 表示滑块和导轨之间气层的速度梯度；$A$ 是滑块和导轨之间气层的接触面积；$\eta$ 是空气的内摩擦系数或黏度。

在本实验条件下，可以认为和导轨接触气层的定向运动速度为零，与滑块接触的气层的定向运动速度等于滑块速度 $v$，而 $\Delta d$ 就是滑块在垂直于导轨表面方向的漂浮高度 $h$，如图 4.3.2 所示。如果近似地认为滑块和导轨之间气层的速度梯度是常数，则速度梯度可表示为

$$\frac{\Delta v}{\Delta d}=\frac{v}{h} \tag{4.3.9}$$

将式（4.3.9）代入式（4.3.8）得

$$f_\mu=\eta\frac{v}{h}A \tag{4.3.10}$$

在一定的实验条件下，式中的 $\eta$、$h$、$A$ 都是不变的常数，因此，黏滞性阻力可以认为与滑块速度 $v$ 成正比。

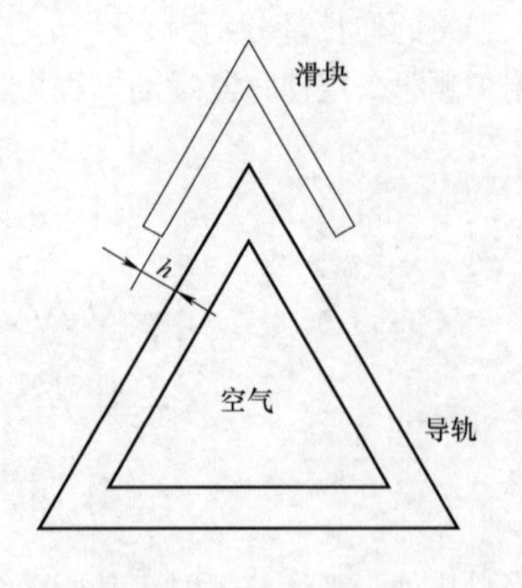


图 4.3.2　气轨截面图

如果考虑到阻力的方向和速度方向 $v$ 相反，则该式可改写为

$$f_\mu = -bv \tag{4.3.11}$$

式中，$b=\eta\frac{A}{h}$，称为黏滞性阻尼常数。可以看出，滑块速度越大，黏滞性阻力也越大。

现在讨论阻尼常数 $b$ 的测定问题。由于 $f_\mu$ 是一个变力，所以很难用静力平衡的方法创造滑块做匀速运动的运动条件。这里采用动态法，从 $f_\mu$ 对滑块运动的影响来寻求测量 $b$ 的方法。

把导轨倾斜一微小角度 $\alpha$，如图 4.3.3 所示。此时滑块受常力 $Mg\sin\alpha$ 及黏滞阻力 $f_\mu$ 的共同作用，则滑块的运动方程可写为

$$M\frac{\mathrm{d}^2x}{\mathrm{d}t^2}=Mg\sin\alpha-b\frac{\mathrm{d}x}{\mathrm{d}t}$$

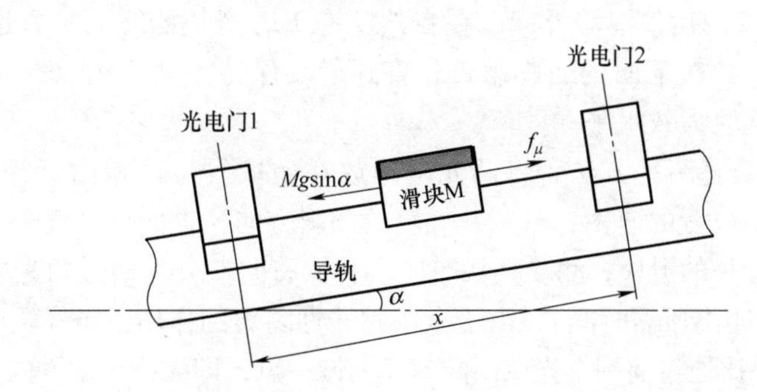


图 4.3.3　黏滞性阻尼常数测量示意图

即

$$\mathrm{d}v=g\sin\alpha\ \mathrm{d}t-\frac{b}{M}\mathrm{d}x$$

由初始条件 $t=0$（$x=0$，$v=v_0$），对上式积分可得

$$v-v_0=g\sin\alpha\ t-\frac{bx}{M}$$

如能分别测出滑块通过光电门 1 和光电门 2 时的速度 $v_1$ 和 $v_2$、滑块从光电门 1 运动到光电门 2 的时间 $t_{12}$ 以及两光电门之间的距离 $x$，则有

$$v_2=v_1+g\sin\alpha\ t_{12}-\frac{bx}{M} \tag{4.3.12}$$

但是实验中很难准确测量导轨倾斜角度 $\alpha$。测量时，保持倾角不变，使滑块和导轨底部的缓冲弹簧碰撞后向上弹回，再分别测出滑块通过光电门 2 和光电门 1 的速度，设分别为 $v_3$ 及 $v_4$，通过两光电门的时间为 $t_{34}$。根据式（4.3.12）有

$$v_4=v_3-g\sin\alpha\ t_{34}-\frac{bx}{M} \tag{4.3.13}$$

式中，$\alpha$ 和 $x$ 都和滑块下滑时相同。解式（4.3.12）和式（4.3.13），消去 $\sin\alpha$，得

$$b=\frac{[(v_3-v_4)t_{12}-(v_2-v_1)t_{34}]M}{x(t_{12}+t_{34})} \tag{4.3.14}$$

$b$ 值的测定，一方面可使我们对黏滞性阻力产生的系统误差进行修正，另一方面 $b$ 值的大小可以作为判断导轨优劣的标志之一，$b$ 值越大，滑块在一定的速度下所受的阻力越大，说明

导轨的性能越差。

### 4.3.3　实验仪器

气垫导轨、光电计时仪、滑块（两套）、负载质量块、电子天平、弹簧、负载、测高装置（焦利称）、砝码、游标卡尺。

### 4.3.4　实验内容

#### 1. 气轨调整

本节实验中有的需将气轨调至水平，有的需将气轨调至滑块沿某个方向做匀速运动。下面重点介绍气轨的调整方法。

① 粗调：开启气源后使滑块浮起，在自然状态下若滑块始终向一方运动，则说明气轨向该方向倾斜，调节导轨下面的底脚螺钉，直到滑块保持不动或稍有滑动但无一定方向为止，此时即可认为气轨大致水平。

② 细调：采用动态调平方法，将两光电门放在碰撞发生区域附近相距约 100 cm 的位置，测滑块在这两个位置的速率，可判断气轨的倾斜方向，进而调平气轨。

取带有 U 型挡光片的滑块，测量其从左向右和从右向左分别通过两光电门的速率（实际测量的是滑块通过 $l$ 距离所需时间），由于微小黏滞性阻力的作用，当气轨水平时滑块通过后一个光电门的速率要比通过前一个光电门的速率稍慢一点，即无论运动方向如何，总有后一个时间比前一个时间略长。使滑块由左向右与由右向左两个方向运动的速率基本相等，比较前后两次、两个光电门所记录的时间之差，即可判断气轨的倾斜方向，并逐渐将其调节为水平。

#### 2. 验证动量守恒

① 按照滑块运动方向，把气轨调成滑块做匀速运动。注意：不是把气轨调成水平，具体做法自行思考。

② 分别进行等质量弹性碰撞、不等质量弹性碰撞、等质量完全非弹性碰撞、不等质量完全非弹性碰撞的实验测量。要求每种过程有 2 组数据。负载质量用电子天平称衡。

**提示：**

① 光电计时仪的时标选择应取最高的仪器分辨率，即 0.01 ms。

② 用大质量滑块去碰小质量滑块。

**思考：**①为什么？②滑块的运动方向怎样选择？

#### 3. 气轨上研究简谐运动

① 测量弹簧的劲度系数。（提示：根据胡克定律用测高装置如焦利称测量）

② 将气轨调至水平，设计方案测量弹簧振子振动的周期与系统参量的关系。

③ 设计方案测量振动系统的能量，验证简谐运动机械能守恒。

#### 4. 黏滞性阻尼常数的测定

① 将气轨调平后，用高度垫将调平的导轨一端垫高，使导轨倾斜。

② 设计方案测量黏滞性阻尼常数。

③ 分别改变滑块质量和导轨倾斜度，观察黏滞性阻尼常数如何变化。

5. 数据处理

① 验证动量守恒：用列表法处理动量守恒实验数据（包括等质量弹性碰撞、不等质量弹性碰撞、等质量完全非弹性碰撞、不等质量完全非弹性碰撞共 8 组数据）；给出碰撞前后动量差值的百分差和动能损失比，并与理论值进行比较。

② 研究简谐振动：用逐差法计算弹簧的劲度系数，选择合适的数据处理方法确定振动周期与系统参量的关系，计算振子在不同位置的能量，并验证机械能守恒。

③ 测定黏滞性阻尼常数：求出 $b$ 及其不确定度。

### 4.3.5 思考题

① 在完全非弹性碰撞中，若两滑块的质量相等，沿同方向运动发生碰撞，求碰撞前后速度的关系。如何用实验方法进行验证？若两滑块相向运动又如何？

② 在弹性碰撞中，推动大质量滑块去碰小质量滑块与用小质量滑块碰大质量滑块，在实验技术和数据处理上有哪些不同？

③ 实验发现：完全非弹性碰撞实验，碰后两滑块搭接通过光电门时，两者的速度并不相等，经常是后者的通过时间稍短。请你分析这是什么原因造成的？（气轨已按要求调好。）

④ 若考虑弹簧的质量，振动系统的周期应为 $T=2\pi\sqrt{\dfrac{m+m_0}{K_1+K_2}}$，$m_0$是弹簧的有效质量，请根据你所测得的数据求出弹簧的有效质量。并比较计入 $m_0$前后对系统不同位置处机械能带来的误差。

## 实验方法专题讨论之二 ——关于有效数字

（本节实例主要取自“气垫导轨上的系列实验”）

有效数字是正确表达实验结果所必需的，也是对操作者应知应会的起码要求。有关有效数字处理的一些主要结论是：

① 有效数字的基本概念是准确数字 + 可疑数字（或欠准数字）。在本书中规定，欠准数字只取一位。

② 在严格计算不确定度的场合，直接由不确定度来决定测量结果的有效数字。在本书中规定，不确定度只取一位（可疑数字），测量结果的有效数字与此对齐。

③ 在不能严格进行不确定度计算或不要求计算不确定度的场合，有效数字可分 3 种类型处理。

ⅰ. 直接测量结果（原始数据记录）的有效数字应按仪器设备的精度或实验条件书写。一般可读至标尺最小分度的 1/10 或 1/5。

ⅱ. 间接测量通过加减乘除四则运算得到的，按相应的运算法则处理：对加减法运算，计算结果的有效数字与输入量中末位有效位最高的对齐；对乘除法运算，计算结果的有效数字与输入量中有效数字最少的相同。

ⅲ. 其他函数运算的办法是人为设置一个最小单位的不确定度，按不确定度传递公式来决定可疑数字所在的位置。它非常类似于数学的微分运算，其目的是为了找到欠准位的位置。

例如做分贝运算，20 lg100. 46（20 是准确值）的有效数字按下面的方法处理：

设物理量 $Y=20\lg X$，其中 $X=100.46$，人为设置的不确定度 $\Delta X=0.01$（在 $X$ 的欠准位上的一个最小单位），不确定度传递公式为

$$\Delta Y=\frac{\mathrm{d}Y}{\mathrm{d}X}\Delta X=\frac{20}{\ln 10}\frac{\Delta X}{X}=\frac{20\times 0.01}{2.30\times 100.46}=0.000\ 86$$

说明 20 lg100. 46 的欠准位在小数点后的第四位上，而 20 lg100. 46 的第一位非零数字在十位数上，故它有 6 位有效数字，20 lg100. 46 = 40. 039 7 dB。

微分运算也可以通过更直接的理解来处理：

$\Delta Y=|20\lg(X+\Delta X)-20\lg X|=|20\lg 100.47-20\lg 100.46|=0.000\ 86$，结果相同。

④ 为了保证被测量最后的有效数字的取位和数值的可靠，所有中间结果的有效数字必须比上述原则多保留 1 位，甚至更多。由于计算机（器）的普及，多保留几位数字并不是什么难事，因此最省事的办法就是中间过程多留，等获取最后结果时再进行截断（修约）。

⑤ 有效数字的修约原则是："小于 5 舍去，大于 5 进位，等于 5 凑偶"。这里的"大于 5 进位"是指要舍去的尾数的最高位大于 5，或最高位等于 5，但其后尚有非零的数；"等于 5 凑偶"是指要舍去的尾数的最高位是 5，同时其后面已没有数字或数字全是 0。

最后，给出一个等质量完全非弹性碰撞的一组实验数据（见表 4. 3. 1），并对其有效数字的处理做一些说明。

表 4. 3. 1 实验数据 （$l=1.000$ cm）

| $m_1$/kg | $m_2$/kg | $\Delta T_{10}$/ms | $\Delta T_2$/ms | $v_{10}=\frac{l}{\Delta T_{10}}$/(m/s) | $v_1=v_2=\frac{l}{\Delta T_2}$/(m/s) |
|---|---|---|---|---|---|
| 0. 190 91 | 0. 190 90 | 11. 58 | 24. 21 | $86.35_{58}$ | $41.30_{52}$ |

| $p_0=m_1v_{10}$/(kg · m/s) | $p_1=(m_1+m_2)v_2$/(kg · m/s) | $\Delta p/p_0=(p_1-p_0)/p_0$ |
|---|---|---|
| $16.48_{62}$ | $15.77_{08}$ | −4. 3% |

| $E_{p0}=\frac{m_1v_{10}^2}{2}$/J | $E_{p1}=\frac{(m_1+m_2)v_2^2}{2}$/J | $\left.\frac{\Delta E_p}{E_{p0}}\right\|_{测}=\frac{E_{p1}-E_{p0}}{E_{p0}}$ | $\left.\frac{\Delta E_p}{E_{p0}}\right\|_{理}=\frac{-m_2}{m_{1p}+m_2}$ | $\frac{\Delta\varepsilon}{\varepsilon}$ |
|---|---|---|---|---|
| $711.8_{39}$ | $325.7_{07}$ | $-0.5424_{42}$ | $-0.499\ 98_{69}$ | 4. 24% |

等质量完全非弹性碰撞：

① 直接测量结果（原始数据记录）的有效数字按仪器设备的精度或实验条件书写。例如，质量 $m_1$ 和 $m_2$ 用数字天平测量，可读至 0. 01 g，故有 5 位有效数字；$\Delta T$ 用光电计时仪测量，可读至 0. 01 ms，为 4 位有效数字。

② 间接测量或计算结果表达的有效数字按有效数字的运算法则处理。例如 $l/\Delta T_{10}$ 的分子、分母均为 4 位有效数字，故 $v_{10}$ 为 4 位有效数字；而动量差值的百分比，因分子 $p_1-p_0$ 只有 2 位有效数字（分母有 4 位有效数字），故最终只有 2 位有效数字。类似地，动能损失比的测量值为 4 位有效数字，理论值为 5 位有效数字，而两者的百分差为 3 位有效数字。

③ 中间过程的有效数字至少比法则规定的多出 1 ~ 2 位数字。例如 $v_{10}$、$v_1$、$p_0$、$p_1$、$E_{p0}$、$E_{p1}$ 以及 $\Delta E_p/E_{p0}$ 均比法则规定的多算了 2 位数字（为明确起见，用小字表示）。

# 4.4　数字测量实验

## 4.4.1　实验要求

### 1. 实验重点

① 用实验研究一维的力学碰撞过程并验证动量定理；

② 了解现代测量技术的基本方法（以微机为中心的传感器、A/D 转换和数字测量技术）；

③ 学习用计算机编程处理实验数据。

### 2. 预习要点

① 什么是压电效应？什么是力传感器？为什么可以通过测量力传感器产生的电荷获知外力的大小？该系统要求与基座固联，使其加速度为零，为什么需要此条件？

② 电荷放大器的作用是什么？它将电荷量，亦即将力的作用最终转变成了什么物理量？什么是电荷放大器灵敏度？若将其取为 1 V/Unit 表示什么物理意义？

③ 什么是 A/D 转换？经过 A/D 转换后，模拟量 $V(t)$ 被转变成了什么量？$\Delta V$ 的物理意义是什么？怎样进行计算？

④ 什么是采样定理？欲获得完整的信息，采样时间 $\Delta t$ 应怎样选取？

⑤ 本实验中气轨应调至何状态？为什么？怎样调整？

## 4.4.2　实验原理

碰撞和冲击通常是一个很短暂的时间过程，质点在碰撞前后的动量变化服从动量定理：

$$m\boldsymbol{v} - m\boldsymbol{v}_0 = \int_{t_0}^{t} \boldsymbol{f}(t)\,\mathrm{d}t \tag{4.4.1}$$

气垫导轨的传统实验装置不能用来进行动量定理的实验测定和验证，主要困难是不能进行冲击力变化过程的瞬态测量。本实验采用压电晶体做成的力传感器完成力电信号的转换，结合现代的数字测量技术实现冲击力的瞬态测量，从而使问题得以解决。

### 1. 压电效应和力传感器

某些晶体以及经极化处理的多晶铁电体（压电陶瓷），在受到外力发生形变时，在它们的某些表面会产生电荷，这种效应称为压电效应；反过来，当它们在外电场的作用下，又会产生形变，这种效应则被称为逆压电效应。本实验中的力传感器就是用一种叫作锆钛酸铅的压电陶瓷或石英晶体做成的。压电效应的定量讨论应当从压电方程出发，并且要涉及力学量（应力和应变）和电学量（电场强度和电位移矢量）的关联。压电方程通常是一组张量或者矩阵关系，但对一维的压电运动形式比较简单。

如图 4.4.1 所示，沿 $z$ 方向（厚度方向）极化的压电陶瓷，两端面上涂敷电极，并且只在 $z$ 方向受到正应力（拉应力为正，压应力为负），这时压电关系可按最简单的一维问题处理：

$$D_3 = d_{33}T_3 + \varepsilon_{33}^{T}E_3 \tag{4.4.2}$$

式中，$D_3$ 是电位移矢量的 $z$ 分量，数值上等于端面电极上产生的电荷密度 $Q/S$（$S$ 为端面

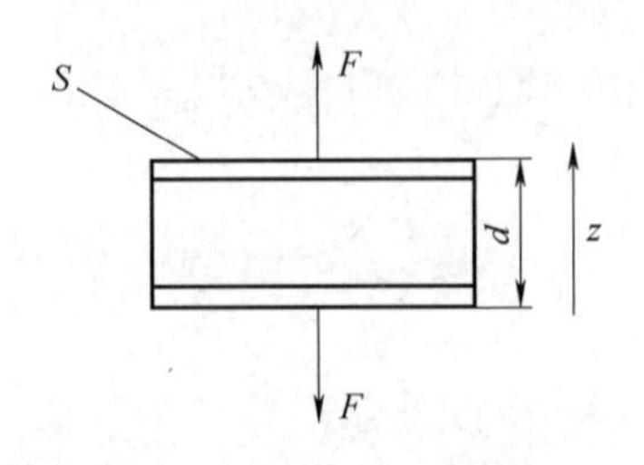

图 4.4.1　压电陶瓷的一维运动

积)；$T_3$ 是 $z$ 方向的正应力，$T_3=F/S$；$E_3$ 是 $z$ 方向的电场强度分量；$d_{33}$ 是描写压电效应的物理量，称为压电常数，它代表在电场强度不变的条件下，$z$ 方向施加单位正应力时，引起电位移 $z$ 分量的改变；$\varepsilon_{33}^T$ 则是描写压电陶瓷介电性质的系数，代表在应力不变的条件下，$z$ 方向电场和电位移分量之间的介电常数。请注意式（4.4.2）中的 $D_3$、$T_3$、$E_3$ 均指压电效应发生时，电位移、应力和电场强度的改变量，而不是它们的静态值。类似平行板电容器的讨论，引入 $E=V/d$（$d$ 是极板之间的距离，即压电片厚度），结合 $D_3=Q/S$，$T_3=F/S$，并且注意到压电体受力时极板上的电荷变化（通常可由电荷放大器测出），这时应视作电端短路，即 $V=0$。把这些关系代入式（4.4.2），得

$$Q=d_{33}F \tag{4.4.3}$$

力传感器的原理装置如图 4.4.2 所示，压电晶片的前端是一个测力头，后端通过很重的质量块与基座连接。当测力头受到外力 $F$ 作用时，由于质量块很大并且与基座相连，因此系统加速度可视作 0。不难想见，这时晶体两极面将受到压力 $F$，由式（4.4.3）可知 $|Q|=d_{33}F$。由此可以看出，只要知道了压电常数 $d_{33}$，就可以通过极板电荷的变化推知作用力的变化。实际上，由于各种误差的存在（例如动态过程与静态力的测量的差异、$d_{33}$ 并非是不随频率变化的常数、传感器横向效应以及装配缺陷等），传感器的电荷与作用力的关系需要经过校准（标定）。校准通常是把一个已知力的作用过程施加在传感器上，测出相应的电荷输出来对其定标的。

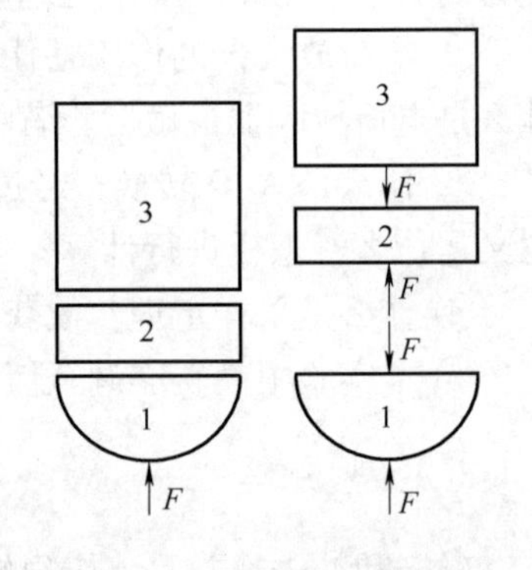

图 4.4.2　力传感器受力分析

1—测力头　2—压电晶片

3—质量块（基座）

电荷放大器的工作原理如图 4.4.3 所示，高增益运算放大器的输出端通过电容 $C_f$ 与输入端相连，由于输入阻抗很高，放大器输入端没有分流作用，而极高的放大倍数又使 $V_a\approx 0$，因此传感器的电荷将全部流入电容 $C_f$，则

$$V_0=-\frac{Q}{C_f}=\frac{d_{33}}{C_f}F \tag{4.4.4}$$

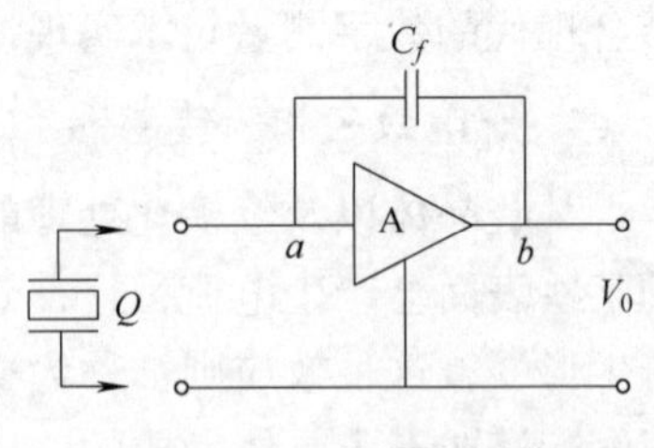

图 4.4.3　电荷放大器

利用压电传感器和电荷放大器，就把力的作用过程转换成了电压的变化过程，即 $F(t)=kV(t)$，转换系数 $k$ 可由力传感器的校准和电荷放大器的反馈电容得出。

**2. A/D、D/A 转换和瞬态信号的数字采集**

普通示波器只能观察可以重复的连续或脉冲信号，不能观察像冲击过程那样一类瞬态波形。这个矛盾可以利用数字存储技术得到解决。把一个可以连续取值的电压信号（模拟量）量化为一组相应的二进制编码（数字量），这种变换称为模（拟量）/数（字量）转换或 A/D 转换。这就像用特定单位的尺子量布一样，对连续信号 $V$ 进行测量，测量结果给出一个数

$M$（由一组二进制数组成），它是某个最小单位电压 $\Delta V$ 的整倍数，余数按四舍五入取整，则 $V \approx M\Delta V$，于是连续取值的模拟量 $V$ 就可以用一个离散的数字量 $M$ 来表示。对一个随时间变化的电压信号 $V(t)$，$t \in [t_0, t]$，则可以按一定的时间间隔 $\Delta t$，顺序进行 A/D 转换，这样一来，随时间的连续变化过程就可以用数的序列 $M_1$，$M_2$，$\cdots M_i$，$\cdots$ 来描写，其中任何一个 $M_i$ 实际上代表了 $t_i = t_0 + i\Delta t$ 时刻的 $V(t_i) \approx M_i \Delta V$。上述过程叫作采样，它可以通过适当的 A/D 转换芯片配以一些其他电路来完成。

这里还有一些需要讨论的问题，它们分别与采样间隔 $\Delta t$ 和电压比较单位 $\Delta V$ 有关。一是采样间隔 $\Delta t$ 的选择。如图 4.4.4 所示，当波形按 $\Delta t$ 进行采样时，离散的数据序列保持了原信号的基本特征；但当按 $8\Delta t$ 采样时（见图 4.4.4b），形成的数据集合与原信号相比已是“面目全非”。信号变化越剧烈，采样间隔越大，问题就越严重。应当怎样选择 $\Delta t$ 才能不丢失数据的信息呢？这个问题的结论是：一个实际的信号 $f(t)$，不管形状多么复杂，总可以把它看成是许多不同频率的正弦振动的叠加；在这些参与叠加的正弦信号中，如果存在某个上限频率 $f_{\max}$，比之更高的频率分量可以略去，或者实际上存在 $f_{\max}$，那么，只要 $\frac{1}{\Delta t} \geqslant 2f_{\max}$，就可以由采样值 $f(i\Delta t)$，$i = 1, 2, \cdots$ 来恢复原来的连续信号 $f(t)$。这就是所谓的采样定理，$\frac{1}{\Delta t}$ 被称为奈奎斯特（Nyquist）频率。进行一次采样所需的最短时间是 A/D 器件的一个重要性能。

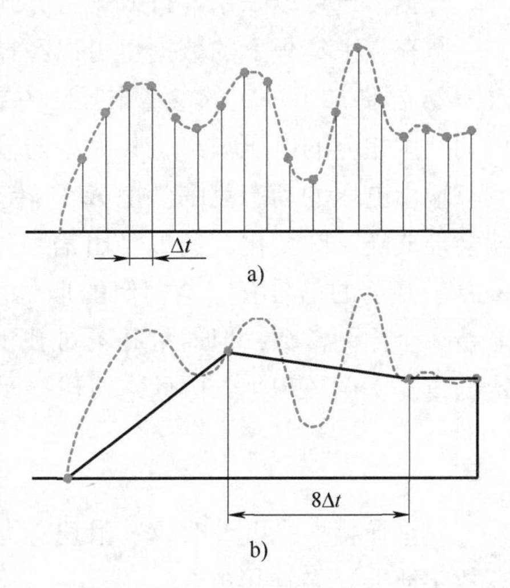


图 4.4.4　采样间隔的选择

与电压比较单位 $\Delta V$ 有关的则是所谓 A/D 转换的分辨率问题。采样数据是以二进制位来表示的，称为 bit，用多少个 bit 来表达数据是描写 A/D 转换器件的重要指标。以常见的8 bit 器件为例，用 8 个二进制单元来表达数据，最大值为 $2^8 - 1 = 255$，最小值为 0；如果电压在 $0 \sim V_A$ 范围内变化，那么最小的单位电压 $\Delta V = V_A/2^8 = V_A/256$。$V_A$ 的大小可以根据信号实际情况由放大器（或衰减器）做出调整，但数据用多少个 bit 来表示则是由器件本身的性质所决定的。A/D 器件的分辨率除 8 bit 以外，还有 10 bit、12 bit 乃至 16 bit 的，分辨率越高，A/D 转换的准确度也越高。

采样过程经常遇到的另一个参数是采样长度，也就是被采样后保留暂存的数据总数 $N$。$N$ 乘以 $\Delta t$（采样间隔）实际上决定了被记录的时间过程的长度。采样长度通常用字节（B）作单位，如 1 K（1 024 B），2 K（2 048 B）和 4 K（4 096 B）等，1 B = 8 bit。

瞬态信号的 A/D 转换还有一个必须解决的问题：采样从什么时候开始？突发信号的出现经常有随机性，一般是当信号达到一定的大小（电平）时，产生触发信号，系统开始采样，但这样一来，在触发之前的信息将被丢失。为了解决这个问题，瞬态采集系统专门增加了前触发功能，即预先设定好一个数 $N_p$，系统在信号到达前即已启动采样，并且不断把采样数据送入存储器，存储器装满 $N$ 个数据（采样长度）以后，按照先进先出的原则，“吐故纳新”；一旦触发信号产生，系统将继续进行 $N - N_p$ 次采样，并送入存储器；采样结束，存

储器中保存的 $N$ 个信号将由触发前 $N_p$ 个采样记录和触发后的 $N-N_p$ 个采样记录组成。只要 $N_p$ 设置得当，就可以把信号的全过程（包括前沿部分）完整地记录下来。当然，有“前”，也可以有“后”，通过后触发方式，将使采样数据延迟若干个采样时间后才进行记录。

3. 数字信号的微机接口和数据处理

采集后的数字信号存放在瞬态采集板的存储器内，它可以通过接口传送到计算机进行处理。数据传送可以采用并行或串行方式，取决于系统的接口电路和通信方式。

暂存在采集板上的数据也可以经过 D/A 转换器件重新恢复成电压信号（模拟量）输出。对 D/A 器件加上一定的参考电压，并把数字量以二进制方式送到它的输入端，就可以在输出端产生相应的电压输出，其大小与输入的数字量成正比。改变参考电压可以在一定范围内调节输出电压的动态范围。把 A/D 转换后的数字量按一定的速率顺序送入 D/A 转换电路，就会形成随时间变化的模拟输出信号。如果略去 A/D 转换的量化误差等附加效应，则它和 A/D 转换前的信号有完全相似的形状，只是在时间上做了离散处理，并且幅度和时间都可能差一个比例常数，但通常并不难找出两者的换算关系。由 D/A 形成的模拟信号可以按一定的重复率循环产生，因此它可以显示在普通示波器的荧光屏上。

### 4.4.3　实验仪器

气垫导轨、光电计时仪、滑块、力传感器（含 4 种测力头）、微机（带电荷放大器和瞬态数字插卡）及连接电缆等。

### 4.4.4　实验内容

1. 气轨调平

调节方法参见 4.3 节。

2. 验证动量定理

使光电门在正常工作的前提下，尽量安装在靠近力传感器处。

更换不同的测力头，使滑块与力传感器发生碰撞（保持碰撞前滑块的初速度近似不变），获取碰撞前后滑块的动量变化和冲击力时间历程的完整数据。用 4 种测力头各测 2 组数据。

3. 软件运行方法

**（1）开机运行**

双击“碰撞过程的瞬态数字测…”图标，系统启动。屏幕出现“请输入以下信息”栏。

根据信息栏的提示，在“您是”列表中选择“学生”，同时输入本人姓名和学号，并“确认”。屏幕转入实验的视窗操作界面。

**（2）实验操作**

① 参数设置。单击菜单栏的“操作”→“参数设置”选项（或按 F2 键），进入参数设置对话框。屏幕分 6 步依次出现传感器灵敏度、板卡编号、电荷放大器灵敏度、电压放大倍数、触发电平、偏置电平、触发方式、采样长度、提前量、采样速率、上限频率、翻转波形等选项。根据具体要求用鼠标做出选择或键盘输入（完成后单击“下一步”确认）。初做

时，除传感器灵敏度必须按校准值（见传感器上的标示值，或传感器灵敏度校准曲线）输入以外，其余可选系统提供的默认值进行。获取数据后再按情况变更。

② 波形采集。在确认参数设置“第六步”“完成”后，屏幕出现“正在进行A/D转换”字样，表明系统已经启动采样即模/数转换。这时，可先对电脑通用计数器清零，再给滑块以初速度，让它与力传感器发生碰撞。当冲击力产生的电压信号大于设定的触发电平时，则屏幕显示该冲击力的波形。如果冲击力太小不足以产生触发信号，则屏幕不发生变化。这时需重新对计算机通用计数器清零，加大滑块的初速度，再次让它与力传感器发生碰撞，直至获得理想的冲击力瞬态波形（见图4.4.5）。另一种情况是碰撞发生时，冲击力超过量程，波形被“削顶”（见图4.4.6，放大器饱和）。这时应由叠在波形图上的对话框中选择“关闭”；再单击“操作”→“启动A/D”；屏幕出现“要保存数据吗”对话框时，选择“否”；系统重新启动采样，出现“正在进行A/D转换”后，再进行碰撞实验。

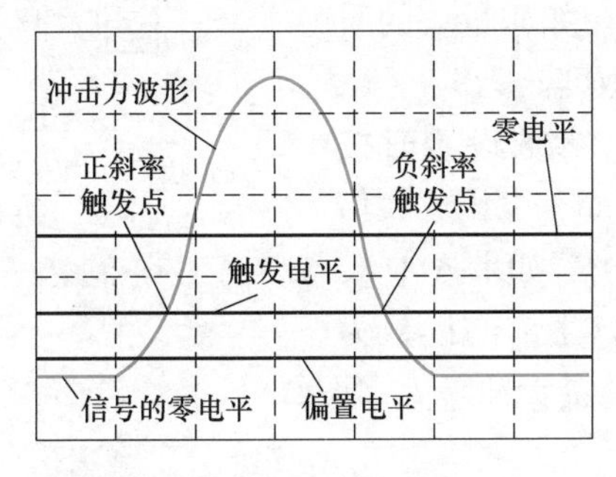


图4.4.5　冲击力的瞬态波形

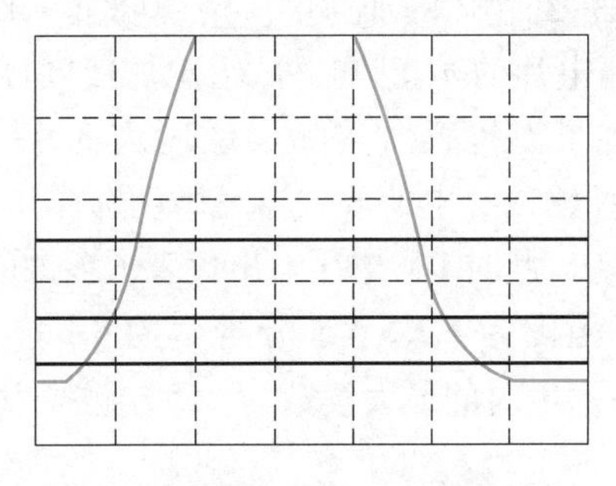

图4.4.6　被削顶了的失真冲击力波形

③ 保存实验数据。冲击力波形合理的一般含义是：碰撞发生时，力传感器的加速度约为0，参数设置适当，因而所采集的波形胖瘦合适；波形的高低部分整体能充满方格框的最上最下线；波形没有失真；近似半正弦波等（见图4.4.5）。如果获得的冲击力合理，就可以在冲击力波形图叠加的对话框中填好“质量块质量”“挡光板宽度”“碰撞前挡光时间”和“碰撞后挡光时间”，并把结果保存下来（数据保存在Data子目录下，扩展名.Csf）。

④ 导出文本文件。保存数据后，应从菜单栏单击“文件”→“导出文本文件”，把测量数据转变为文本文件，用于进行冲击测量部分和动量测量部分的数据处理。这时会弹出一个对话框，可以选择保存的路径和指定保存的文件名。导出的文本文件可以用软盘复制后在其他微机上用文本编辑器查看或调用编程（注意：③中保存的＊.Csf数据不能在非本软件的环境中打开）。

①~④的操作也可以利用工具栏中的图标进行，具体办法以及更详细的软件使用说明，请参见菜单栏中的“帮助”。

⑤ 重复①~④，测得第二组数据。

⑥ 更换测力头，重复①~⑤。获得4种测力头的碰撞数据（每种2组）。要求每次碰撞前滑块有接近的初速度，并根据不同的测力头调整系统参数，注意观察相同滑块与不同测力头碰撞时冲击力的变化（大小、宽窄、形状等）。

⑦ 用软盘复制获得的全部实验数据（文本文件），以便课后上机处理并撰写实验报告。

4. 数据处理

用计算机编程处理碰撞过程瞬态数字测量的实验数据（4 种测力头共 8 组数据），计算每次碰撞过程的动量变化和冲量，给出两者的百分差，以及碰撞时间、最大冲击力和平均冲力。

**注**：报告应提供实验数据处理的程序和打印结果。

### 4.4.5 思考题

① 在 4 个测力头的碰撞实验中，冲击力波形有什么不同，说明了什么？如果在碰撞过程中力传感器存在晃动现象，会对测量结果产生什么影响？有无改进的办法？

② 图 4.4.7 给出了压电加速度计的结构原理。把加速度计安装（固定）在加速度待测的物体上，就可以通过测出压电片上的电荷量来得到物体的加速度。请说明其工作原理。如质量块的质量 $M$ 和压电片的 $d_{33}$ 已知，试给出加速度计的灵敏度。

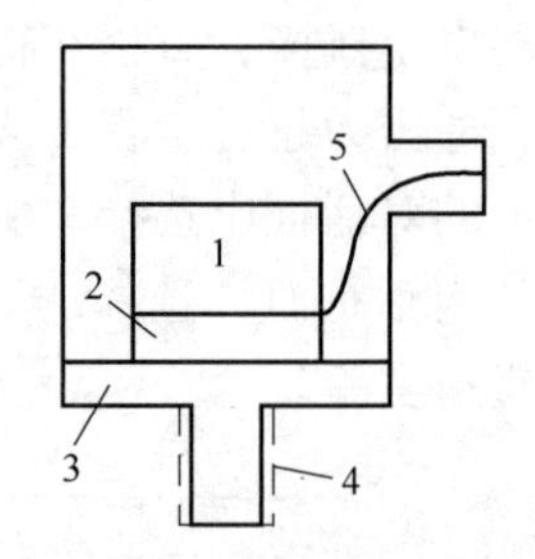


图 4.4.7 压电加速度计
1—质量块 2—压电陶瓷晶片
3—壳体 4—安装螺钉
5—接插件

③ 如果力传感器实际灵敏度为 3.99 pc/N，参数设置时按 39.9 pc/N 输入，电荷放大器灵敏度选择 0.5 V/Unit，电压放大倍数选择 2.0，此时 1 V 电压输出代表了多大的作用力？如果 A/D 转换的动态范围为 ±2.5 V，分辨率为 8 bit，碰撞发生前的读数为 20，碰撞发生时的最大读数为 245，碰撞发生时的最大冲击力多大？

## 实验方法专题讨论之三 ——关于数字化测量

（本节实例主要取自“碰撞过程的瞬态数字测量”）

现代实验技术的一个重大发展是数字化。自从 1952 年诞生了第一台数字电压表以来，数字化实验仪器的发展极为迅速。从普通测量到精密测量，从电测仪表到非电量的测量，从单一参数到系统多参数、多功能的测量，从静态到动态测量，从人工手动到自动化、网络化、遥控遥测的智能化等，数字技术为实验测量开启了一个全新的时代，也给实验方法、知识和技能的教学与训练提出了新的课题和任务。数字化的含义远不只是用数字来显示测量结果，而是在对被测量进行采样、量化、变换和编码的基础上进行的全新创造，因此数字化测量的最基础技术就是数/模（A/D）转换。下面结合本实验，就 A/D 转换所涉及的一些基础知识和数字仪表的性能指标做小结。

1. 模/数（A/D）转换的基本性能参数

有关模/数转换的参数众多，最主要的是采样（速）率、采样长度、（采样）分辨率和动态范围。其中采样（速）率和（采样）分辨率又是反映 A/D 性能从而也是决定其价格的核心指标。采样率反映了 A/D 转换的快慢，决定了能不失真地记录多高频率的正弦信号（非正弦信号可通过傅里叶展开来讨论）；采样分辨率决定着量化单位。例如，分辨率为 10 bit、动态范围为 0～10 V 的 A/D 板，它的最小量化电压是 $10\ \text{V}/2^{10}=9.7656\times10^{-3}\ \text{V}$。

请思考：碰撞过程的瞬态数字测量中 A/D 转换的主要参数：采样（速）率、采样长度、

（采样）分辨率和动态范围为多大？

**2. 重视数字仪表的编码数字输出与实际观测量的关系（包括单位）**

经A/D转换后的编码数字输出与实际观测量的关系是从事物理实验或测量的人所必须弄清楚的问题。被测物理量在A/D转换前，首先要经过传感器和调理电路的处理。传感器的作用是把待测量转化为电学量，调理电路又把它变换到A/D转换所需的信号类型（通常是电压）和动态范围。本实验的被测量是“力”，因此使用的是力传感器，它把“力”⇒“电荷”（“牛顿”⇒“库仑”），调理电路由电荷放大器和电压放大器组成，其作用是把“电荷”⇒“电压”（“库仑”⇒“伏特”）。

有了这些概念，就应当能把输入量和输出数字之间的转换关系建立起来。

请思考：碰撞过程的瞬态数字测量中的编码数字与被测量是什么关系？

**3. 数字仪表的仪器误差（限）**

类似电桥、电位差计，数字仪表的仪器误差（限）也采用了两项式的不确定度表达方式：

$$\Delta_{仪} = a\% \times N_x(\text{读数}) + b\% \times N_m(\text{有效量程最大值})$$

或

$$\Delta_{仪} = a\% \times N_x(\text{读数}) + n\ \text{个字}$$

两项中的第一项由数字化仪表的变换系数误差引起，第二项为由其他各种误差原因引起的固定项。

此外，和模拟仪表相对应的还有灵敏度和分辨力的概念。数字仪表灵敏度的含义与传统仪表相同，代表被测量发生一个单位的改变时引起仪表读数的变化量。

数字仪表的分辨率是一个完全确定的量，等于量化单位的1/2。

## 4.5 热学系列实验

本系列包括测量冰的熔解热、电热法测量焦耳热功当量和稳态法测量不良导体的热导率三个实验。

测量冰的熔解热实验涉及热学实验的若干基本内容，具有热学实验绪论的性质，无论在实验原理和方法（混合量热法和孤立系统、冷却定律和修正散热、测温原理等），仪器构造和使用（量热器、温度计等），操作技巧（搅拌、读温度等）还是参量选择（水和冰的质量、温度等），都对热学实验有普遍的意义。

电热法测量焦耳热功当量实验是证明能量守恒和转换定律的基础实验。焦耳从 1840 年起，花费了几十年的时间做了大量实验，论证了传热和做功一样，是能量传递的一种形式；热功当量是一个普适常数，与做功方式无关，从而为能量守恒和转换定律的确立奠定了坚实的实验基础。

热导率（又称导热系数）是表征物质传导热量特性的物理量，是材料的一个重要的热学性能。材料结构的变化及所含杂质对热导率都有明显的影响，因此材料的热导率常需要由实验具体测定。稳态法是测量不良导体热导率的一种基本方法。

### 4.5.1 实验要求

#### 1. 实验重点

① 熟悉热学实验中的基本问题——量热和计温；

② 研究电热法中做功与传热的关系；

③ 学习两种进行散热修正的方法——牛顿冷却定律法和一元线性回归法；

④ 了解热学实验中合理安排实验和选择参量的重要性；

⑤ 熟悉热学实验中基本仪器的使用。

#### 2. 预习要点

**实验 1 测量冰的熔解热实验**

① 什么是牛顿冷却定律？常用的两种粗略进行散热修正的方法是什么？

② 按照第二种方法修正散热时，应怎样选取水的初温？冰块熔化后的曲线应是怎样的？怎样得知冰块完全熔化时的温度 $T_3$？

③ 计时起点应在何处？三段曲线可否分别计时？

④ 使用电子天平应注意什么？

**实验 2 电热法测量焦耳热功当量实验**

① 本实验是如何利用一元线性回归法来修正散热的？其中采用了何种近似？采用此近似得到的是哪个时刻的温度和温度变化率？

② 什么是一元线性回归法？它有哪些使用条件？相关系数说明了什么？

**实验 3 稳态法测量不良导体的热导率实验**

① 说明式（4.5.10）和式（4.5.13）的成立条件，在实验中如何给予保证和满足？

② 式（4.5.13）中的各物理量如何进行测量？如何知道系统已经达到稳定状态？操作时如何较快实现？

## 4.5.2 实验原理

### 实验1 测量冰的熔解热实验

**（1）一般概念**

一定压强下晶体物质熔解时的温度，也就是该物质的固态和液态可以平衡共存的温度，称为该晶体物质在此压强下的熔点。单位质量的晶体物质在熔点时从固态全部变成液态所需的热量，叫作该晶体物质的熔解潜热，亦称熔解热。

本实验用混合量热法来测定冰的熔解热。其基本做法是：把待测的系统A和一个已知其热容的系统B混合起来，并设法使它们形成一个与外界没有热量交换的孤立系统C（C = A + B），这样A（或B）所放出的热量，全部为B（或A）所吸收，因为已知热容的系统在实验过程中所传递的热量$Q$，是可由其温度的改变$\Delta T$和热容$C_s$计算出来的，即$Q=C_s\Delta T$，由此得到待测系统在实验过程中所传递的热量。

因此，保持系统为孤立系统，是混合量热法所要求的基本实验条件。这要从仪器装置、测量方法以及实验操作等各方面去保证。基于此，实验过程中与外界的热交换仍不能忽略，就要进行散热或吸热修正。

温度是热学中的一个基本物理量，量热实验中必须测量温度。一个系统的温度，只有在平衡态时才有意义，因此，计温时必须使系统各处温度达到均匀。用温度计的指示值代表系统温度，必须使系统与温度计之间达到热平衡。

量热器

**（2）装置简介**

为了使实验系统（包括待测系统与已知其热容的系统）成为一个孤立系统，本实验采用了量热器。热传递有三种方式：传导、对流和辐射。因此，热学实验应使系统与环境之间的传导、对流和辐射都尽量减少，量热器可以近似满足这样的要求。

量热器的种类很多，依照测量的目的、要求、测量精度的不同而异，最简单的一种如图4.5.1所示，它由良导体做成的内筒置于较大的外筒中组成。通常水、温度计及搅拌器置于内筒中，它们（内筒、温度计、搅拌器及水）连同放进的待测物体就构成了我们所考虑的（进行实验的）系统，内筒、水、温度计和搅拌器的热容是可以计算出来或实测得到的，在此基础上，就可以用混合法进行量热实验了。

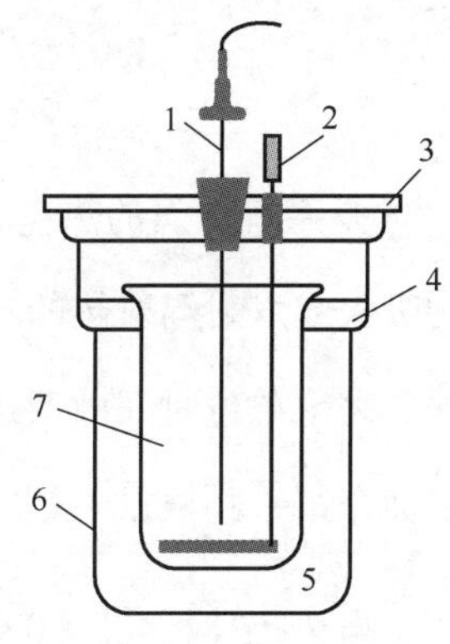

图4.5.1 量热器示意图

1—温度计 2—带绝热柄的搅拌器
3—绝热盖 4—绝热架 5—空气
6—表面镀亮的金属外筒
7—表面镀亮的金属内筒

内筒置于一绝热架上，外筒用绝热盖盖住，因此空气与外界对流很小，又因空气是不良导体，所以内、外筒间靠传导方式传递的热量同样可以减至很小，同时由于内筒的外壁及外筒的内外壁都电镀得十分光亮，使得它们发射或吸收辐射热的本领变得很小，于是实验系统和环境之间因辐射而产生的热传递也得以减小，这样的量热器就可以使实验系统粗略地接近于一个孤立系统了。

**（3）实验原理**

若有质量为 $M$ 、温度为 $T_1$ 的冰（在实验室环境下其比热容为 $c_I$，熔点为 $T_0$），与质量为 $m$、温度为 $T_2$ 的水（比热容为 $c_0$）混合，冰全部熔解为水后的平衡温度为 $T_3$，设量热器的内筒和搅拌器的质量分别为 $m_1$、$m_2$，比热容分别为 $c_1$、$c_2$，温度计的热容为 $\delta m$ 。如果实验系统为孤立系统，将冰投入盛水的量热器中，则热平衡方程式为

$$c_IM(T_0-T_1)+ML+c_0M(T_3-T_0)=(c_0m+c_1m_1+c_2m_2+\delta m)(T_2-T_3) \quad (4.5.1)$$

式中，$L$ 为冰的熔解热。

在本实验条件下，冰的熔点也可认为是 0 ℃，即 $T_0=0$ ℃，所以冰的熔解热为

$$L=\frac{1}{M}(c_0m+c_1m_1+c_2m_2+\delta m)(T_2-T_3)-c_0T_3+c_IT_1 \quad (4.5.2)$$

为了尽可能使系统与外界交换的热量达到最小，除了使用量热器以外，实验的操作过程中也必须予以注意。例如，不应当直接用手接触量热器的任何部位；不应当在阳光的直接照射下或空气流动太快的地方（如通风过道、风扇旁边）进行实验；冬天要避免在火炉或暖气旁做实验等。此外，系统与外界温差越大，它们之间传递热量越快，而且时间越长，传递的热量越多，因此，在进行量热实验时，要尽可能使系统与外界温差小，并尽量使实验过程进行得迅速。

尽管注意到了上述的各个方面，系统仍不可能完全达到绝热的要求（无法保证系统与环境的温度时刻相同）。因此，在精密测量时，就需要求出实验过程中实验系统散失或吸收的热量，进而对实验结果进行修正。

一个系统的温度如果高于环境温度，它就要散失热量。实验证明，当温度差较小时（例如不超过 10～15 ℃），散热速率与温度差成正比，此即牛顿冷却定律，用数学形式表示可写成

$$\frac{\delta q}{\delta t}=K(T-\theta) \quad (4.5.3)$$

式中，$\delta q$ 是系统散失的热量；$\delta t$ 是时间间隔；$K$ 是散热常数，与系统表面积成正比，并随表面的吸收或发射辐射热的本领而变；$T$、$\theta$ 分别是所考虑的系统及环境的温度；$\frac{\delta q}{\delta t}$称为散热速率，表示单位时间内系统散失的热量。

下面介绍一种根据牛顿冷却定律粗略修正散热的方法。已知当 $T>\theta$ 时，$\frac{\delta q}{\delta t}>0$，系统向外散热；当 $T<\theta$ 时，$\frac{\delta q}{\delta t}<0$，系统从环境吸热。可以取系统的初温 $T_2>\theta$，终温 $T_3<\theta$，以保证整个实验过程中系统与环境间的热量传递前后彼此抵消。

考虑到实验的具体情况，刚投入冰时，水温高，冰的有效面积大，熔解快，因此系统表面温度 $T$（即量热器中水温）降低较快；随后，随着冰的不断熔化，冰块逐渐变小，水温逐渐降低，冰熔解变缓，水温的降低也就变慢起来。量热器中水温随时间的变化曲线如图 4.5.2所示。

根据式（4.5.3），实验过程中，即系统温度从 $T_2$ 变为 $T_3$ 这段时间（$t_2 \sim t_3$）内系统与环境间交换的热量为

$$q = \int_{t_2}^{t_3} K(T-\theta)\mathrm{d}t = K\int_{t_2}^{t_\theta}(T-\theta)\mathrm{d}t + K\int_{t_\theta}^{t_3}(T-\theta)\mathrm{d}t \tag{4.5.4}$$

等式右边前一项 $T-\theta>0$，系统散热，对应于图4.5.2中面积 $S_A = \int_{t_2}^{t_\theta}(T-\theta)\mathrm{d}t$；后一项 $T-\theta<0$，系统吸热，对应于面积 $S_B = \int_{t_\theta}^{t_3}(T-\theta)\mathrm{d}t$。由此可见，面积 $S_A$ 与系统向外界散失的热量成正比，即 $q_{散} = KS_A$；而面积 $S_B$ 与系统从外界吸收的热量成正比，即 $q_{吸} = KS_B$。因此，只要使 $S_A \approx S_B$，系统对外界的吸热和散热就可以相互抵消。

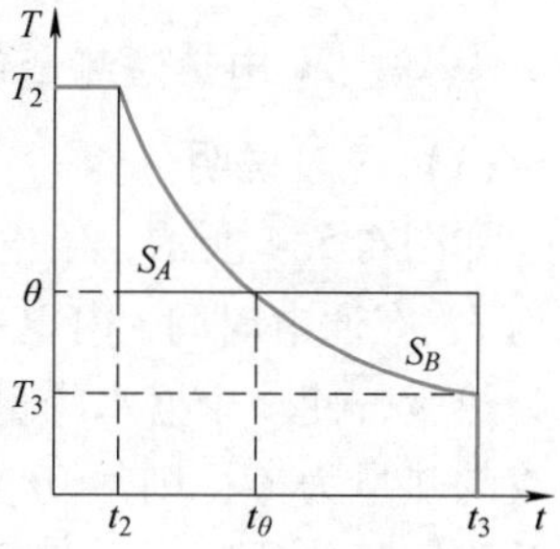

图4.5.2　系统散热修正

要使 $S_A \approx S_B$，就必须使 $(T_2-\theta) > (\theta-T_3)$，（想一想，为什么?）究竟 $T_2$ 和 $T_3$ 应取多少，或 $(T_2-\theta):(\theta-T_3)$ 应取多少，要在实验中根据具体情况选定。

上述这种使散热与吸热相互抵消的做法，不仅要求水的初温比环境温度高，末温比环境温度低，而且对初温、末温与环境温度相差的幅度要求比较严格，往往经过多次试验，效果仍可能不理想。因此，对上述思想进行扩展，放宽对量热器中水的初温和末温的限制。

如图4.5.3所示，在 $t=t_2$ 时投入冰块，在 $t=t_3$ 时冰块熔化完毕。在投入冰块前，系统的温度沿 $T_2''T_2$ 变化；在冰块完全熔化后，系统温度沿 $T_3T_3''$ 变化。$T_2''T_2$ 和 $T_3T_3''$ 实际上都很接近直线。作 $T_2''T_2$ 的延长线到 $T_2'$，作 $T_3''T_3$ 的延长线到 $T_3'$，连接 $T_2'T_3'$，使 $T_2'T_3'$ 与 $T$ 轴平行，并且使面积 $S_1+S_2=S_3$，用 $T_2'$ 代替 $T_2$，用 $T_3'$ 代替 $T_3$，代入式（4.5.2）求 $L$，就得到系统与环境没有发生热量交换的实验结果。其理由如下。

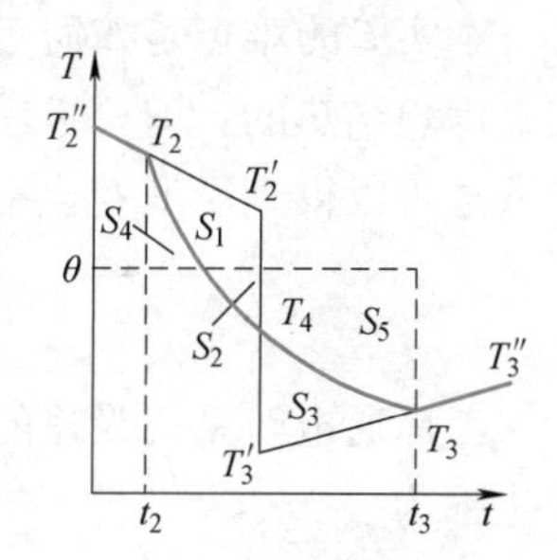


图4.5.3　另一种散热修正方法

实际的温度变化本来是 $T_2''T_2T_4T_3T_3''$，在从冰块投入到冰块熔化完毕的过程中，系统散失的热量相当于面积 $S_4$，从环境吸收的热量相当于面积 $S_2+S_5$，综合两者，系统共吸收的热量相当于面积 $S=S_2+S_5-S_4$。

在用 $T_2'$ 代替 $T_2$、用 $T_3'$ 代替 $T_3$ 后，得到另一条新的温度曲线 $T_2''T_2T_2'T_3'T_3T_3''$。在从冰块投入到冰块熔化完毕的过程中，系统散失的热量相当于面积 $S_1+S_4$，从环境吸收的热量相当于面积 $S_3+S_5$。综合两者，系统共吸收的热量相当于面积 $S'=S_3+S_5-S_1-S_4$。

因为作图时已保证 $S_1+S_2=S_3$，所以有 $S'=S$。这说明，新的温度曲线与实际温度曲线是等价的。

新的温度曲线的物理意义是，它把系统与环境交换热量的过程与冰熔化的过程分割开来，从 $T_2$ 到 $T_2'$ 和从 $T_3'$ 到 $T_3$ 是系统与环境交换热量的过程，从 $T_2'$ 到 $T_3'$ 是冰熔化的过程。由于冰熔化的过程变为无限短，自然没有机会进行热量交换，因而从 $T_2'$ 到 $T_3'$，仅由于冰的熔化而引起的水温变化。这一方法把对热量的修正转换为对初温和末温的修正，且对量热器中水的初温和末温原则上没有任何限制。尽管如此，考虑到牛顿冷却定律成立的条件以及其他因素，$T_2$、$T_3$ 还是选择在 $\theta$ 附近为好，即让 $T_2>\theta$，$T_3<\theta$，但它们与 $\theta$ 的差值可以不受

限制。

## 实验2 电热法测量焦耳热功当量实验

**(1) 一般说明**

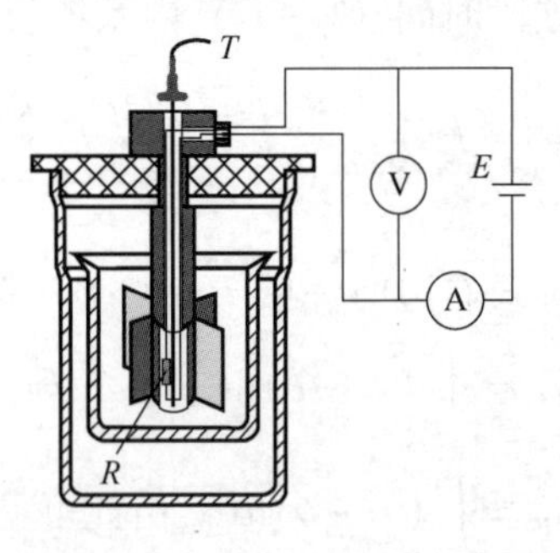

图 4.5.4 热功当量实验装置

如图4.5.4所示，给电阻$R$两端加上电压$V$，通过$R$的电流为$I$，在通电时间$t$内电场力做功$W=VIt$。若这些功全部转化为热量，使一个盛水的量热器系统由初温$\theta_0$升高至$\theta$，系统吸收的热量为$Q$，则热功当量$J=W/Q$。按照能量守恒定律，若采用国际单位制，则$W$和$Q$的单位都是焦耳（J），比值$J=1$；若$Q$用卡（cal）作单位，则$J=4.186\ 8$ J/cal，表示产生1卡热量所需做的功。

实验在装水的量热筒中进行。系统吸收的热量为

$$Q=(c_0m_0+c_1m_1+c_2m_2)(\theta-\theta_0)=C_m(\theta-\theta_0) \tag{4.5.5}$$

式中，$c_0$、$c_1$、$c_2$分别是水、量热装置及加热器的比热容；$m_0$、$m_1$、$m_2$分别是其相应的质量；$C_m=c_0m_0+c_1m_1+c_2m_2$是系统的总热容；$\theta_0$为系统初温。本实验的主要内容就是测定热功当量$J=VIt/C_m(\theta-\theta_0)$。

**(2) 散热修正**

本实验的难点是如何考虑系统散热的修正。从系统应满足的微分方程出发。若把系统看成是理想绝热的，即只考虑系统由于通电而升温，则由系统吸热方程$Q=C_m(\theta-\theta_0)$，对时间求导可以得到温度变化率所满足的关系式为

$$\left.\frac{\mathrm{d}\theta}{\mathrm{d}t}\right|_{吸}=\frac{VI}{JC_m} \tag{4.5.6}$$

考虑通电时系统吸热的同时也向环境中放热，根据牛顿冷却定律，由于放热引起的温度变化率为

$$\left.\frac{\mathrm{d}\theta}{\mathrm{d}t}\right|_{放}=-K(\theta-\theta_{环}) \tag{4.5.7}$$

式中，$K$为系统的散热常数。综合式（4.5.6）和式（4.5.7）描述的吸热、放热效应，系统温度的实际变化率为

$$\frac{\mathrm{d}\theta}{\mathrm{d}t}=\frac{VI}{JC_m}-K(\theta-\theta_{环}) \tag{4.5.8}$$

这是一个一阶线性的常系数微分方程。试图利用一元线性回归法处理数据，令$y\equiv\frac{\mathrm{d}\theta}{\mathrm{d}t}$，$x\equiv\theta-\theta_{环}$，式（4.5.8）变成$y=a+bx$，其中$a=\frac{VI}{JC_m}$，$b=-K$。给加热系统通电，并同时记录系统温度-时间变化关系，每隔1 min记录一次温度，共测30个连续时间对应的温度值，即$(t_1,\theta_1)$，$(t_2,\theta_2)$，…，$(t_{30},\theta_{30})$。根据测量出的数据，用差分代替微分计算$t=\frac{t_i+t_{i+1}}{2}$时的$\theta=\frac{\theta_i+\theta_{i+1}}{2}$，$\frac{\mathrm{d}\theta}{\mathrm{d}t}=\frac{\theta_{i+1}-\theta_i}{t_{i+1}-t_i}$，这样由一系列$(t_i,\theta_i)$就换算出$(y_i,x_i)$数据了，代入回归系数计算式求得$a$，从而由下式计算出热功当量$J$（式中，$R$是加热用的电阻值），即

$$a=\frac{V^2}{RJC_m}\rightarrow J=\frac{V^2}{aRC_m} \tag{4.5.9}$$

## 实验3　稳态法测量不良导体的热导率实验

所谓稳态法，就是设法利用热源在待测样品内部形成不随时间改变的稳定温度分布，然后进行测量。

1882年，法国数学家、物理学家傅里叶给出了一个热传导的基本公式——傅里叶导热方程式。他指出，在物体内部，取两个垂直于热传导方向、彼此相距为 $h$、温度分别为 $\Theta_1$、$\Theta_2$ 的平行平面（设 $\Theta_1>\Theta_2$），若平面面积均为 $S$，则在 $\delta t$ 时间内通过面积 $S$ 的热量 $\delta Q$ 满足下述表达式，即

$$\frac{\delta Q}{\delta t}=kS\,\frac{\Theta_1-\Theta_2}{h} \tag{4.5.10}$$

式中，$\delta Q/\delta t$ 为热流强度；$k$ 为该物质的热导率（又称导热系数）。数值上 $k$ 等于相距单位长度的两平面的温度相差1个单位时，在单位时间内通过单位面积的热量，其单位为W/(m·K)。

FD-TC-B型导热系数测定仪装置图如图4.5.5所示。它由电加热器、铜加热盘C、待测样品B、铜散热盘P、支架及调节螺钉、温度传感器以及控温与测温器组成。由式(4.5.10)可知，单位时间内通过待测样品B任一圆截面的热流量为

$$\frac{\delta Q}{\delta t}=\frac{k\pi d_B^2}{4}\,\frac{\Theta_1-\Theta_2}{h_B} \tag{4.5.11}$$

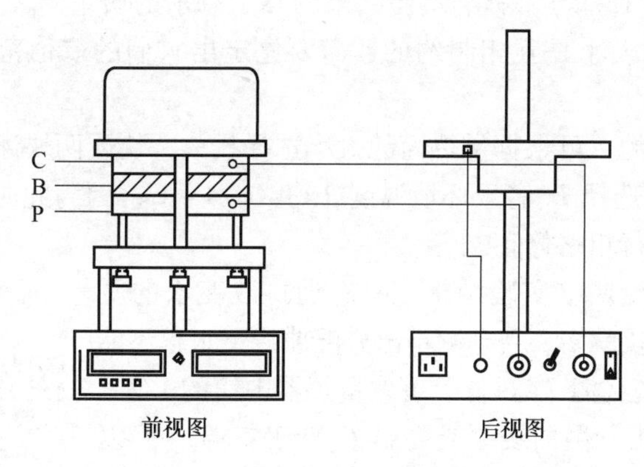

图4.5.5　FD-TC-B导热系数测定仪装置图

导热系数测定仪

式中，$d_B$ 为圆盘样品的直径；$h_B$ 为样品厚度。

当传热达到稳定状态时，$\Theta_1$ 和 $\Theta_2$ 的值不变，这时通过B盘上表面的热流量与由圆铜盘P向周围环境散热的速率相等。因此，可通过圆铜盘P在稳定温度 $\Theta_2$ 时的散热速率来求出热流量 $\delta Q/\delta t$。实验中，在读得稳定时的 $\Theta_1$、$\Theta_2$ 后，即可将样品B盘移去，而使铜加热盘C的底面与P盘直接接触。当P盘的温度上升到高于稳定时的数值 $\Theta_2$ 若干摄氏度后，再将铜加热盘C移开，让P盘自然冷却。观测其温度 $\Theta$ 随时间 $t$ 的变化情况，然后由此求出圆铜盘P在 $\Theta_2$ 的冷却速率 $\left.\frac{\delta\Theta}{\delta t}\right|_{\Theta=\Theta_2}$，而 $m_Pc\left.\frac{\delta\Theta}{\delta t}\right|_{\Theta=\Theta_2}$ $m_P$ 为圆铜盘P的质量、$c$ 为其比热容）

就是圆铜盘在温度为 $\Theta_2$ 时的散热速率。但须注意，这样求出的 $\frac{\delta\Theta}{\delta t}$ 是圆铜盘 P 的全部表面暴露于空气中的冷却速率，其散热表面积为 $\pi d_P{}^2/2+\pi d_P h_P$（$d_P$ 与 $h_P$ 分别为圆铜盘 P 的直径与厚度）。然而，在观测样品稳态传热时，P 盘的上表面（面积为 $\pi d_P{}^2/4$）是被样品覆盖着的。考虑到物体的冷却速率与它的表面积成正比，则稳态时圆铜盘散热速率的表达式应修正如下：

$$\frac{\delta Q}{\delta t}=m_P c\frac{\delta\Theta}{\delta t}\frac{\pi d_P^2/4+\pi d_P h_P}{\pi d_P^2/2+\pi d_P h_P} \tag{4.5.12}$$

将式（4.5.12）代入式（4.5.11），得

$$k=m_P c\frac{\delta\Theta}{\delta t}\frac{d_P+4h_P}{d_P+2h_P}\frac{h_B}{\Theta_1-\Theta_2}\frac{2}{\pi d_B^2} \tag{4.5.13}$$

### 4.5.3 实验仪器

量热器、电子天平、铂电阻温度计、数字万用表、加温搅拌盖、冰等；FD-TC-B 导热系数测定仪。

### 4.5.4 实验内容

**实验 1 测定冰的熔解热的实验**

**（1）合理选择实验参量**

一个成功的实验应能测量出投冰前的降温曲线和冰块全部融化后的升温曲线，且系统终温 $T_3$ 低于环境温度 $\theta$（温差不超过 15 ℃）。影响实验结果的参量有水的质量 $m_0$、水的初温 $T_2$ 以及冰的质量 $M$，而这些参量的大小是互相制约的，需要先定出它们的取值范围，再通过实验进行调整。

首先，冰块的大小基本是固定的，可根据量热筒的大小选择投放一块或两块冰。

其次，确定水的初温 $T_2$。一般选择 $T_2$ 高于环境温度 $\theta$ 约 10 ~ 15 ℃，因为此时散热服从牛顿冷却定律，便于对系统散热进行粗略修正。

最后，当 $M$ 与 $T_2$ 确定后，要想调整实验结果，只有通过改变水的质量 $m_0$ 来实现了。水的质量不宜太大，水多需要的冰块就多，否则测不出升温曲线；水也不能太少，太少不利于搅拌，且会使系统终温 $T_3$ 过低。可取量热器内筒的 1/2 ~ 2/3 进行试探性实验，如果未能测出升温曲线，或终温 $T_3$ 低于室温15 ℃以上，则需要改变水量重做实验。

电子天平

**（2）记录有关常数**

称量各种质量。注意：冰的质量应由冰熔解后，冰加水的质量减去水的质量求得。

已知实验室所用内筒和搅拌器材料均为铜，比热容 $c_1=c_2=0.389\times10^3$ J/(kg·K)，冰的比热容（-40 ~0 ℃时）为 $c_l=1.80\times10^3$ J/(kg·K)，水的比热容为 $c_0=4.18\times10^3$ J/(kg·K)，忽略温度计的热容。

**（3）测定实验过程中系统温度随时间的变化**

① 每隔一定时间测系统温度，作 $T-t$ 图。

提示：测冰的熔解曲线时，可约隔 15 s 测一个点；测降温曲线和升温曲线时，时间间隔

可适当加长。

注意：

ⅰ. 三部分曲线是连续的，时间不可间断。特别要记录好投冰的时间。

ⅱ. 正确使用和保护温度计。

ⅲ. 整个实验过程中要不断地轻轻进行搅拌，以确保温度计读数代表所测系统的温度。

② 实测系统的散热常数 $K$——量热器盛适量水，水温比环境温度低 5 ~ 10 ℃，测量系统温度随时间的变化。

思考：是否需要另做实验？

**（4）数据处理**

① 用第二种散热修正方法，作图求出初、末温度的修正值，并算出冰的熔解热 $L$。

② 由测量数据估算系统的散热常数 $K$。

## 实验 2　电热法测量焦耳热功当量实验

**（1）称量质量**

提示：水的质量不宜过大或过小，一般控制在 200 ~ 240 g 为好。加热器由功率电阻组成，搅拌器主要由铝质叶片组成，两者的总热容可按 64. 38 J/K 计算。

**（2）测量时间-温度关系**

在连续升温的 30 min 内，应等间隔地读取 31 个温度值（每分钟 1 次）。

万用表和铂电阻温度计

注意：

① 升温过程中必须不断搅拌（转动搅拌器叶片）以保证温度均匀。同时搅拌过程中要随时监视电源电压（面板电压表指针位置）是否改变，防止因搅拌动作过大引起电源接触不良。

② 数字万用表有自动关机功能。因此，在测量过程中，可在万用表工作接近 15 min 时，进行一次关机—开机操作，以免读数时刚好自动关机。

③ 用铂电阻温度计记录温度，可直接把输出的香蕉插头接入数字万用表并读取电阻值。

**（3）测量加热器的电功率**

分别在读数始末，用数字万用表测出加热器两端的电压（注意万用表的插孔位置和量程选择）。

加热器电阻值如表 4. 5. 1 所列。

表 4. 5. 1　加热器的电阻值

| 编号 | 1 | 2 | 3 | 4 | 5 | 6 | 7 | 8 |
|---|---|---|---|---|---|---|---|---|
| 电阻值/Ω | 202. 4 | 201. 5 | 203. 8 | 200. 5 | 201. 1 | 199. 6 | 201. 4 | 203. 4 |
| 编号 | 9 | 10 | 11 | 12 | 13 | 14 | 15 | 16 |
| 电阻值/Ω | 201. 3 | 201. 7 | 200. 4 | 201. 9 | 200. 8 | 201. 7 | 201. 6 | 200. 8 |

**（4）数据处理**

用一元线性回归方法计算热功当量 $J$ 并与理论值对比，计算它们的相对误差。

要求自行编写计算机程序来处理一元线性回归问题，并讨论相关系数。

注意：计算机的结果只能作为中间过程，最后结果要按规定格式表示。

稳压电源

**实验3　稳态法测量不良导体热导率实验**

(1) 取下固定螺钉，将橡皮样品放在加热盘与散热盘中间，橡皮样品要求与加热盘、散热盘完全对准；要求上下绝热薄板对准加热、散热盘。调节底部的三个微调螺钉，使样品与加热盘、散热盘接触良好，但注意不宜过紧或过松。

(2) 按照图4.5.5所示，插好加热盘的电源插头；再将两根连接线的一端与机壳相连，另一有传感器端插在加热盘和散热盘小孔中，要求传感器完全插入小孔中，并在传感器上抹一些硅油或者导热硅脂，以确保传感器与加热盘和散热盘接触良好。在安放加热盘和散热盘时，还应注意使放置传感器的小孔上下对齐。（注意：加热盘和散热盘两个传感器要一一对应，不可互换。）

(3) 接上导热系数测定仪的电源，开启电源后，左边表头首先显示FDHC，然后显示当时温度，当转换至b==·=，用户可以设定控制温度。设置完成按“确定”键，加热盘即开始加热。右边显示散热盘的当时温度。

(4) 加热盘的温度上升到设定温度值时，开始记录散热盘的温度，可每隔一分钟记录一次，如在10 min或更长的时间内加热盘和散热盘的温度值（$\Theta_1$ 和 $\Theta_2$）基本不变，可以认为已经达到稳定状态。

(5) 按复位键停止加热，取走样品，调节三个螺钉使加热盘和散热盘接触良好，再设定温度到80 ℃，加快散热盘的温度上升，使散热盘温度上升到高于稳态时的 $\Theta_2$ 值20 ℃左右即可。

(6) 移去加热盘，让散热圆盘在风扇作用下冷却，每隔10 s（或者30 s）记录一次散热盘的温度示值，由临近 $\Theta_2$ 值的温度数据中计算冷却速率。

(7) 根据测量得到的稳态时的温度值 $\Theta_1$ 和 $\Theta_2$，以及在温度 $\Theta_2$ 时的冷却速率，由式（4.5.13）计算不良导体样品的导热系数。

### 4.5.5　思考题

**实验1　测量冰的熔解热实验**

① 已知系统为质量为 $m$、初温为 $T_0$ 的水，从温度为 $\theta$ 的环境吸热，经时间 $t$ 后温度升至 $T_f$，如何由此算得系统的散热常数 $K$?

② 定性说明下列各种情况将使测出的冰的熔解热偏大还是偏小?

ⅰ. 测 $T_2$ 前没有搅拌；

ⅱ. 测 $T_2$ 后到投入冰相隔了一定时间；

ⅲ. 搅拌过程中把水溅到量热器的盖子上；

ⅳ. 冰中含水或冰没有擦干就投入；

ⅴ. 水蒸发，在量热器绝缘盖上结成露滴。

**实验2　电热法测量焦耳热功当量实验**

① 如果不做散热修正，$J$ = ？如何计算?

② 以下几种因素将对 $J$ 的测量带来什么影响?

ⅰ. 实验中功率电阻因热效应带来阻值变化；

ⅱ. 功率电阻所加电压因电源不稳定而下降；

ⅲ. 工作媒质水因搅拌而溢出；

ⅳ. 搅拌器做功。

**实验3 稳态法测量不良导体热导率实验**

① 由式（4.5.13）导出的不确定度表达式出发，讨论被测胶木板热导率计算中误差主要来自哪项，为什么?

② 如胶木板与加热板的接触不平、造成中间存在空气夹层，将给测量带来正误差还是负误差？如何减小?

③ 稳态法也可用于金属的热导率测量。这时试样要比不良导体长得多，而且上下温度测试孔放在了被测棒上，这是为什么？一维传热的条件如何解决?

### 4.5.6 附录

① 关于以差分$\frac{\theta_{i+1}-\theta_i}{t_{i+1}-t_i}$代替$t=\frac{t_i+t_{i+1}}{2}$时刻的微分$\frac{d\theta}{dt}$，以$\frac{\theta_i+\theta_{i+1}}{2}$代替$t=\frac{t_i+t_{i+1}}{2}$时刻的温度$\theta$的合理性的讨论：

数学上可以证明这种近似是合理的。由级数的泰勒展开，可知

$$f(x_i)=f\Big|_{x_i+\frac{\Delta x}{2}}+\frac{df}{dx}\Big|_{x_i+\frac{\Delta x}{2}}\left(-\frac{\Delta x}{2}\right)+\frac{1}{2!}\frac{d^2f}{dx^2}\Big|_{x_i+\frac{\Delta x}{2}}\left(-\frac{\Delta x}{2}\right)^2+\frac{1}{3!}\frac{d^3f}{dx^3}\Big|_{x_i+\frac{\Delta x}{2}}\left(-\frac{\Delta x}{2}\right)^3+\cdots$$

$$f(x_{i+1})=f\Big|_{x_i+\frac{\Delta x}{2}}+\frac{df}{dx}\Big|_{x_i+\frac{\Delta x}{2}}\left(\frac{\Delta x}{2}\right)+\frac{1}{2!}\frac{d^2f}{dx^2}\Big|_{x_i+\frac{\Delta x}{2}}\left(\frac{\Delta x}{2}\right)^2+\frac{1}{3!}\frac{d^3f}{dx^3}\Big|_{x_i+\frac{\Delta x}{2}}\left(\frac{\Delta x}{2}\right)^3+\cdots$$

所以

$$f(x_i)+f(x_{i+1})=2f\Big|_{x_i+\frac{\Delta x}{2}}+0+\frac{d^2f}{dx^2}\Big|_{x_i+\frac{\Delta x}{2}}\left(\frac{\Delta x}{2}\right)^2+\cdots$$

$$f(x_{i+1})-f(x_i)=0+\frac{df}{dx}\Big|_{x_i+\frac{\Delta x}{2}}(\Delta x)+0+\frac{1}{3}\frac{d^3f}{dx^3}\Big|_{x_i+\frac{\Delta x}{2}}\left(\frac{\Delta x}{2}\right)^3+\cdots$$

由此可得$\frac{\theta_i+\theta_{i+1}}{2}\approx\theta\Big|_{i+\frac{1}{2}}$（略去二级以上修正量）； $\frac{\theta_{i+1}-\theta_i}{\Delta t}\approx\frac{d\theta}{dt}\Big|_{i+\frac{1}{2}}$ （$\Delta t=t_{i+1}-t_i$，且略去三级以上修正量）。

② 采用“积分法泰勒展开取近似”取代“差分代替微分近似”来修正系统散热，解决了“差分代替微分是否合理”的争议，引自《电热法测量热功当量实验的新探究》，大学物理［J］：2016年05期。

系统温度的实际变化率由式（4.5.8）描述，求解此一阶线性常微分方程，得

$$\ln(A-K\theta)=-Kt+C_0 \tag{4.5.14}$$

式中，$A=\frac{v^2}{JRC_m}+K\theta_{环}$；$C_0$为常数，由初始条件$\theta|_{t=0}=\theta_0$可得$C_0=\ln(A-K\theta_0)$，再代入式（4.5.14）得$\ln\frac{A-k\theta}{A-k\theta_0}=-Kt$，经进一步转化得到温度$\theta$随时间$t$变化规律为

$$\theta=\frac{A}{K}+\left(\theta_0-\frac{A}{K}\right)e^{-Kt} \tag{4.5.15}$$

另一方面，根据牛顿冷却定律（4.5.7）可测定散热常数$K$。对牛顿冷却定律积分得到

$$\ln(\theta-\theta_{环})=-Kt+C_0 \tag{4.5.16}$$

令 $y=\ln(\theta-\theta_{环})$，$x=t$，并设 $y=a_1+b_1x$，即可通过一元线性拟合计算出斜率 $b_1$，进一步得到散热常数 $K=-b_1$。经实验测定，散热常数 $K$ 的数值约为 $10^{-5}$。由于 $K$ 的数值很小，在一定时间范围内可以对式（4.5.15）中指数函数项 $e^{-Kt}$ 进行泰勒展开并保留前两项，得

$$e^{-Kt}=1-Kt \tag{4.5.17}$$

将式（4.5.17）代入式（4.5.15），并化简可得

$$\theta=\left(\frac{V^2}{JRC_m}+K\theta_{环}-K\theta_0\right)t+\theta_0 \tag{4.5.18}$$

向实验装置中加入一定量的水，并通电加热，测量一段时间内系统温度 $\theta$ 与时间 $t$ 的关系（注意实验系统与环境的温差始终保持在牛顿冷却定律适用范围内）。对 $\theta$ 与 $t$ 进行一元线性回归，得到斜率 $b_2$，即 $b_2=\frac{V^2}{JRC_m}+K\theta_{环}-K\theta_0$，截距 $a_2=\theta_0$。则有

$$J=\frac{v^2}{RC_m[b_2+K(a_2-\theta_{环})]} \tag{4.5.19}$$

## 实验方法专题讨论之四 ——线性拟合和一元线性回归

（本节实例主要取自“电量热法和焦耳热功当量实验”）

一元线性回归的计算公式是[⊖]

$$b=\frac{\overline{X}\,\overline{Y}-\overline{XY}}{\overline{X}^2-\overline{X^2}},\quad a=\overline{Y}-b\,\overline{X},\quad r=\frac{\overline{XY}-\overline{X}\,\overline{Y}}{\sqrt{(\overline{X^2}-\overline{X}^2)(\overline{Y^2}-\overline{Y}^2)}}$$

其成立条件是：物理量 $X$ 和 $Y$ 之间存在线性关系，即 $Y=a+bX$；自变量 $X$ 无测量误差；$Y$ 为等精度测量，即 $u(Y_1)=u(Y_2)=\cdots=u(Y_n)(i=1,2,\cdots,n)$。

正确使用一元线性回归公式的步骤应当包括：

① 找出观测量之间的线性函数关系，被测量可以通过该直线的信息求出。在基础物理实验中，有两种情况值得注意：一是有时测量结果中的自变量是“隐含”的。例如，连续测得 10 个条纹的位置 $X_i(i=1,2,\cdots,10)$，要求用线性回归计算条纹的间距 $\Delta X$。表面上看只有一个位置变量，实际上可以把条纹的数目 $i=1,2,\cdots,10$ 作为变量，写出 $X_i=i\Delta X+X_0$（$X_0$ 是某个未知的常数）。视 $i=1,2,\cdots,10$ 为自变量（没有误差），$X_i$ 为因变量，作线性拟合后的斜率即是条纹间距 $\Delta X$。类似的情况在声速测量及牛顿环实验中也可以看到。另一种情况是物理量 $X$ 和 $Y$ 之间并不存在线性关系，但通过“曲线改直”可以把它们的关系变成线性关系来处理。这样一来，就可能用线性拟合的办法去处理更多的物理问题。

“电量热法和焦耳热功当量实验”则是把线性代数方程问题扩展到线性微分方程 $\frac{d\theta}{dt}=\frac{VI}{JC_m}-K(\theta-\theta_{环})$ 的拟合问题，经过差分近似 $\frac{d\theta}{dt}\approx\frac{\theta_{i+1}-\theta_i}{t_{i+1}-t_i}$，变成了线性代数方程，从而可以

---

⊖ 这些运算既可通过诸如 MATLAB 在计算机上实现，也可以在类似 $fx$－82TL 型号的计数器上直接完成。

用一元线性回归公式求解。

② 正确选择自变量，即选择准确度高的作为自变量 $X$，$\frac{u(X)}{X} \ll \frac{u(Y)}{Y}$。并将所要求的被测量用拟合后的斜率 $b$ 和截距 $a$ 表出。“电量热法和焦耳热功当量实验”中，热功当量 $J$ 可通过回归系数 $a$ 求出：$J=\frac{VI}{aC_m}$。不仅如此，系统的散热常数 $K$ 也可以由回归系数 $b$ 求出。这一点不难理解：回归系数 $b$（斜率）和 $a$（截距）包含了一条直线的全部信息。

③ 计算回归系数 $b$（斜率）、$a$（截距）及其相关系数 $r$，并由 $a$ 和 $b$ 求得所需的被测量（包括单位）。在物理量 $X$ 和 $Y$ 线性关系已被确认的条件下，$r$ 反映了 $X$ 与 $Y$ 的线性相关程度。如果 $Y$ 和 $X$ 一样无测量误差，则 $|r|=1$；由于 $Y$ 存在误差，$|r|<1$。$|r|$ 小到多少将使线性关系被淹没，书中没有给出定量的判据。在基础物理实验中，只要误差不大，多数拟合后的 $|r|$ 在 0.999 以上。本实验由于测量和近似带来的误差，$|r|$ 要小一些。如果 $X$ 和 $Y$ 的线性规律事先不能确定（例如讨论树的高度是否与树干的直径成正比这样一类命题），则还要进行相应的其他检验（包括所谓的 F 检验或 $\chi^2$ 检验等）以提供用线性模型做统计分析的可信程度。由于这已超出教学要求，这里不再涉及。

④ 关于回归系数 $a$ 和 $b$ 的不确定度由式（2.3.8）~式（2.3.10）给出。式中，$u(Y)$ 是 $Y$ 的不确定度（$X$ 的不确定度不计），一般是已知的。如果 $u(Y)$ 未知，则可按式（2.3.7）计算 $u(Y)$，相当于重复测量时用贝塞尔公式计算 A 类不确定度。如果被测量是 $a$ 和 $b$ 的函数，则不确定度的计算公式要另行推导[⊖]。其基本做法是利用 $a$ 和 $b$ 作中间变量，把被测量最终用 $X_i$ 和 $Y_i$（$i=1, 2, \cdots$）表出；然后在 $X_i$ 无误差、$Y_i$ 互相独立且有相同的标准差 $u(Y)$ 的条件下，导出被测量的标准不确定度。对此，除非特别指出，一般也不作要求。

⑤ 对实验数据（$X_i$，$Y_i$）（$i=1, 2, \cdots$）来说，可以拟合出无数条直线。但在 $X$ 无误差、$Y$ 为等精度测量的条件下，按最小二乘式（2.3.5）给出的直线具有方差最小的最佳性能。正是这个原因，我们强调数据处理应选择测量精度较高的物理量作自变量 $X$，且要保证 $Y$ 的测量有近似相等的不确定度。这一条件如果不满足，拟合的结果就可能偏离“最佳”。当 $Y$ 为不等精度测量时，原则上应作加权拟合。考虑到教学要求的难度，在基本实验中将不涉及。有些地方（特别是在曲线改直时），近似等精度条件可能被破坏，却仍采用了式（2.3.5）的结果，这对简化问题而言有其可取之处，但其拟合的效果已不再具备方差最小的优势了。

⊖ 如果考虑到 $a$ 和 $b$ 的相关性，计及所谓协方差的贡献，则仍可按方差合成公式计算。

## 4.6 示波器及其应用

示波器是一种用途十分广泛的电子测量仪器，它能直观、动态地显示电压信号随时间变化的波形，便于人们研究各种电现象的变化过程，并可直接测量信号的幅度、频率以及信号之间相位关系等参数。示波器是观察电路实验现象、分析实验中的问题、测量实验结果的重要仪器，也是调试、检验、修理和制作各种电子仪表、设备时不可缺少的工具。

示波器的基本测量量是电压。随着各种换能技术的应用与发展，压力、温度、振动、速度、波长等力、热、声、光非电学物理量都可以转换为便于观察、记录和测量的电学量，因此，示波器已成为测量电学量以及研究可转化为电压变化的其他非电学物理量的重要工具之一。

### 4.6.1 实验要求

1. 实验重点

① 了解示波器的主要结构，弄清波形显示及参数测量的基本原理，掌握示波器、信号发生器的使用方法；

② 学会用示波器观察波形以及测量电压、周期和频率的方法；

③ 学习用振幅法和相位法测量空气中超声波的传播速度，加深对共振、相位等概念的理解；

④ 用示波器研究测量电信号谐振频率、二极管的伏安特性曲线以及同轴电缆中电信号传播速度的方法。

2. 预习要点

① 为什么示波器必须在测量档的校准位置读数？

② 怎样用示波器测量波形的幅值和周期？“VILTS/DIV”和“TIME/DIV”旋钮分别起什么作用？显示屏上的数字分别代表什么含义？怎样利用它们测量信号的电压以及两个信号的相位差？

③ 欲在示波器上观察到稳定的李萨如图形，对 $X$ 轴和 $Y$ 轴所加信号的频率有何要求？

④ 如何利用李萨如图形测量信号的频率？示波器的“$X$-$Y$ 方式”开关应怎样设置？

⑤ 声速测量实验中存在两个共振，它们分别是什么共振？这两个共振是一回事吗？

⑥ 振幅法测声速主要利用哪个共振？各共振位置之间有什么关系？

⑦ 相位法是利用什么原理进行测量的？应在出现什么现象时进行读数？这些位置之间又有什么关系？

⑧ 已知声速测量实验的工作频率范围为 35 ~ 45 kHz，试问如何使用声速仪中信号发生器产生所需的正弦共振信号？

### 4.6.2 实验原理

示波器

1. 示波器简介

**(1) 模拟示波器**

模拟示波器是利用电子示波管的特性，将人眼无法直接观测的交变电信号转换成图像并显示在荧光屏上以便测量和分析的电子仪器。它主要由四部分组成：阴极射线示波管，扫描、触发系统，放大系统，电源系统，其基本组成如图4.6.1所示。

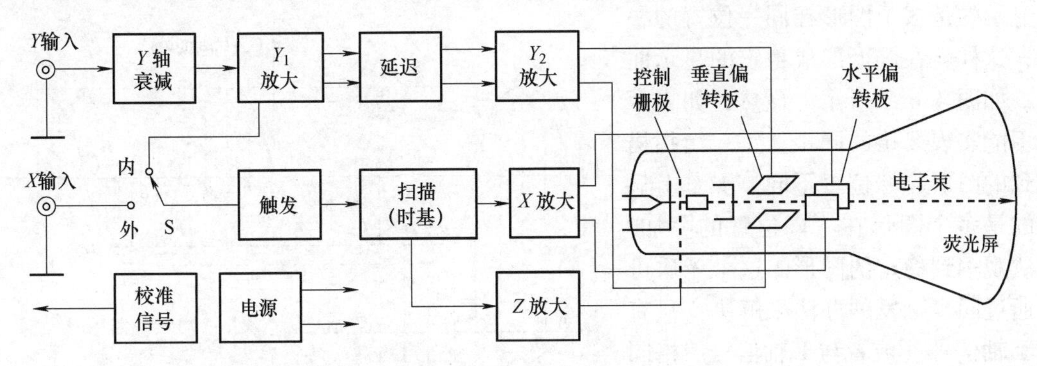


图4.6.1 示波器工作原理示意图

1）工作原理

模拟示波器的基本工作原理是：如图4.6.1所示，当电子枪被加热发出电子束后，经电场加速、聚焦和偏转，打在涂有荧光物质的荧光屏上就形成一个亮点。若电子束在到达荧光屏之前没有受到偏转板间电场作用，则亮点将位于荧光屏的中心；若偏转板间电场不为零，亮点位置就会偏离荧光屏中心，偏转位移与板间电压成正比，从而显示出各种波形。被测信号经$Y$轴衰减后送至$Y_1$放大器，经延迟级后到$Y_2$放大器，信号放大后加到示波管的垂直偏转板上。内部输出或$X$轴输入信号在触发信号的调控下进行时基扫描，经过$X$放大后加载在水平偏转板上。

若$Y$轴所加信号为图4.6.2a所示的正弦信号，$X$输入开关S切换到“外”输入，且$X$轴没有输入信号，则光点在荧光屏竖直方向上按正弦规律上下运动，随着$Y$轴方向信号频率提高，由于视觉暂留或荧光屏余辉等原因，在荧光屏上显示出一条竖直扫描线；同理，如在$X$轴所加信号为图4.6.2b所示的锯齿波信号，且$Y$轴没有输入信号，则光点在荧光屏水平方向上先由左向右匀速运动，到达右端后立即返回左端，再从左向右重复上述过程，每完成一个循环称为一次扫描。随着$X$轴方向信号频率的提高，在荧光屏上显示出一条水平扫描线。$Z$轴的作用是使扫描波形有一定辉度（亮度），对于某些具有$Z$轴外输入的示波器，则可以通过$Z$轴的输入信号，动态调节不同扫描时刻波形的亮度，实现类似于电视图像的显示效果。

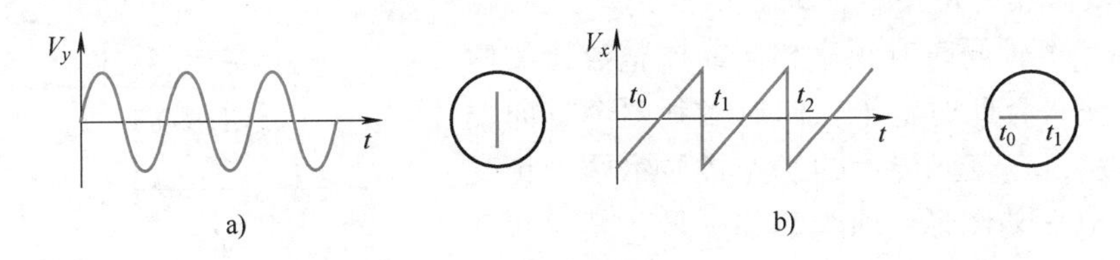


图4.6.2 扫描信号与运动轨迹的关系

Ⅰ. $Y$轴输入时变波形的显示

这是示波器最常用的显示模式，此时水平方向的扫描信号为锯齿波，由示波器内部产生，即图4.6.1中$X$输入开关S切换到“内”输入。由示波器波形显示原理可知，如果$Y$

轴信号的频率与$X$轴的相同或是其整数倍，当$Y$轴完成了一个（或数个）周期的运动时，$X$轴的扫描信号也正好回到左端起始扫描位置。由于每一次扫描得到的图形起始位置相同，屏上显示的是多个图形在同一位置的叠加，这样就在屏上形成稳定的显示曲线，如图4.6.3所示。显然，如果两者不能实现严格的同步，每一次扫描得到的图形起始位置不同，屏幕上显示的是多个图形在不同位置的叠加，无法观察到稳定的图形。这个矛盾可以通过同步触发的办法来解决：只有当$Y$轴信号（或者与$Y$轴信号严格同步的其他信号）达到某一确定的状态（极性和幅度），才触发$X$轴开始扫描，这样就可以通过$Y$轴信号强制扫描信号与其严格同步。如图4.6.4所示，设扫描触发电平为$V_T$，触发极性为上升沿，触发耦合为交流耦合（AC）。当$Y$轴输入信号的极性和电平满足触发条件时，将产生触发脉冲，启动扫描电路输出锯齿波信号，光点将自左向右移动。当扫描电压由最大值迅速恢复到启动电压时，光点也迅速返回到起始点，等待下一次触发脉冲到来时再次进行扫描。需要注意的是，在锯齿波扫描期间，扫描电路不再受此期间到来的触发脉冲影响，直到本次扫描结束。因每一个触发脉冲产生于同触发条件所对应的相位点，故每次扫描的起始点都相同，这样就可以在屏上显示稳定波形。由图4.6.4可知，在屏上显示的波形数与扫描速度有关，通过调节$X$方向扫描速度，可以观测和分析不同时域范围内$Y$轴输入信号随时间的变化情况。

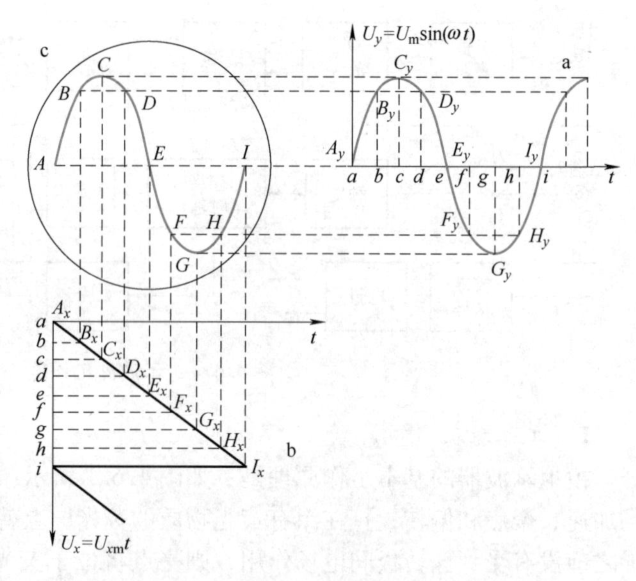


图4.6.3 示波器显示波形原理图（$T_x=T_y$）

Ⅱ. 李萨如图形

在图4.6.1中，X输入开关S切换到“外”输入，且$X$轴和$Y$轴同时有频率相同或成整数比的两个正弦电压输入，此时电子束同时受到两个方向偏转电压的作用，在荧光屏上的光点将显示两个正交谐振动的合成振动图形，即李萨如图形，其形状随两个信号的频率和相位差的不同而不同。如果$Y$轴信号和$X$轴的频率有简单的整数比，则合成运动有稳定的闭合轨道（见图4.6.5）。

不难理解，沿着这种闭合轨道环绕一周后在水平和竖直方向往返的次数与两个方向的频率成正比。

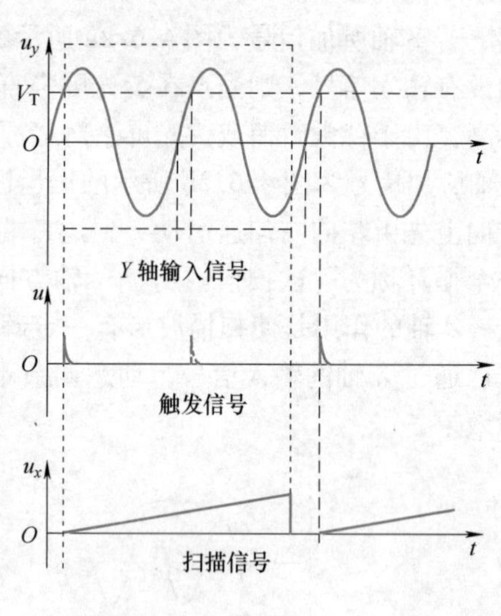


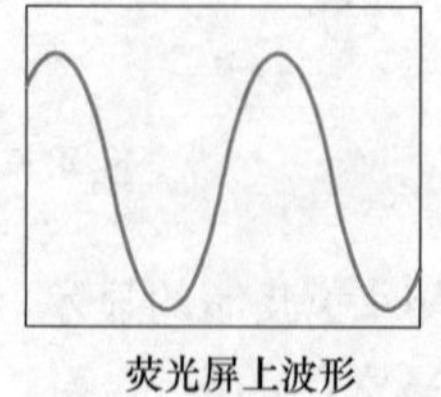


图4.6.4 示波器显示波形原理

因此封闭的李萨如图形与水平线相交的点数 $n_x$ 及与垂直线相交的点数 $n_y$ 之间的比值，与两信号频率之比有如下关系，即

$$\frac{f_y}{f_x}=\frac{n_x}{n_y} \tag{4.6.1}$$

若已知其中一个信号的频率，以及从李萨如图形上数得的点数 $n_x$ 和 $n_y$，就可以求出另一待测信号的频率。

图 4.6.5　李萨如图形

利用李萨如图除可测频率外，还可比较两个振动的相位差。如果 $X$ 轴和 $Y$ 轴输入信号频率相同，则产生如图 4.6.6 所示合成振动图像，两个信号的相位差 $\Delta\varphi$ 可用下式表示，即

$$\Delta\varphi=\arcsin\left(\frac{x}{x_0}\right) \tag{4.6.2}$$

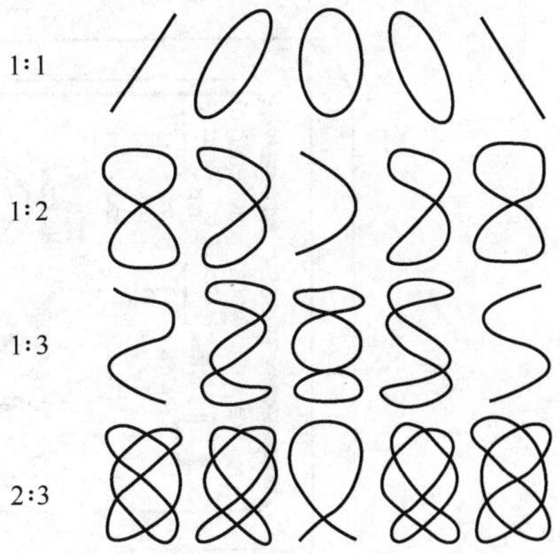

式中，$x$ 为椭圆与 $X$ 轴的交点坐标；$x_0$ 为最大水平偏转距离。当 $\Delta\varphi=0$ 时，李萨如图为向左下倾斜的直线。若不断改变 $Y$ 与 $X$ 的相位差 $\Delta\varphi$，则直线变成向左下倾斜的椭圆、正椭圆（$\Delta\varphi=\pi/2$）、向右下倾斜的椭圆，直至成为向右下倾斜的直线。此时 $\Delta\varphi=\pi$，即两振动的相位差为 $\pi$。此过程如图 4.6.6 所示。

**2）结构与使用方法**

图 4.6.7 所示为 GOS-630FC 双踪示波器面板图，它可同时对两路信号进行观测，带宽从直流（DC）至 30 MHz。尽管示波器面板上可操纵的旋钮和开关较多，但只要把工作原理和相应功能的开关、旋钮结合起来，熟练掌握其使用方法并不难。

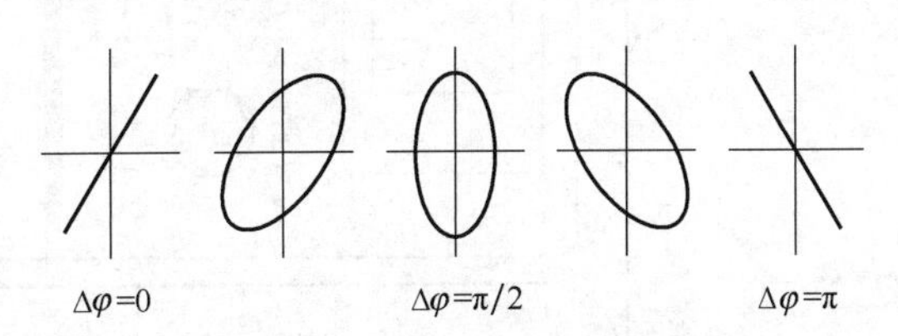


图 4.6.6　相位差与李萨如图

Ⅰ. 开机

显示屏右下方为“POWER”电源开关，按下为开，弹出为关；接通时指示灯亮。预热约 20 s 后，示波管屏幕会显示光迹。如 60 s 后仍未出现光迹，应检查开关和控制按钮的位置是否正常。

调节辉度“INTEN”和聚焦“FOCUS”旋钮，使光迹亮度适中且最清晰。荧光屏辉度调节，顺时针转动，辉度加亮，反之减弱。注意：不可将光点和扫描线调得过亮，否则不仅会使眼睛疲劳，而且长时间停留会使荧光屏变黑。如果实验过程中较长时间不作观察，应将辉度减弱，以延长示波管的寿命。本装置在调节亮度时，聚焦电路有自动调节功能，但有时也会有轻微变化，这时需重新调节聚焦旋钮。

Ⅱ. $Y$ 轴信号

① 输入——作为双踪示波器，GOS-630FC 有两个输入通道 CH1 和 CH2。被观察的信号由面板中部下方的两个 Q9 插座“CH1（$X$）”和“CH2（$Y$）”接入。

② 灵敏度调整——利用“VOLTS/DIV”旋钮，合理选择灵敏度，使显示在屏上的被观测信号大小适中。

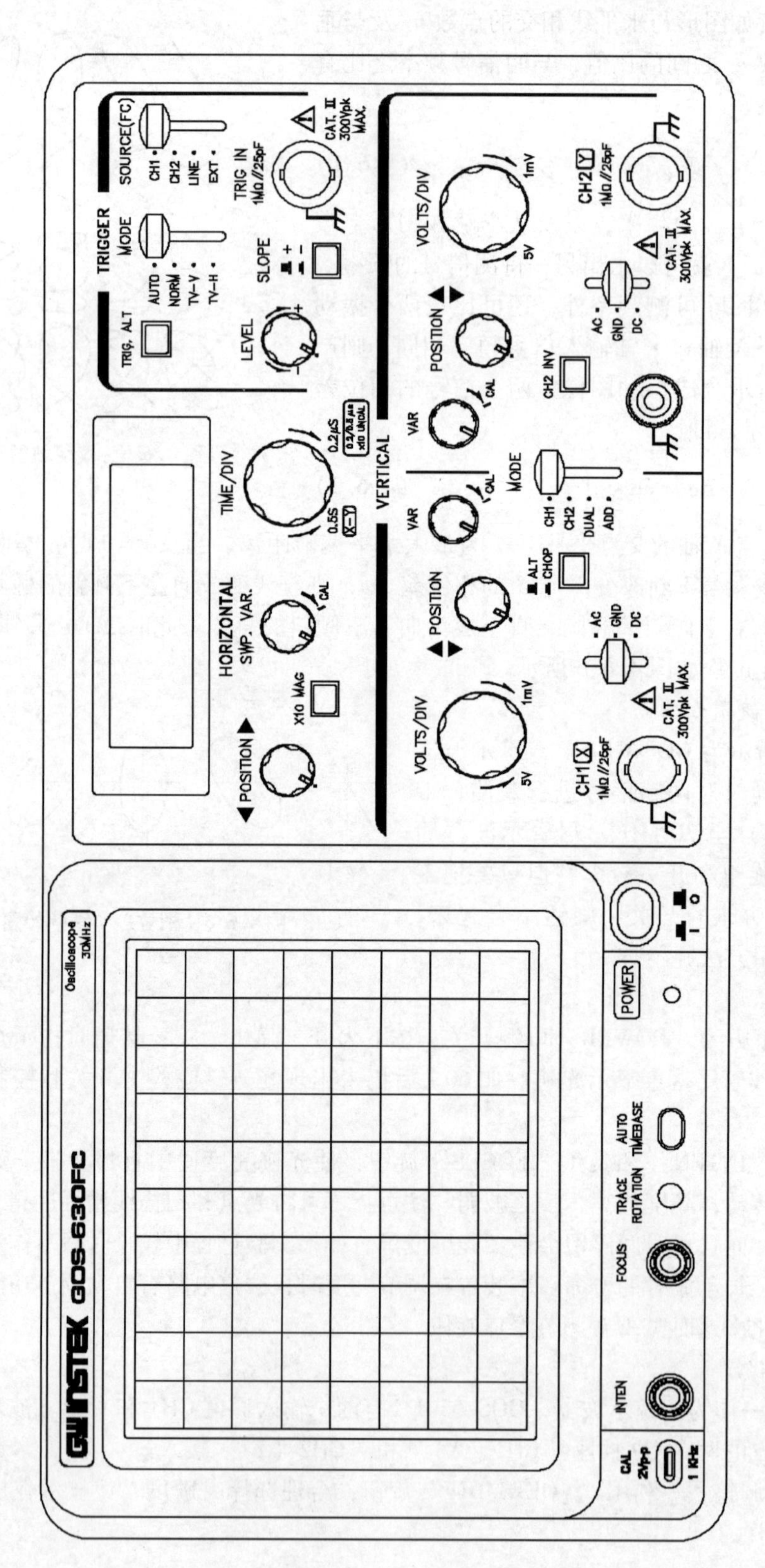


图 4.6.7　GOS-630FC 双踪示波器面板

VOLTS/DIV 分 12 档，最高灵敏度为 1 mV/DIV 档（每格代表 1 mV）；最低灵敏度为 5 V/DIV 档，这时示波器能显示的最大动态范围是 40 V（8 DIV）；使用 10∶1 探头，还可达 400 V。思考：观察一个峰-峰值约 1 V 的信号，应当如何选择 VOLTS/DIV？如果选择的 VOLTS/DIV 过大或过小，将会看到什么现象？

③ 灵敏度微调——使用“VAR”垂直微调旋钮，可连续改变灵敏度（垂直偏转系数）。若将旋钮逆时针旋到底，则灵敏度下降在 2.5 倍以上。因此，如需用示波器做电压测量，此旋钮应位于“CAL”校准位置（顺时针旋到底）。

④ 输入信号的耦合——输入信号与示波器有 3 种连接方式：AC（交流）为交流耦合，按钮处于弹出位置，信号经电容输入，其直流成分被阻断；DC（直流）为直流耦合，按钮处于按入位置，信号与示波器直接耦合；另有一 GND（接地）按钮，按入时输入信号与示波器断开，示波器内部输入端接地。该按钮常用于确定测量基准或寻迹。

⑤ 工作方式选择——“MODE”方式开关置于 CH1，屏幕仅显示 1 通道的信号；置于 CH2 仅显示 2 通道的信号；“双踪”是指屏幕显示双踪，以交替或断续方式同时显示 1 通道和 2 通道的信号；“叠加”是指显示 1 通道和 2 通道信号之和，如要获得两信号的差，可按下“CH2 反相”按钮，此时 CH2 显示反相信号。

⑥ 垂直移位——利用“▲▼POSITION”位移旋钮，可以调节光迹在屏幕中的垂直位置，使信号在垂直方向位置适中，便于观测。

Ⅲ. *X* 轴的扫描

① 扫描快慢的选择——利用“TIME/DIV”时基扫描旋钮，可以控制示波器内部产生的 *X* 轴锯齿波扫描的速率，共 20 档，0.2 μs/DIV ~ 0.5 s/DIV，因此扫过显示屏的最快时间是 0.2 μs × 10 = 2 μs（“SWP. VAR.”扫描微调旋钮置于“CAL”校准位置）。TIME/DIV 的档位应当根据被观测信号的频率来选择。思考：要在屏幕上观察到 3 ~ 5 个周期的 ~ 35 kHz 的正弦波信号，应当如何选择 TIME/DIV？

另有一扩展控制键“×10 MAG”，按下时扫描时间是 TIME/DIV 指示值的 1/10，这时扫描加快为原来的 10 倍，但辉度可能下降。

② *X*-*Y* 操作与 *X* 外接控制——示波器的 *X* 轴也可以不使用内部产生的锯齿波扫描信号，它包括两种方式。一种是将“TIME/DIV”旋钮逆时针旋到底，这时垂直偏转信号接入 CH2 输入端，水平偏转信号接入 CH1 输入端（此时触发源“SOURCE”应置于“CH1”档），示波器按 *X*-*Y* 方式工作。此方式常用于李萨如图的观察。另一种是将“TIME/DIV”旋钮逆时针旋到底，触发源“SOURCE”置于“EXT”外接档，示波器按 X 轴信号外接方式扫描工作。

**思考：**振幅法测波长，应如何设置示波器？相位法测波长，又应如何设置示波器？

③ 扫描微调——“SWP. VAR.”扫描微调旋钮用于示波器内部产生的 *X* 轴扫描的连续微调，此旋钮顺时针方向旋转到底时为“CAL”校准位置；逆时针方向旋转，扫描减慢，旋转到底，扫描减慢 2.5 倍以上。

④ 水平移位——“◀POSITION▶”水平位移旋钮用于调节光迹在水平方向移动，顺时针旋转光迹右移；逆时针旋转光迹左移。

Ⅳ. 触发

① 触发源的选择——“TRIGGER SOURCE”触发源调节档位用于选择启动扫描的触发信

号：CH1 以 1 通道的信号为触发信号；CH2 以 2 通道的信号为触发信号；“LINE” 以电源信号为触发信号；“EXT” 用外接的信号为触发信号，外触发信号由 “TRIG IN” 外接输入插座输入。

**注意：**“TIME/DIV” 旋钮逆时针旋到底，“触发源” 调节档位置于 CH1 位置时，示波器按 *X-Y* 方式工作。

② 触发电平——“LEVEL” 电平旋钮用于调节产生触发所需的电平，它会影响显示波形的起始位置。向 “+” 旋转，启动扫描的触发电平上升；向 “-” 旋转，触发电平下降。

**思考：**当 “LEVEL” 电平选择太大或过小时，将出现什么现象？

③ 触发极性——“SLOPE” 极性按钮用于选择触发极性，按入为负极性，即下降沿触发，弹出为正极性，即上升沿触发。

④ 触发方式——“AUTO” 为扫描电路自动进行扫描，在没有信号输入或信号没有被触发同步时，屏幕上仍然可以显示扫描线；选择 “NORM” 方式，则只有触发信号才能扫描，否则屏幕无扫描线显示；当设定于 “TV-V” 位置时，将会触发 TV 垂直同步脉波以便于观测 TV 垂直图场（field）或图框（frame）的电视复合影像信号。水平扫描时间设定于 2 ms/div 时适合观测影像图场信号，而 5 ms/div 适合观测一个完整的影像图框（两个交叉图场）；当设定于 “TV-H” 位置时，将会触发 TV 水平同步脉波以便于观测 TV 水平线（lines）的电视复合影像信号。水平扫描时间一般设定于 10 μs/div，并可利用转动 SWP VAR 控制钮来显示更多的水平线波形。

⑤ 交替耦合——按下 “TRIG ALT” 交替耦合键，本仪器即会自动设定 CH1 与 CH2 的输入信号以交替方式轮流作为内部触发信号源，这样两个波形皆会同步稳定显示。此键一般使用在双轨迹并以交替模式显示时，且必须选择 CH1 或 CH2 作为触发源。

**3）模拟示波器的特点**

模拟示波器的主要特点是：①波形显示快速，实时显示；②波形连续真实，垂直分辨率高；③捕获率高；④有对聚焦和亮度的控制，可调节出锐利和清晰的显示结果。

模拟示波器的不足之处是：①无存储功能；②仅有边沿触发；③无自动参数测量功能，只能进行手动测量，所以准确度不够高；④由于 CRT 的余辉时间很短，所以难于显示频率很低的信号；⑤难以观察非重复性信号和瞬变信号。

**（2）数字示波器**

数字示波器是通过对被测模拟信号进行模/数（A/D）转换，再以数字或模拟信号方式进行显示的一种数据测量和分析装置，它不但可以观测和分析各种重复信号，还可以捕获各种非重复信号，包括单次触发信号等。数字示波器一般还具有数据存储和计算功能，可以对测量到的数据进行分析计算，并将计算结果显示在屏幕上，或将数据和波形导出到计算机或外接存储器中。

**1）结构和工作原理**

数字示波器以微处理器为主控单元，核心部件包括前置放大电路和 A/D 转换单元、数据存储器以及显示单元和人机接口单元等。对于采用液晶显示方式的数字示波器，在微处理器的控制下，从数据存储器读取数据并经判别和处理后，按一定方式直接在液晶屏上显示波形；而对于采用 CRT 显示的数字示波器，则输出数据还需经数/模转换（D/A）后才能在荧光屏上显示。

数字示波器的工作原理是：在时基电路控制下，对输入信号按一定时间间隔采样，通过

A/D 转换器量化后，对这些瞬时值或采样值进行变换，以二进制码的形式，将波形数据在快速存储器中存储，经触发功能电路进行条件判定、触发，结束采集过程，再以数字或模拟方式进行显示，重现波形。在数字示波器中，A/D 转换器是关键部件，它的位数和采样速率不仅决定了数字示波器的最大采样速率以及分辨率，同时也对其幅值的测量精度带来影响。

与模拟示波器不同的是，数字示波器采用了晶体振荡器来控制时基电路，使其能够具备更高的时间测量准确度。

2）数字示波器特点

由于采用了 A/D 转换和数据存储技术，故数字存储示波器可以克服传统模拟示波器无法完成对单次信号和低重复频率信号进行测试的缺点，配合其灵活而强大的触发功能，不仅可以观测触发点后信号变化情况，还可以获得触发点之前的信息，非常适合用于单次信号的观测分析。与模拟示波器相比，其突出优点还包括测量精度高，可以对采集到的数据进行各种数学分析和处理，如有效值计算、频谱分析等；另外，量程自动调整，测量结果直接数字方式显示，波形和数据可直接导出到计算机、打印机或外接存储器等功能，也是普通模拟示波器所不具备的。

尽管数字示波器具有许多突出优点，但其工作原理决定了其也有不足之处，如信号输入与实际波形显示之间有时间延迟，难以做到对输入信号的实时显示；若采样频率设置不合理或采集数据不足，易导致显示波形失真；显示复杂动态变频信号时会出现波形混叠现象等。

（3）读出示波器

读出示波器一般是指采用阴极射线示波管显示波形，同时具有数字显示功能的示波器。它采用与模拟示波器相似的电子线路，控制电子束的偏转、扫描及同步，不但具有模拟示波器的各种示波测量功能，而且还增加了数字测量与显示等功能，把测量时工作状态、工作参数、测量标尺乃至被测量的数值，通过字符和线条方式与波形叠加显示在荧光屏上，使操作者能够实时了解工作状态及测量结果，提高了模拟示波器的测量精度。

2. 示波器的应用

（1）波形测量

示波器除了能直观地显示波形之外，其测量内容可归结为两类——电压和时间的测量；而电压和时间的测量最终又归结为屏上波形长度的测量。

1）电压的测量

由于电子束在显示屏上偏转的距离与输入电压成正比，所以只要量出被测波形任意两点的垂直间距（格数）$\Delta y$ 就可知该两点间的电压 $\Delta u_y$，即

$$\Delta u_y = K\Delta y \tag{4.6.3}$$

式中，$K$ 为灵敏度（屏上 $Y$ 轴每一大格所代表的输入电压值），也称垂直偏转系数。

若被测电压为简谐波，则只要量出电压波形峰-峰的间距 $\Delta y$，就可知其电压的有效值 $u_e$，即

$$u_e = \frac{u_{p-p}}{2\sqrt{2}} = \frac{K\Delta y}{2\sqrt{2}} \tag{4.6.4}$$

式中，$u_{p-p}$ 为被测电压的峰-峰值。

**注意**：只有“VOLTS/DIV”灵敏度微调旋钮位于校准位置（顺时针旋到底），测量电压才有意义。

**2）时间的测量**

用示波器可直观地测量时间。当扫描电压用锯齿波时，荧光屏上 $X$ 轴坐标与时间直接相关，信号从波形上某点传至另一点所用的时间 $\Delta t$，等于该两点间距（格数）$l$ 乘以观测时的每格扫描时间 $t_0$，即

$$\Delta t = lt_0 \tag{4.6.5}$$

若观测的两点正好是周期性信号相邻的两个同相位点，且间距为 $L$ 格，则其周期

$$T = Lt_0 \tag{4.6.6}$$

为减少测周期读数的误差，可观测 $n$ 个周期总长度进行计算。同频率的两个简谐信号之间相位差为

$$\varphi = \Delta t \frac{2\pi}{T} \tag{4.6.7}$$

式中，$\Delta t$ 为两信号的对应同相位点时间间隔。

**注意**：用示波器测时间时，扫描微调旋钮须位于校准位置（顺时针旋到底）。

**（2）二极管伏安特性曲线的观测及动态电阻测量**

**1）观察二极管伏安特性曲线**

利用示波器可以直观地研究两个相关的物理量变化过程中的依赖关系。本实验即通过示波器研究非线性元件（硅稳压二极管）电流和电压的数值关系。

普通二极管的伏安特性曲线从正向特性来看，当正向电压较小时，正向电流几乎为零；当正向电压超过死区电压（一般硅管约为0.5 V，锗管约为0.1 V）后，正向电流明显增大；只有当正向管压达到导通电压时，管子才处在正向导通状态。从反向特性可以看出，当反向电压较小时，反向电流很小；当反向电压超过反向击穿电压后，反向电流突然增大，二极管处于击穿状态，普通二极管只能工作在单向导通状态。

稳压管是一种特殊的PN结面接触型二极管。其伏安特性与普通二极管相似。稳压管与普通二极管的主要区别是，稳压管工作于反向击穿区。当反向电压增至击穿电压时，反向电流突然剧增，此后，虽然流过管子的电流变化很大，而管子两端电压变化却很小，达到了稳压效果。稳压管的反向击穿是可逆的，当去掉反向电压后，稳压管又恢复正常；但如果反向电流超过允许范围，则会因热击穿而损坏。

二极管伏安特性测量原理如图4.6.8所示，图中 $E$ 为信号发生器输出的正弦信号电压，VD为稳压二极管，$R$ 为固定电阻。由图4.6.8可知，在示波器 $X$ 方向输入的电压为二极管VD两端的电压 $u_D$，在示波器 $Y$ 方向输入的电压为电阻 $R$ 上的电压 $u_R$。因为 $u_R = iR$，且 $i$ 与 $u_R$ 同相位，所以 $u_R$ 实际上反映了通过二极管VD的电流的变化情况。将示波器设为 $X$-$Y$ 工作方式，这时示波器上可显示出二极管的伏安特性曲线，如图4.6.9所示。

在伏安特性曲线上可近似测量该稳压二极管的正向导通电压和反向击穿电压。

**2）测动态电阻**

动态电阻是反映稳压二极管稳压特性的一个参数。若在直流电压的基础上，给稳压二极管加上一个增量电压，它就会有一个增量电流，增量电压与增量电流的比值，就是稳压二极管的动态电阻。显然动态电阻的值越小，稳压二极管的稳压性能越好。

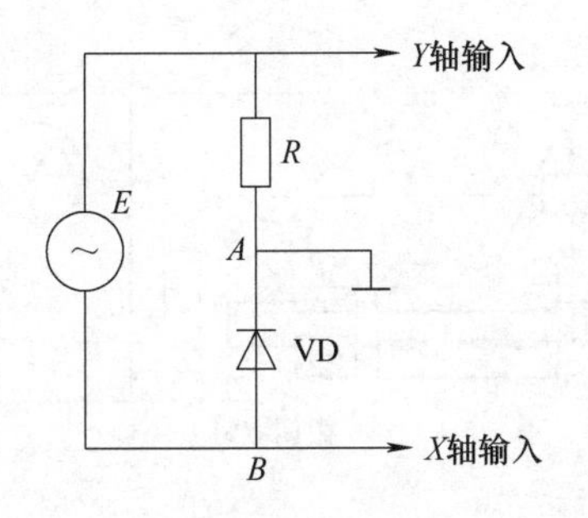


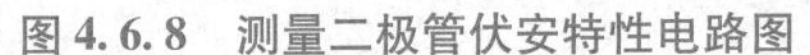

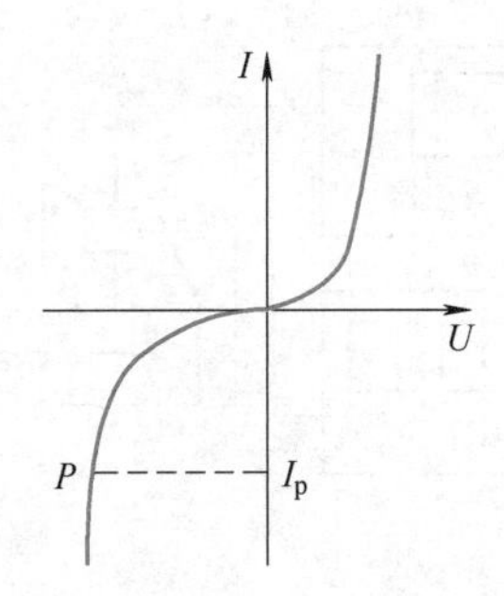


图4.6.8 测量二极管伏安特性电路图　　图4.6.9 二极管伏安特性曲线

参看图4.6.9，欲求稳压二极管工作电流为 $I_p$ 状态下的动态电阻，可先设置稳压二极管的工作电流 $I_p$，输入选择CH2通道，使荧光屏出现扫描线，CH2通道耦合开关改置DC档，将信号发生器的交流电压调为零，调节其直流电压使荧光屏上的扫描线向下移动 $h$(div)，并使 $h$(div) 所表示的电压数与 $R$ 之比恰等于 $I_p$，于是 $I_p$ 设置完毕（注意衰减开关电压偏转系数档位的选择要合适）。将CH1、CH2通道的耦合开关均置于AC档，并适当调节它们的电压偏转因数。信号发生器的直流电压旋钮保持不动，自零逐渐调大其交流电压，当荧光屏上稳压二极管的正弦电压波形将要畸变时，测出稳压二极管两端电压 $\tilde{U}$（峰-峰值）和电阻 $R$ 上的电压 $\tilde{U}_R$(峰-峰值)，由下式即可算出该状态下的动态电阻，即

$$\tilde{r}=\frac{\tilde{U}}{\tilde{U}_R}R \tag{4.6.8}$$

**(3) 声速的测量**

声学测量是人们认识声学问题本质的一种实验手段，声速是声学研究中的一个重要的基本参量。它的测定特别是精确测定不仅有重要的基础研究价值，而且在物质的物理、化学性能（例如分子结构、运动状态等多种物理效应）的研究中也是一种重要的测量手段，在工程技术和医学领域（诸如测量厚度、料位、流量、温度、硬度以及血流等）也有广泛而重要的应用。

声速是指声波在媒质中的传播速度。声波能够在除真空以外的所有物质中传播，其传播速度由相应媒质的材料特性特别是力学参数所决定，也与传播模式（纵波、横波、表面波等）有关。由于声波的传播模式会受到边界的影响，因此通常给出的声速都是指无限大媒质中的传播速度。在空气中声波只能以纵波的形式存在。本实验的主要内容是利用连续波方法来测定空气中的声速。

在波动过程中，声波的传播速度 $v_s$、频率 $f$ 和波长 $\lambda$ 之间存在下列关系：

$$v_s=f\lambda \tag{4.6.9}$$

因此只要测出声波的频率和波长就可以算出声速。

实验装置原理如图4.6.10所示。其中 $S_1$ 和 $S_2$ 分别用来发送和接收声波，它们是以压电陶瓷为敏感元件做成的电声换能器。当把电信号加在 $S_1$ 的电端时，换能器端面产生机械振动（反向压电效应）并在空气中激发出声波。当声波传递到 $S_2$ 表面时，激发起 $S_2$ 端面的振动，又会在其电端产生相应的电信号输出（正向压电效应）。

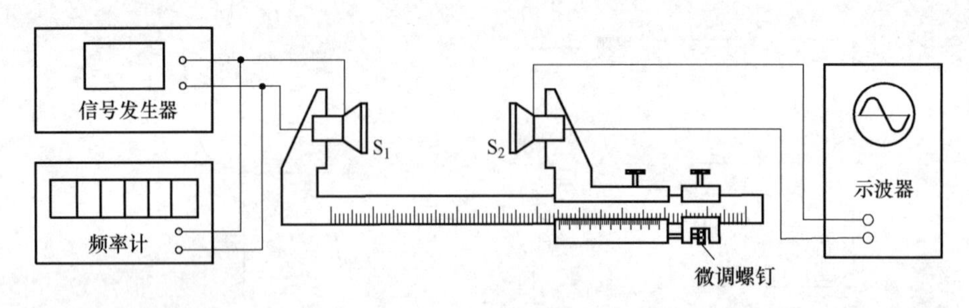


图 4.6.10　声速测量仪

信号发生器产生频率为几十千赫兹的交变电信号，其频率可由频率计精确测定。换能器端面发出相同频率的声波（属于超声频段，人耳听不见）。为了确定声速，还要测定声波的波长，可以用以下两种方法进行。

**1）振幅法**

$S_1$ 发出的声波传播到接收器后，在激发起 $S_2$ 振动的同时又被 $S_2$ 的端面所反射。保持接收器端面和发送器端面相互平行，声波将在两平行平面之间往返反射。因为声波在换能器中的传播速度和换能器的密度都比空气要大得多，可以认为这是一个以两端刚性平面为界的空气柱的振动问题。当发送换能器所激发的受迫振动满足空气柱的共振条件

$$l_0 = n\frac{\lambda}{2} \tag{4.6.10}$$

时，接收换能器在一系列特定的位置上将有最大的电压输出。式中，$l_0$ 是空气柱的有效长度；$\lambda$ 是空气中的声波长；$n$ 取正整数。考虑到激励源的末端效应，式（4.6.10）还应附加一个校正因子 $\Delta$：

$$l = n\frac{\lambda}{2} + \Delta \tag{4.6.11}$$

式中，$l$ 是空气柱的实际长度，即发送换能器端面到接收换能器端面之间的距离。

在 $S_2$ 处于不同的共振位置时，因 $\Delta$ 是常数，所以各电信号极大值之间的距离均为$\frac{\lambda}{2}$。由于波阵面的发散及其他损耗，故随着距离的增大，各极大值的振幅逐渐减小。当接收器沿声波传播方向由近而远移动时，接收器输出电信号的变化情况如图 4.6.11 所示。只要测出各极大值所对应的接收器的位置，就可以测出波长 $\lambda$。

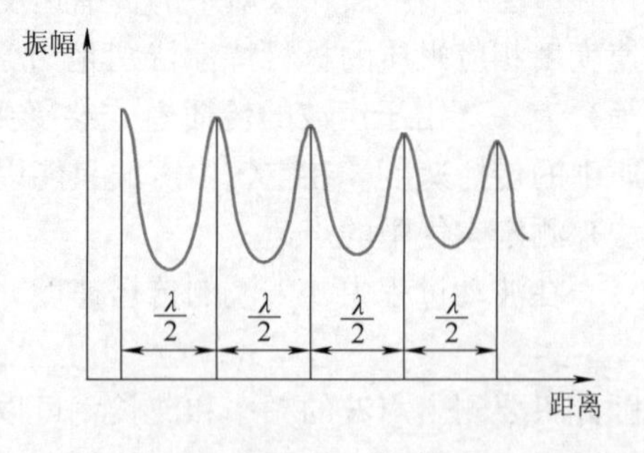


图 4.6.11　接收信号的振幅变化

**2）相位法**

波是振动状态的传播，也可以说是相位的传播。对行波而言，沿传播方向上的任何两点，它们和波源的相位差为 $2\pi$（或 $2\pi$ 的整倍数）时，该两点间的距离就等于一个波长（或波长的整数倍）。而就本实验而言，$S_1$ 和 $S_2$ 之间空气柱受换能器激励做受迫振动，其振动状态（相位）是距离 $l$ 的周期函数，因此 $S_2$ 每移过一个 $\lambda$ 的距离，激励源和接收器的电信号的相位差也将出现重复。这表明可

以用测量相位差（例如李萨如图形）的办法来测定波长。把激励信号接示波器的 $X$ 端，输出波形接 $Y$ 端，可以在屏幕上看到稳定的椭圆。当相位差为 0 或 $\pi$ 时，椭圆变成向左或向右的直线。移动 $S_2$，当示波器重现同一走向的直线时，$S_2$ 所移过的距离就等于声波的波长。

**（4）*RC* 电路与同轴电缆电信号传播速度的测量**

*RC* 电路可用作微分、积分电路，在实际工作中应用很广。

*RC* 积分电路如图 4.6.12 所示，输入电压 $u_1$ 为矩形波，输出电压 $u_2$ 由电容上取出，即 $u_2=u_C$，$u_2$ 的波形与 *RC* 电路的时间常数 $\tau(\tau=RC)$ 和输入电压 $u_1$ 的脉冲宽度 $t_p$ 有关。如果满足 $\tau \gg t_p$，则输出电压 $u_2$ 为

$$u_2 = u_C = \frac{1}{C}\int i\mathrm{d}t \approx \frac{1}{RC}\int u_1\mathrm{d}t \tag{4.6.12}$$

输出电压与输入电压近似满足积分关系，因此称为积分电路，典型波形图如图 4.6.13 所示。在脉冲电路中，常使用积分电路将矩形脉冲变换为锯齿波电压，用做扫描电压。

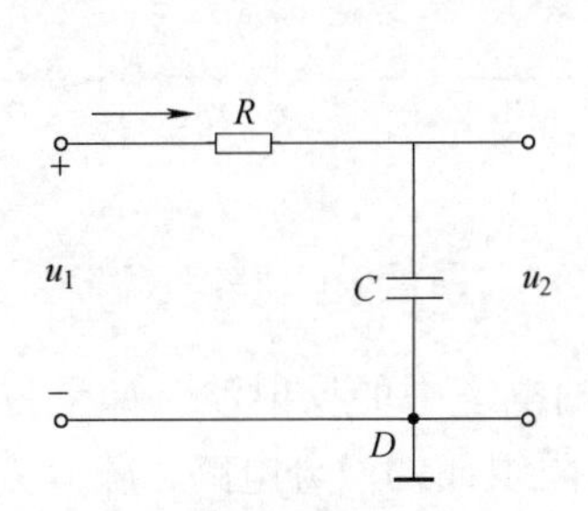


图 4.6.12　*RC* 积分电路

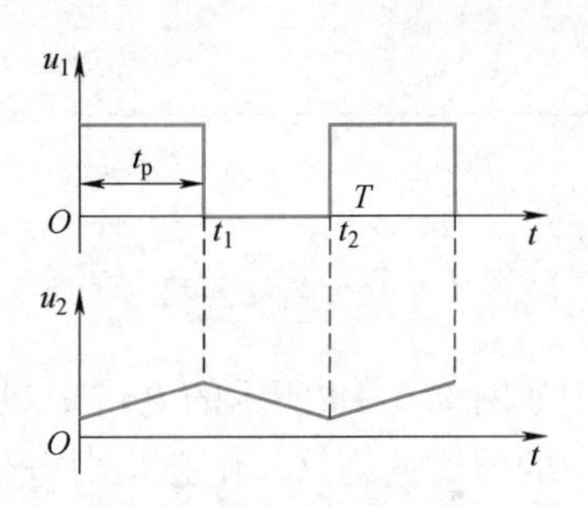


图 4.6.13　积分波形图

*RC* 微分电路如图 4.6.14 所示，与积分电路不同之处在于用 $u_R$ 作为电路的输出电压。如果满足 $\tau \ll t_p$，则

$$u_2 = iR = RC\frac{\mathrm{d}u_C}{\mathrm{d}t} \approx RC\frac{\mathrm{d}u_1}{\mathrm{d}t} \tag{4.6.13}$$

即输出电压 $u_2$ 与输入电压 $u_1$ 近似为微分关系，输出尖脉冲反映了输入矩形脉冲的跃变部分，是对其进行微分的结果，因此称为微分电路，其波形图如图 4.6.15 所示。用行波法测量同轴电缆电信号传播速度就是 *RC* 电路作为微分电路的应用，以下分别介绍行波法和驻波法测量同轴电缆电信号的传播速度。

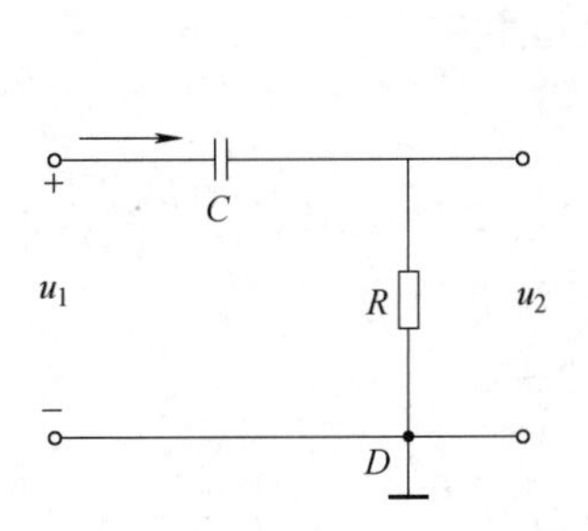


图 4.6.14　*RC* 微分电路

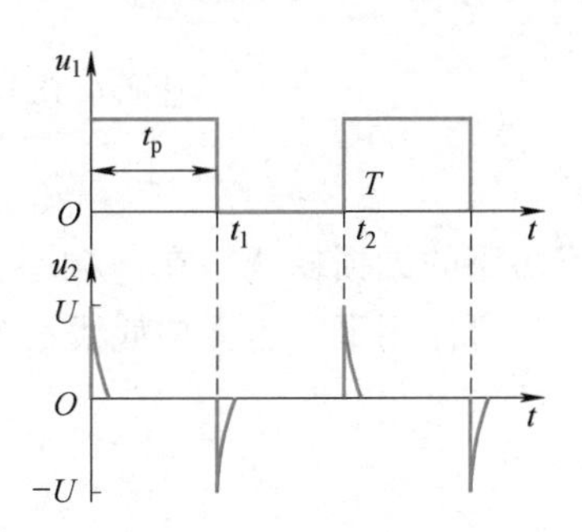


图 4.6.15　微分波形图

1）**行波法**

本实验中将同轴电缆近似为无损耗均匀传输线。当传输线是有限长且终端不匹配时，终端将发生电压波和电流波的反射。终端处的反射系数为

$$n=\frac{Z-Z_c}{Z+Z_c} \tag{4.6.14}$$

式中，$Z$ 为终端所接负载；$Z_c$ 为传输线的特性阻抗。

当传输线终端匹配（$Z=Z_c$）时，$n=0$，即线上不存在反射波（见图 4.6.16）；如果终端接有非匹配的电阻，则视其阻值大小将出现不同的反射，但最终沿线电压及电流将趋于恒定。图 4.6.17 所示为终端短路时的波形图。

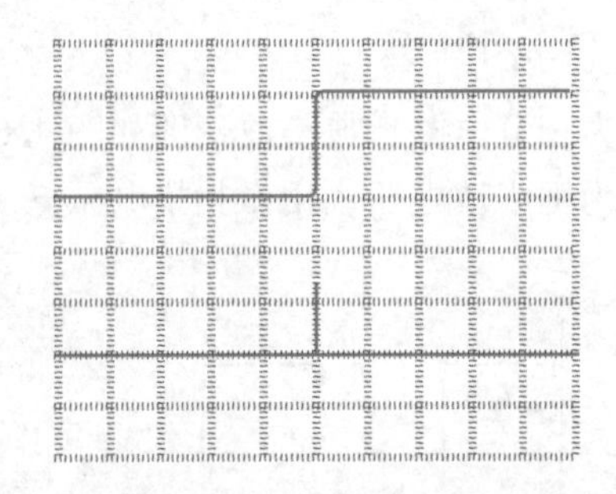

图 4.6.16　终端匹配

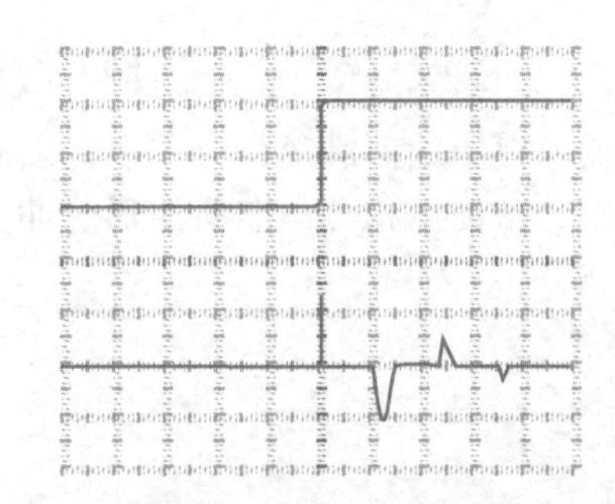

图 4.6.17　终端短路

本实验采用如图 4.6.18 所示的电路来观察同轴电缆中的反射波。如果将同轴电缆视为集总参数电路中的导线，则这一电路是由电容和电阻组成的微分电路，输入方波时可在示波器的 CH2 中看到与方波的上升沿和下降沿对应的正、负尖脉冲。但若考虑到同轴电缆终端的反射波，则在上述每个尖脉冲后还会出现若干个较小的脉冲，这便是反射波。相邻两个尖脉冲之间的时间间隔，便是信号在同轴电缆中反射一次所需的时间。

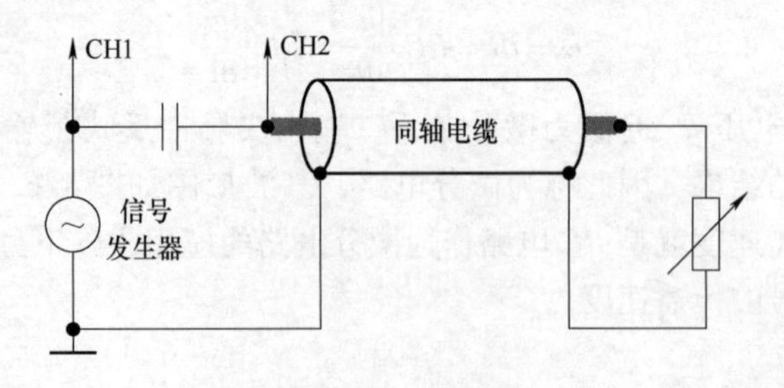


图 4.6.18　行波法电路图

2）**驻波法**

终端开路或短路的无损耗线，在角频率 $\omega$ 的正弦信号作用下，沿线将形成电压和电流的驻波。在正弦信号作用下，若无损耗线长为 $l$，驻波波长为 $\lambda$，则

终端开路：
$$Z_i=-jZ_c\cot\frac{2\pi l}{\lambda}$$

终端短路：
$$Z_i=jZ_c\tan\frac{2\pi l}{\lambda}$$

本实验通过观察同轴电缆上的驻波来测定其中的信号传播时间。实验电路如图 4.6.19 所示。

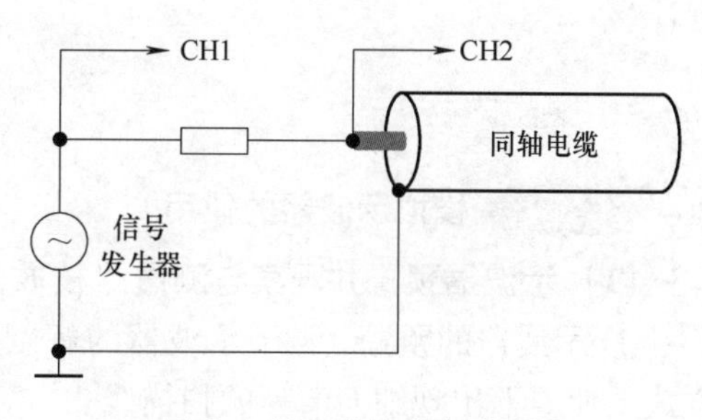


图 4.6.19 驻波法电路图

终端开路的同轴电缆当作一个集总元件与电阻串联，由于其阻抗是一个纯电抗，图中 CH1、CH2 两路信号将有相位差，仅当始端为电压或电流的波节时二者同相位，这可由示波器显示李萨如图形来观察。在频率增大的过程中，电缆始端交替出现电压波节和电流波节，故李萨如图形相邻两次退化为直线时，必有一次斜率较大（电压波腹），此时有

$$\frac{2\pi l}{\lambda}=\frac{2\pi lf}{v}=k\pi \tag{4.6.15}$$

即

$$\frac{2lf}{v}=f\Delta t=k \tag{4.6.16}$$

则

$$\Delta t=\frac{2l}{v} \tag{4.6.17}$$

此便是信号在电缆反射一次所需的时间。也可测量始端为电压波节时的频率，其满足

$$f\Delta t=k+1/2 \tag{4.6.18}$$

图 4.6.20 所示的李萨如图形与上文的结论是一致的。但是不难发现，当始端为电流波节时，虽然 CH1 与 CH2 的信号同相位，但二者幅度不等（若按实验方案所述，此时电缆输入阻抗无穷大，电阻上几乎无压降，CH1 与 CH2 不仅同相，而且幅度也应相等）；始端为电压波节时，李萨如图形也不完全水平，即 CH2 信号幅值不为零。究其原因，一方面是同轴电缆并非真正的无损耗线，另一方面是整个测试电路中分布参数的影响。

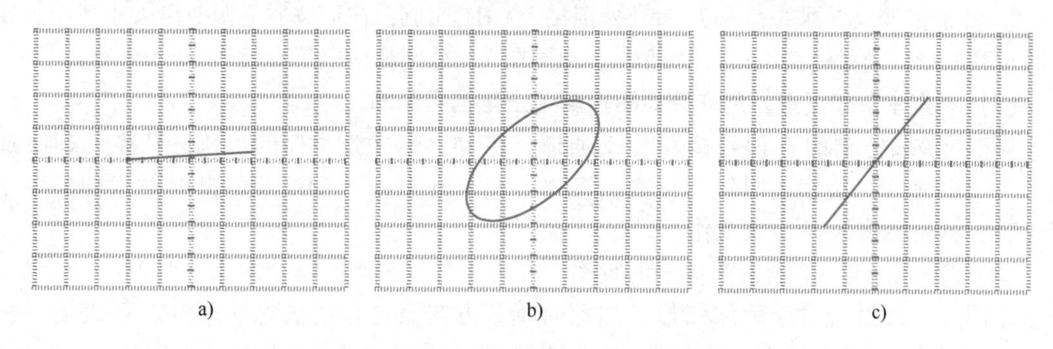


图 4.6.20 驻波法的李萨如图形

a）始端为电压波节 b）始端非波节 c）始端为电流波节

## 4.6.3 实验仪器

同轴电缆信号传播速度测试仪、声速测量仪、信号发生器、示波器、屏蔽电缆若干、温

度计。

### 4.6.4 实验内容

**实验 1 模拟示波器的使用**

**(1) 示波器预置并观察与测量“校准信号”**

① 示波器的预置。调节示波器的辉度、聚焦、水平位移、垂直位移等，选择自动触发方式，使屏上出现细而清晰的扫描线。

② 利用示波器观察其左下角的校准信号“CAL”，校正偏转系数（灵敏度）。示波器自带校准信号的电压及周期可认为是标准的，一般用来检查示波器是否正常工作；当示波器不能正常工作时，用其校准各个档位（“校准信号”幅值为 2 V，频率 1 kHz）。

ⅰ. 将示波器校准信号（方波）输入到示波器通道（CH1）。

ⅱ. 适当选择垂直偏转系数、时基扫描系数 TIME/DIV、方式和触发源等，调节触发电平，使波形稳定。

ⅲ. 垂直偏转系数微调钮旋至校准位置，测出 VOLTS/DIV 档取不同数值时信号的幅值，用下式算出各档位的偏转系数并与指示值进行比较，即

$$K=\frac{u}{y} \tag{4.6.19}$$

式中，$u$ 为“校准信号”电压幅值；$y$ 为校准信号的纵向偏转格数。

再将“VAR”微调钮分别旋至中间位置、逆时针旋转到底的位置，观察校准信号幅值的变化，从而加深理解：只有把垂直偏转“VAR”微调旋至“CAL”校准位置，才能对信号进行准确测量。

**(2) 观察各种波形并测量正弦波的电压与周期**

① 将 DOS 函数发生器的信号接入示波器通道，分别输出方波、三角波、正弦波，在示波器上观察各种波形。

② 将正弦波发生器的 $f_2$ 和 $f_4$ 信号分别接入 CH1 通道，在示波器上调节出大小适中、稳定的正弦波形，通过测量电压峰-峰值 $u_{p\text{-}p}$ 和周期 $T$，分别算出电压有效值 $u_e$ 和频率 $f$。

**(3) 观察李萨如图形，用李萨如图形测量正弦信号频率**

将正弦波发生器的 $f_2$ 信号接入 CH1 通道，将 DOS 函数发生器的正弦信号接入 CH2 通道，“TIME/DIV”旋钮逆时针旋到底，将“方式”开关置于 CH2 档，此时触发源应置于 CH1 档，示波器按 X-Y 方式工作。

调节 DOS 函数发生器正弦信号的频率，在屏上分别得到 $f_y:f_x$ 为 1:1、1:2、1:3、2:3 的稳定图形。通过观察李萨如图形，加深对垂直方向振动合成概念的理解。列表记下相应 $f_y$ 及图形与水平线相交的点数 $n_x$ 和与垂直线相交的点数 $n_y$ 的值，由已知 $f_y$ 算出待测 $f_x$。

再任选一个频率比，重复上述实验，并在坐标纸上绘出图形。

**实验 2 观察二极管伏安特性曲线并测动态电阻**

**(1) 观察二极管伏安特性曲线**

打开信号源和示波器，调节信号发生器输出信号，选择合适的频率，一般取 100 Hz ~ 1 kHz，

示波器打到 $X$-$Y$ 档，触发耦合放在 DC 位置，即可得到特征曲线。

① 在示波器上观测硅稳压管伏安特性的全貌。

② 在坐标纸上定量地描绘出 $V$-$I$ 特性曲线，确定坐标原点（把 CH1 和 CH2 都接地，看亮点是否在示波器的中心点），正确标出 $X$ 轴和 $Y$ 轴的单位和坐标。

③ 从伏安曲线中测量二极管的正向导通电压和反向击穿电压。

**（2）测稳压二极管的动态电阻**

① 参考"观察二极管伏安特性曲线"实验电路图接线，打开示波器，调节好适当的扫描频率和幅值，观察波形。

② 测量二极管工作电流 $I_p = -5\ \mathrm{mA}$ 状态下二极管两端电压 $\widetilde{U}$（峰-峰值）和电阻 $R$ 上的电压 $\widetilde{U}_R$（峰-峰值），并计算动态电阻。

## 实验3 声速测量

**（1）测量正弦波谐振频率并用振幅法测量声波波长**

通过调节正弦波谐振频率，加深对同方向振动合成概念的理解。

① 按实验装置图 4.6.10 接线，使 $S_1$ 与 $S_2$ 靠拢且留有一定间隙，两端面尽量保持平行且与 $S_2$ 的移动方向垂直。用示波器观察加在发射端子 $S_1$ 上的电信号和由接收端子 $S_2$ 输出的电信号，微调信号发生器的频率，使其在压电换能谐振频率附近。缓慢移动 $S_2$ 可在示波器上看到正弦波振幅的变化；移到第一次振幅较大处，固定 $S_2$，再仔细调节频率，使示波器上的图形振幅最大，此时即达到谐振状态，此时的频率等于压电换能器的谐振频率。

② 振幅法测波长是利用接收换能器电压输出的极值位置的间隔来确定的。为提高精度，要求测定连续 10 个间隔为 $30\times\frac{\lambda}{2}$ 的距离。即连续测量第 1 ~ 10 个极大值的位置 $x_1$，$x_2$，$x_3$，…，$x_{10}$，接着，继续移动接收器，默数极大值到第 31 个时再连续测出 10 个极大值位置 $x_{31}$，$x_{32}$，…，$x_{40}$。由上面 20 个数据用逐差法计算 $\overline{\lambda}$ 和 $u(\overline{\lambda})$。

③ 计算声速测量中各直接测量值的不确定度。其中波长测量的不确定度包括 3 个分量：逐差法计算中的 A 类分量 $u_a(\lambda)$、仪器误差限 $\Delta_{仪}$ 带入的 B 类分量 $u_{b1}(\lambda)$ 以及位置判断不准确而产生的 B 类分量 $u_{b2}(\lambda)$。频率测量的不确定度只计测量过程信号频率不稳定而造成的 B 类分量 $u_b(f)$。

④ 计算测定的空气声速 $v_s$ 及其不确定度 $u(v_s)$，给出相应的结果表述。计算相应室温下空气声速的理论值，与测量值比较，计算百分差。

**（2）用相位法测量声波波长**

相位比较法测波长是利用李萨如图形来比较发射器交变电压和接收器电信号之间的相位差。移动接收器，依次记下椭圆蜕化为斜直线时换能器的位置，测量要求同上。

## 实验4 数字示波器及其应用

**（1）周期性矩形脉冲下，*RC* 微分、积分电路**

① 微分电路如图 4.6.12 所示，取 $C=0.22\ \mu\mathrm{F}$，$f=250\ \mathrm{Hz}$，$u_{p\text{-}p}=2.0\ \mathrm{V}$，要满足 $\tau \ll t_p$，选 $R=40\ \Omega$，观察和记录微分波形。

② 积分电路如图 4. 6. 14 所示，$C$、$f$、$u_{p\text{-}p}$的选取同微分电路，要满足 $\tau \gg t_p$，选 $R = 10\ \mathrm{M\Omega}$，观察和记录积分波形，并在周期性矩形脉冲输入的起始阶段，其充电过程未达到稳定时，观察和记录过渡波形。

**（2）同轴电缆电信号传播速度的测量**

**1）行波法**

按图 4. 6. 18 连接实验线路，打开信号源和示波器，调节信号发生器输出信号，取合适频率和幅值的方波，电容取 100 pF，在示波器上观察当终端短路和终端匹配时，CH2 处同轴电缆入射波与反射波叠加的波形，测量出信号在同轴电缆中反射一次所需时间 $t$ 及终端匹配电阻 $R$，并求出电信号在同轴电缆中的传播速度 $v$。

**2）驻波法**

按图 4. 6. 19 接线，即把同轴电缆传播信号测试仪转换为模式 2（按下 B 钮），观察李萨如图形如图 4. 6. 20 所示，选取合适的电阻 $R$，信号发生器输出合适的正弦波，测出电压波节和电流波节对应的频率值，求出信号反射时间 $t$，并求出电信号在同轴电缆中的传播速度 $v$ 及电阻 $R$ 的值。

## 4. 6. 5　思考题

① 用示波器观测周期为 0. 2 ms 的正弦电压，若在荧光屏上呈现了 3 个完整而稳定的正弦波形，扫描电压的周期等于多少毫秒?

② 在双踪示波器上同时显示出两个相同频率的正弦信号（见图 4. 6. 21），请你确定两者的相位差。

③ 在示波器的 $Y$ 轴输入频率为 $f_y$ 的正弦信号，$X$ 轴输入频率为 $f_x$ 的锯齿波扫描信号，荧光屏上分别观测到图 4. 6. 22 a、b、c 所示三种图形，试给出它们的频率比 $f_y$:$f_x$。

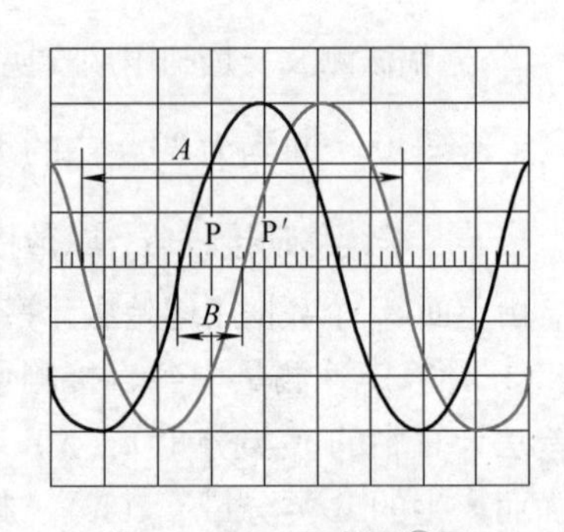

图 4. 6. 21　思考题②图

④ 定量讨论以下几种因素给声速测量带来的误差或不确定度。

ⅰ. 发送、接收换能器端面平行，但和卡尺行程有 5°的倾斜。

ⅱ. 实验中温度变化约为 1 ℃。

ⅲ. 振幅极大值位置的判断有约 0. 1 mm 的不确定性。

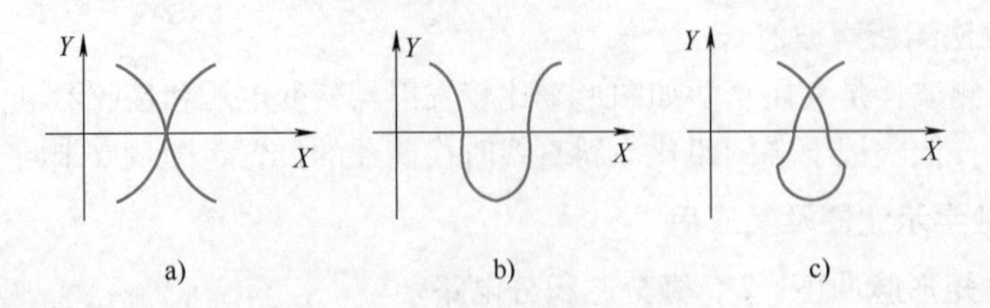

图 4. 6. 22　实验后思考题③图

### 4.6.6　研究拓展

① 声速测量实验是否有异常现象出现，如何解释这些现象？

② 尝试开发利用示波器测量电学或非电学物理量的新实验。

### 4.6.7　附录大气中声速的理论推导

连续媒质中弹性纵波的传播速度为

$$v=\sqrt{\frac{K}{\rho}} \tag{4.6.20}$$

式中，$K$ 是传播媒质的体积弹性模量，定义为压力改变与体积的相对改变之比的负值，即

$$K=\frac{-\Delta p}{\Delta V/V} \tag{4.6.21}$$

体积弹性模量与过程有关。在通常情况下，声波传播过程可认为是绝热过程，对理想气体的绝热过程有

$$pV^{\gamma}=\text{常数} \tag{4.6.22}$$

式中，$\gamma$ 为比热比，对理想的双原子气体（如空气）$\gamma=1.4$，由式（4.6.21）得

$$K=p\gamma \tag{4.6.23}$$

所以

$$v=\sqrt{\frac{p\gamma}{\rho}} \tag{4.6.24}$$

由理想气体状态方程

$$pV=\frac{M}{\mu}RT \tag{4.6.25}$$

得

$$p=\frac{M}{V}\frac{RT}{\mu}=\rho\frac{RT}{\mu} \tag{4.6.26}$$

代入式（4.6.24）得

$$v=\sqrt{\frac{\gamma RT}{\mu}} \tag{4.6.27}$$

式中，$\mu$ 是相对分子质量；$R=8.31441\ \mathrm{J/(mol\cdot K)}$，是普适气体常数。

在正常情况下，地面干燥空气的表观相对分子质量 $\mu_a=28.964$，其成分主要是4/5的 $N_2$ 和1/5的 $O_2$，密度为 $1.2922\ \mathrm{kg/m^3}$。由式（4.6.27）可以得到在标准状况下，干燥空气中的声速是

$$v_0=331.45\ \mathrm{m/s} \tag{4.6.28}$$

最后，获得温度为 $t$(℃）时干燥空气中声速的理论值为

$$v_t=331.45\sqrt{1+\frac{t}{273.15}}\ (\mathrm{m/s}) \tag{4.6.29}$$

## 实验方法专题讨论之五——几种减小误差的测量方法

（本节实例主要取自“示波器的应用”和“扭摆法测量转动惯量”）

在基础物理实验中有许多减小误差特别是系统误差的测量方法，应当注意把它们上升到实验的思想高度来加以归纳，长期积累，必有所得。

**1. 差值测量方法**

在实验“示波器的应用”声速测量中，换能器的端面位置很难严格对准读出，但换能器移过的距离却比较容易准确测定。实验正是由此测得波长的。这就避开了因各种原因不能准确测定换能器位置所造成的困难。

这种方法可以有效地用来消除大小未知的定值系统误差。本实验发送-接收换能器端面的距离中包含有近场末端效应的影响，采用差值测量，其影响就被消除了。由于扣除了零点或本底的系统误差，常可使测量的准确度得到大幅度的提高。这在物理实验和研究中十分常见。

然而差值测量方法如果使用不当，也可能出问题。重新考察“扭摆法测量转动惯量”中关于平行轴定理的验证实验，滑块对过质心转轴的转动惯量公式为

$$I_5 = I_{50} - m_5x^2$$

式中，$I_{50}$为滑块对公共转轴 $O$ 的转动惯量。在本实验的参数条件下，$I_5$ 是一固定不变的小量，而 $I_{50}$和 $m_5x^2$ 均 $\gg I_5$，因而出现了两个大数相减得一小数的情况。在这种情形下，即便 $I_{50}$和 $m_5x^2$ 的测量误差都很小，但由于它们的差值也很小，因此算出的转动惯量仍可能有很大的误差，甚至出现完全不合理的结果。正因为如此，该实验只讨论平行轴定理的验证，而不涉及滑块转动惯量的测量。在实验设计中，应注意避免两个大数相减得小数的情况出现。

**思考：**如果要用此法比较准确地测量 $I_5$，实验应当怎么设计？

**2. 累计测量方法**

对一个等间隔或重复过程，其间隔的测量可以取多个间隔（或过程）数来进行。这样做常常可以大大减小测量误差。基于这种思想，声速测量中采用测量 $30\times\frac{\lambda}{2}$间距然后再求得$\frac{\lambda}{2}$的办法，而不是直接测量$\frac{\lambda}{2}$。显然，前者的精度要高得多。

类似的例子在扭摆周期测量、双棱镜条纹间距测量和迈克尔逊实验中也可以看到。

**思考：**只测一个半波长与测 30 个半波长，两者的测量精度有多大差异？提示：分别计算两者的相对不确定度。计算中因极大位置判断及仪器误差等因素带入的不确定度可按 $u\approx 0.15$ mm 处理。

**3. 比率测量方法**

在“扭摆法测量转动惯量”实验中，用扭摆的周期 $T$ 来计算 $I$，需要知道弹簧的扭转系数 $K$，它是通过转动惯量已知的圆柱体算出的。这实际是一种比率测量。

被测量 $I_X$的准确度与周期测量的比值有关，而与周期本身的绝对准确度无关。这种利用比值的测量方法可以显著地提高被测量的准确度。

$$T_0 = 2\pi\sqrt{\frac{I_0}{K}}$$

$$T_1 = 2\pi\sqrt{\frac{I_0 + I_1}{K}} \Rightarrow I_X = \frac{T_X^2 - T_0^2}{T_1^2 - T_0^2} I_1$$

$$T_X = 2\pi\sqrt{\frac{I_0 + I_X}{K}}$$

比率测量还体现在实用电位差计的仪器设计上。$E_X = \frac{R_X}{R_N} E_N$，$E_X$的测量准确度与比率$\frac{R_X}{R_N}$有关，而与电阻元件本身阻值的绝对准确度无关。这种测量方法在精密仪器的设计中非常有用。

**思考：**如果测扭摆周期的石英振荡器周期比标称值偏长，将给被测量$I_X$带来误差吗？

#### 4. 交换测量方法

在自组电桥实验中，除了标准电阻$R_N$采用精度较高的电阻箱外，另两个桥臂电阻$R_1$、$R_2$使用的是普通的金属膜电阻。由于采用交换测量，并不要求知道它们的准确值，只要求$R_1$和$R_2$在测量时间内阻值不改变，就可以获得准确度较高的被测电阻值$R_X = \sqrt{R_N R_N'}$（$R_X$的准确度主要取决于标准电阻$R_N$和示零电路的灵敏度）。

应用交换测量方法可以消除天平不等臂带来的系统误差。

思考：实验应当怎样进行？质量称衡的计算公式是什么？

#### 5. 对称测量方法

分光仪测角采用对径窗的读数方法，这样可以消除主刻度盘和游标盘因转动中心不重合而带来的系统误差。在双电桥测低阻实验中，要对正反向电流分别进行电桥平衡读数；在拉伸法测弹性模量实验中，要记录加减载荷时的伸长取平均，也都体现了类似的思想。

思考：在双电桥测低阻和拉伸法测弹性模量实验中，采用对称测量的具体目的是什么？

总结一下，在你做过的实验中，还有哪些减小误差、提高测量精度的方法和手段？

## 4.7 电阻的测量

电阻是导体的一种基本性质，与导体的尺寸、材料和温度有关，是构成电路的基本元件。对电阻值的测量也是基本的电学测量物理量之一，通过对电阻值的测量，结合传感器的使用，可间接获得一些其他的非电学物理量，比如角度、位移、温度和湿度等。

电阻的分类方法很多，通常按制造材料划分为碳膜电阻、金属膜电阻和线绕电阻等；按阻值特性划分为固定电阻、可变电阻和特种电阻（光敏电阻、压敏电阻、热敏电阻）等；按伏安特性（电压-电流曲线）划分为线性电阻和非线性电阻（典型非线性电阻有白炽灯泡中的钨丝、热敏电阻、光敏电阻、半导体二极管和三极管等）；按阻值大小可划分为低值电阻、中值电阻和高值电阻。

电阻阻值的大小不同，则其对应的测量方法也有所不同。中值电阻（$10 \sim 10^6\ \Omega$）的测量方法很多，多数也为大家所熟知。但随着科学技术的不断发展，常常需要测量介于$10^7 \sim 10^{18}\ \Omega$的高值电阻和超高值电阻（如一些高阻半导体、新型绝缘材料的电阻等），有时也需要测量低于$1\ \Omega$乃至$10^{-7}\ \Omega$的低值电阻和超低值电阻（如金属材料的电阻、接触电阻、超导材料的电阻等）。对于这些特殊电阻的测量，必须根据实际情况选择合适的测量电路，以消除电路中由导线电阻、漏电电阻、温度等对阻值测量结果的影响，才能把误差降到最小，保证测量结果的精度。

电桥法由于其测量准确、方法简单巧妙，在电测技术中被普遍使用。电桥电路不仅可用于直流测量，还可用于交流测量，故有直流电桥和交流电桥之分，其中直流电桥主要用于电阻测量，常见的直流电桥有测量电阻值居中（$10 \sim 10^6\ \Omega$）的惠斯通单电桥和测量低值电阻（$<10\ \Omega$）的开尔文双电桥。交流电桥是测量交流阻抗的常用方法，除测量电阻外，还可用来测量电容、电感等电学量。

### 4.7.1 实验要求

**1. 实验重点**

① 掌握平衡电桥的原理——零示法与电压比较法；

② 学习用交换测量法消除系统误差；

③ 学习灵敏度的概念，了解影响电桥灵敏度的因素；

④ 掌握电学实验操作规程，严格规范操作；

⑤ 学习测量电阻常用电学仪器仪表的正确使用（如惠斯通电桥、双臂电桥、电压表、电流表、检流计、滑线变阻器、电阻箱等）和箱式电桥仪器误差公式；

⑥ 掌握测量电阻的基本方法，了解不同测量方法各自的适用条件并学习自己设计实验电路；测定高阻、中阻、低阻的阻值。

**2. 预习要点**

① 什么是回路接线法？什么是安全位置？什么叫瞬态试验和“宏观”粗测？（参阅3.1电学实验预备知识）

② 伏安法测电阻的方法中，存在什么系统误差？如何进行修正？画出伏安法测中电阻

的完整电路图并进行参数估计。

③ 测量电表内阻一般有哪些方法？各有什么使用条件？设计电路及各元件参数。

④ 检流计各功能档有什么作用，怎样使用？实验结束后应放到哪一档？镜面上的小镜子起什么作用？怎样正确读数？

⑤ 伏阻法和安阻法何处存在系统误差？各自有什么使用条件？补偿法是否存在方法误差？

⑥ 电桥平衡过程中何处体现了零示法和电压比较法？本实验中为什么要采用交换测量法？

⑦ 电桥灵敏度是怎样定义的？实验中是怎样测量电桥灵敏度的？影响电桥灵敏度的因素有哪些？设计电路并进行参数估计。

⑧ 箱式电桥 QJ45 选取比率 $C$ 的原则是什么？检流计（电计）G 的三个按钮 0.01、0.1、1 各代表什么意义？测量结果应以哪个键为准？若设被测电阻分别为约 15 Ω、200 Ω、150 kΩ，则应如何选取 QJ45 型电桥比率 $C$？

⑨ 为什么不能用惠斯通电桥测量低值电阻？开尔文电桥较之惠斯通电桥做了哪些改进？在开尔文电桥中，通过哪两个条件基本消除了附加电阻的影响？

⑩ QJ19 型双电桥测低电阻电路中有一根短粗导线，应将其接在何处？如果标准电阻 $R_N$、待测电阻 $R_X$ 与面板接线柱“1”、“2”、连接的4 根导线中，有一根是断线，电桥能否调节平衡？若“1”“2”或“3”“4”接反，电桥能否调节平衡？

### 4.7.2 实验原理

#### 实验 1 伏安法测中值电阻

所谓伏安法是同时测量电阻两端的电压和流过电阻的电流，由欧姆定律

$$R = \frac{V}{I} \tag{4.7.1}$$

来求得电阻阻值 $R$。也可用作图法，画出电阻的伏安特性曲线，从曲线上求出电阻的阻值。

用伏安法测电阻，原理简单、方法简便，并且能绘制出待测元件的伏安特性曲线，直观形象，所以在电学测量中应用普遍。伏安法测电阻的缺点是，测试电表在工作时改变了待测电路的工作状态，给测量结果带来了相应的系统误差。若用电位差计取代电压表（由于电压补偿的作用，电位差计可视作内阻无穷大的电压表，电位差计原理参见 4.8 节），则测量精度将会大大提高。

##### 1. 伏安法电路原理

图 4.7.1 为伏安法测电阻的两种电路原理图，分别为电流表内接法（图 4.7.1a）和电流表外接法（图 4.7.1b）。显然由于电表内阻（$R_V$、$R_A$）的影响，无论采用电流表内接法还是电流表外接法，都不能严格满足欧姆定律。若采用电流表内接法，则电压表所测电压为电阻 $R_X$ 和 $R_A$ 两端的电压；若采用电流表外接法，则电流表所测电流为流过电阻 $R_X$ 和 $R_V$ 的电流之和。这两种测量方法都会给测量结果带来相应的系统误差，该误差称之为“接入误差”或“方法误差”。但此系统误差有规律可循，一旦将误差修正后，即可得到正确的测量结果。

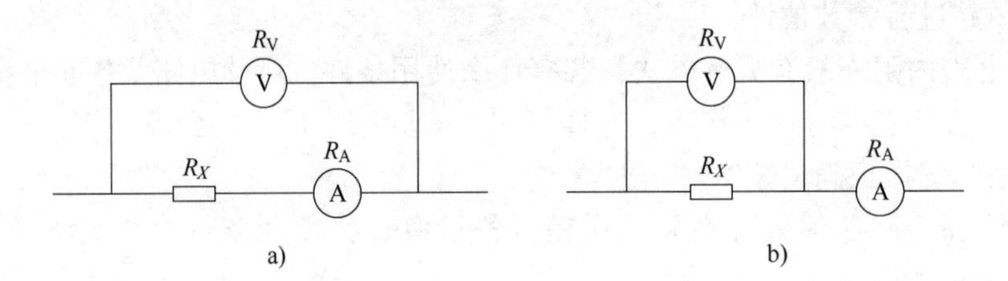


图 4.7.1 伏安法测电阻原理图

a）电流表内接法 b）电流表外接法

**(1) 电流表内接时系统误差的修正**

按图 4.7.1a 所示电路测出电压 $V$ 及电流 $I$，则 $\frac{V}{I}=R_X+R_A$，即

$$R_X=\frac{V}{I}-R_A \tag{4.7.2}$$

由式（4.7.2）可以看出，当 $R_A \ll R_X$ 时，电流表内阻 $R_A$ 对测量结果的影响可以忽略；换言之，如果 $R_X \gg R_A$，测量电路应采用电流表内接法。

**(2) 电流表外接时系统误差的修正**

按图 4.7.1b 所示电路测出电压 $V$ 和电流 $I$，则 $\frac{V}{I}=\frac{R_X R_V}{R_X+R_V}$，即

$$\frac{V}{I}=\frac{R_X}{1+\frac{R_X}{R_V}} \tag{4.7.3}$$

由式（4.7.3）可以看出，当 $R_V \gg R_X$ 时，电压表内阻 $R_V$ 对测量结果的影响将很小，即当 $R_X \ll R_V$ 时，测量电路应采用电流表外接法。

2. 电表内阻测量

在电表的实际使用电路中，常常需要测量电表的内阻。测电表内阻的方法很多，可以根据不同的电表类型选择相应合适的测量方法，其中常用的测量方法有半偏法和替代法，这两种方法实际也是伏安法。

**(1) 半偏法**

半偏法的基本电路有两种形式，分别是恒压半偏法和恒流半偏法。其中恒压半偏法的电路如图 4.7.2a 所示，$R$ 为可变电阻，选择适当的电源 $E$，调节 $R=R_1$，使待测电表指针满偏；再调节 $R=R_2$，使待测电表指针半偏。若电源 $E$ 的内阻可略（$r \ll R+R_g$），由欧姆定律不难证明：

$$R_g=R_2-2R_1 \tag{4.7.4}$$

若选择合适的电源电压，当 $R_1=0$ 时，待测电表满偏，则

$$R_g=R_2 \tag{4.7.5}$$

此方法要求电源端电压 $E$ 不变（$r$ 可忽略），故称为“恒压”半偏法，常用于测内阻较大的电表，例如电压表、微安表等，也可用于测灵敏检流计内阻。

恒流半偏法的电路如图 4.7.2b 所示。选择适当的电源 $E$，断开 $S_2$，合上 $S_1$，调 $R_1$ 为某值，使得待测电表满偏，此时电源供给的电流（$R_1$ 可视为电源的等效内阻）为

$$I_1 = \frac{E}{R_1 + R_g} = I_g \tag{4.7.6}$$

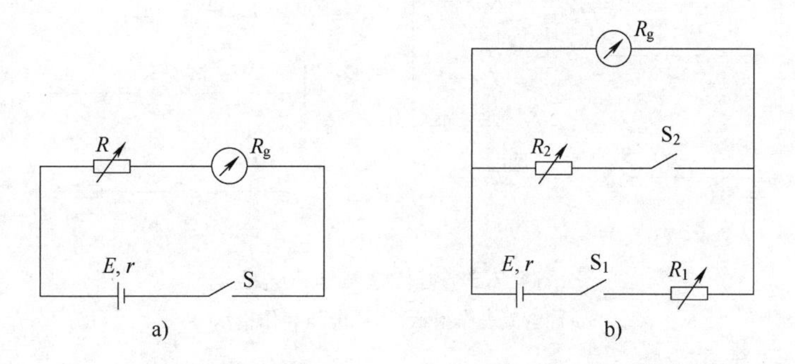


图 4.7.2　半偏法测电表内阻

a）恒压半偏法　b）恒流半偏法

然后合上 $S_2$，调节 $R_2$ 为某值，使待测电表半偏，此时电源供给的电流为

$$I_2 = \frac{E}{R_1 + \dfrac{R_2 R_g}{R_2 + R_g}} = \frac{1}{2} I_g + \frac{\frac{1}{2} I_g R_g}{R_2} \tag{4.7.7}$$

由式（4.7.6）和式（4.7.7）可得

$$R_g = \frac{R_1 R_2}{R_1 - R_2} = \frac{R_2}{1 - \dfrac{R_2}{R_1}} \tag{4.7.8}$$

由式（4.7.8）可以看出，若 $R_1 \gg R_2$，则

$$R_g = R_2 \tag{4.7.9}$$

即可直接从电阻箱上读出电表内阻的值，且式（4.7.9）也可以从主电路中电流保持不变直接得出，所以该方法也可称为“恒流”半偏法，它常用来测内阻较小的电表，例如毫安表、安培表等。

**（2）替代法**

替代法的原理如图 4.7.3 所示，用标准的电阻替代被测电表并保持回路中的端电压或电流不变，则标准电阻的阻值就是待测电表的内阻 $R_g$。它也有两种基本电路，图 4.7.3a 为用电流表作指示的电路图；图 4.7.3b 为用电压表作指示的电路图。替代法无方法误差，但应根据仪表的具体条件选择合适的电路，以保证足够的测量灵敏度，否则可能产生较大的测量误差。一般来说，当 $R_g \gg R_{内}$（$R_{内}$为指示表内阻）时，如电流表内阻的测量，宜选用图 4.7.3a 的电路图；当 $R_g \ll R_{内}$ 时，如电压表内阻的测量，宜选用图 4.7.3b 的电路图。其目的在于：做替换测量时，若 $R_0$ 的值稍偏离 $R_g$，电表指示就能有较大的变化，以提高系统的反应灵敏度。

上述电路均是针对中值电阻的测量而设计的，若用伏安法测量低值电阻和高值电阻，则需借助检流计实现电流或电压的测量。其中首先要测量检流计的内阻和电流常数，伏安法测量低值电阻和高值电阻的电路也需做适当的修改。

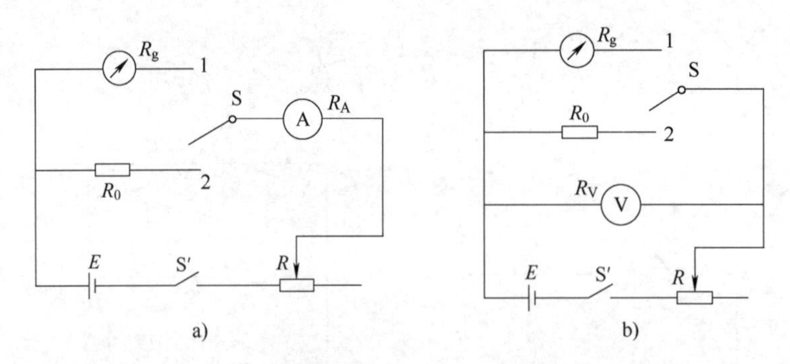


图 4.7.3　替代法测电表内阻

a）电流表作指示　b）电压表作指示

## 实验 2　伏安法测高值电阻与低值电阻

用伏安法测高值电阻和低值电阻的原理相似，其特殊性表现在前者的工作电流小，而后者的工作电压小。用伏安法测高值电阻（$>10^4\ \Omega$）时，由于通过电阻的电流太小，一般的电流表测不出来，故采用灵敏检流计测量小电流（见图 4.7.4a）；用伏安法测低值电阻（$<1\ \Omega$）时，一般的电压表也难于准确测量，也可采用灵敏检流计测出小电压（见图 4.7.4b）。为此须先确定灵敏电流计的电流常数 $K_i$ 和内阻 $R_g$，测量电路如图 4.7.5 所示。因检流计不能通过较大的电流，故采用两次分压电路：第一次分压取自滑线变阻器 $R_3$，由电压表直接读出数据；第二次分压取自 $R_1$ 的端电压。如果条件选择得当，也可以省去第一次分压电路。图 4.7.5 给出的 $E$、$R_1$ 与 $R_0$ 的数值只是参考数据，具体数值应根据检流计参数和灵敏度调节旋钮的位置，进行估算和调整，以保证电流既适合检流计量程，又便于读数和获得正确的有效数字。

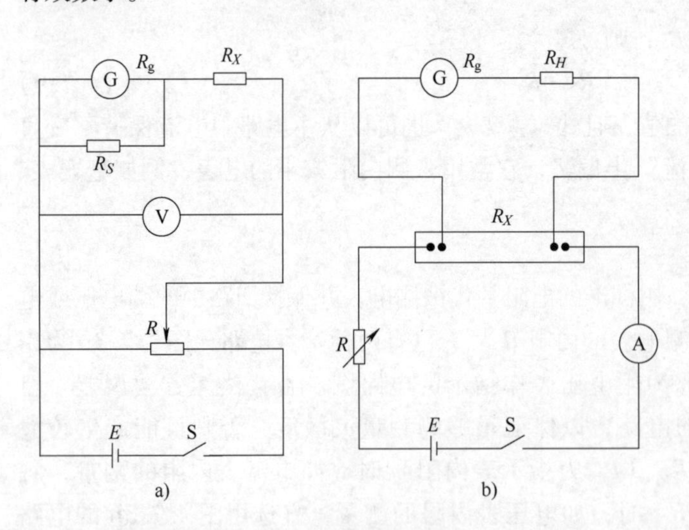


图 4.7.4　伏安法测高电阻和低电阻电路图

a）测高电阻电路　b）测低电阻电路

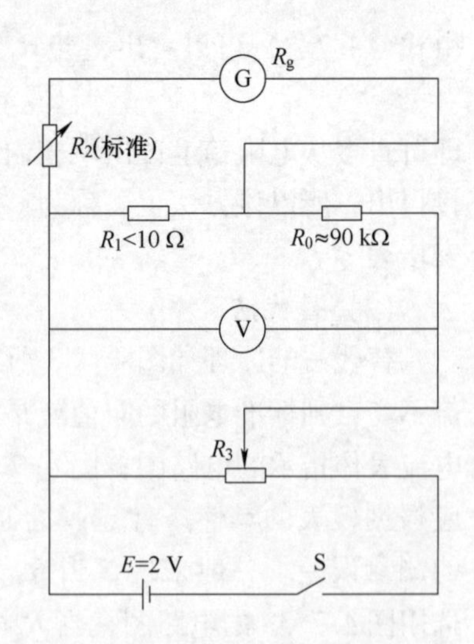


图 4.7.5　半偏法测 $R_g$ 和 $K_i$

检流计内阻的测量方法为：设定 $R_2$ 为0，调节某个元件参数（例如 $R_0$），使检流计为满刻度；再调节 $R_2$，并保持 $R_1$ 上的电压不变，使检流计指示值正好为满度之半，则不难证明：$R_g=R_2$。

检流计的电流常数 $K_i$，即为检流计每小格所代表的电流值，其大小可结合测内阻时，检流计满偏时的电压表读数 $V$ 算出。考虑到 $R_g \gg R_1$，作用在 $R_1$ 上的电压 $V_1$ 可以充分准确地表示为 $V_1 = R_1V/(R_0 + R_1)$，则电流常数 $K_i$ 可由下式求出，即

$$K_i = \frac{I_g}{d} = \frac{R_1 V}{(R_0 + R_1)R_g d} \tag{4.7.10}$$

式中，$d$ 是检流计的满偏格数。

**实验3　充放电法测高值电阻**

若需要测量介于 $10^7 \sim 10^{18}$ Ω 的高值电阻或超高值电阻（如一些高阻半导体、新型绝缘材料的电阻等），可以采用充放电法测量。如图4.7.6所示，将开关S合向下，则电源向电容 $C$ 充电，稳定后，电容 $C$ 上的电荷量 $Q=CV$；将开关S拉开，则电容 $C$ 上的电荷通过待测电阻 $R$ 放电，电容 $C$ 上的电荷随时间减少的规律为

$$Q_t = Q_0 e^{-\frac{t}{RC}} \tag{4.7.11}$$

式中，$Q_t$ 为电容 $C$ 放电 $t$ 后剩余的电荷量；$Q_0$ 为未放电时电容 $C$ 的电荷量；$RC$ 为放电时间常数。电容 $C$ 上剩余的电荷量可以通过将开关S合向上利用冲击检流计或电荷放大器（原理见4.4节）进行测量。

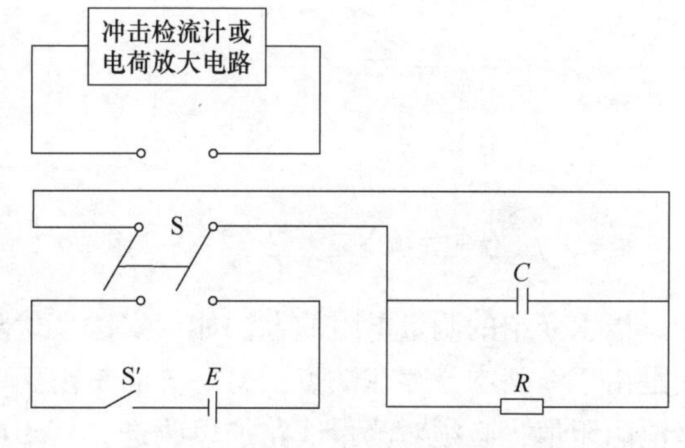


图4.7.6　充放电法测量高电阻原理

除上述伏安法测电阻外，通常还可采用以下方法测量电阻。

**伏阻法**

伏阻法是利用电压表和已知阻值的定值电阻 $R_0$ 来测量待测电阻的阻值。电路如图4.7.7所示，先把电压表并联在 $R_0$ 两端，测出电压 $V_0$；然后再把电压表并联在 $R_X$ 两端，测出 $R_X$ 两端的电压 $V_X$，则

$$R_X = \frac{V_X}{V_0}R_0 \tag{4.7.12}$$

用该电路测量时也有相应的系统误差存在，实际上是忽略了电压表对测量结果的影响，因此用此方法时应满足 $R_V$ 远远大于待测电阻 $R_X$ 和定值电阻 $R_0$ 的阻值。

**安阻法**

安阻法是利用电流表和已知阻值的电阻 $R_0$ 来测量待测电阻的阻值。电路如图4.7.8所示，先将电流表与 $R_0$ 串联，测出通过 $R_0$ 的电流 $I_0$；然后再将电流表串联到 $R_X$ 回路，测出通过 $R_X$ 的电流 $I_X$，则

$$R_X = \frac{I_0}{I_X}R_0 \tag{4.7.13}$$

此测量方法同样有相应的系统误差存在，它忽略了电流表对测量结果的影响，故用此方法时应满足 $R_A$ 远远小于待测电阻 $R_X$ 和固定电阻 $R_0$ 的阻值。

**补偿法**

所谓补偿法就是通过电压补偿原理消除伏安法测电阻的系统误差，从而准确测量待测电

阻的阻值。补偿法测电阻的原理及电路如图 4.7.9 所示，调节两滑片 $P$ 和 $P'$ 使检流计 G 指示为零，此时两回路实现电压补偿，流过电阻 $R_X$ 的电流不再向 V 表分流，因此，A 表测出的恰是通过电阻 $R_X$ 的电流，而 V 表显示的也是电阻 $R_X$ 上的电压，这样就可以准确地计算出 $R_X$ 的阻值。

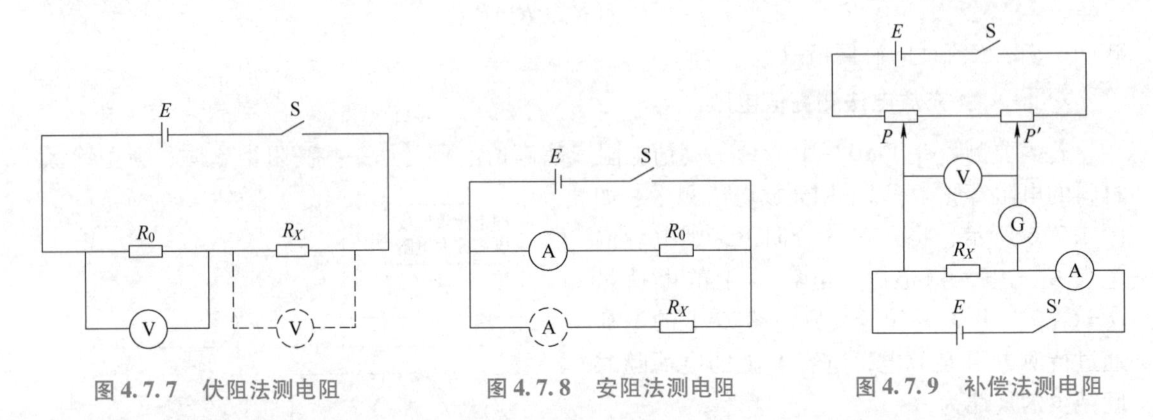


图 4.7.7　伏阻法测电阻　　图 4.7.8　安阻法测电阻　　图 4.7.9　补偿法测电阻

以上介绍的测量电阻的方法如伏安法、伏阻法等，往往都达不到很高的测量精度。一方面是由于线路本身存在缺点；另一方面是由于电压表和电流表本身的精度有限。为了精确测量电阻阻值，必须对测量线路加以改进，其中电桥法就是常用的精确测量电阻的方法之一。电桥法是一种利用比较的方式进行测量的方法，它是在平衡条件下将待测电阻与标准电阻进行比较以确定其待测电阻的大小。电桥法具有灵敏度高、测量准确、方法巧妙、使用方便和对电源稳定性要求不高等特点，已被广泛地应用于电工技术和非电量电测中。通常使用的电桥有惠斯通单电桥和开尔文双电桥，惠斯通单电桥主要用于测量中等数值的电阻（$10 \sim 10^6\ \Omega$）；而开尔文双电桥主要用于测量低值电阻（$10^{-6} \sim 10\ \Omega$）。

### 实验 4　惠斯通电桥法测中值电阻

图 4.7.10 所示为惠斯通于 1843 年提出的电桥电路。它由四个电阻 $R_1$、$R_2$、$R_X$、$R_N$ 和一个检流计 G 组成，其中，$R_N$ 为精密标准电阻，$R_X$ 为待测电阻。接通电路后，调节 $R_1$、$R_2$ 和 $R_N$，使检流计 G 中的电流为零，则电桥达到平衡。易推得电桥平衡条件为（请读者自己推导）

$$R_X = \frac{R_1}{R_2} R_N \tag{4.7.14}$$

通常称这四个电阻为电桥的“臂”，接有检流计的对角线称为“桥”；$R_1/R_2$ 称为比率或比率臂；标准电阻 $R_N$ 称为比较臂；待测电阻 $R_X$ 称为测量臂。

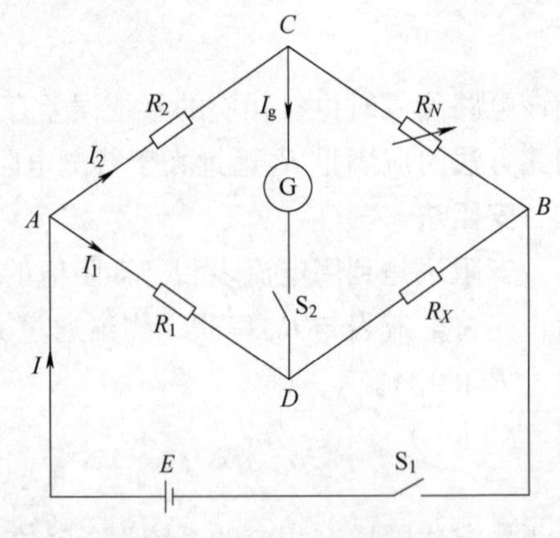


图 4.7.10　惠斯通电桥

由于电桥平衡须由检流计示零来表示，故电桥测量法又称为零示法。实际上电桥测电阻的过程就是 $C$ 点电位与 $D$ 点电位进行比较，通过检流计显示其比较结果，经过不断调节比率臂直到两点电压为零的过程，即电桥达到平衡，故电桥测量法又可称为电压比较测量法。电桥一旦达到平衡便可由三个已知电阻确定出另一个未知电阻。

惠斯通电桥测量电阻的主要优点有：

① 平衡电桥采用了零示法——根据检流计“零”或“非零”的指示，即可判断出电桥是否达到平衡而不涉及具体数值的大小。因此，只要检流计足够灵敏，就可以使电桥达到很高的灵敏度，从而为提高电阻的测量精度提供了条件。

② 用平衡电桥测量电阻的实质是用已知的电阻和未知的电阻进行比较，这种比较测量法简单而精确，如果采用精密电阻作为桥臂，则可以使电阻测量的结果达到很高的精确度。

③ 由于电桥平衡条件与电源工作电压无关，故可避免因工作电压不稳定而造成的误差。

在式（4.7.14）中，若 $R_1$ 与 $R_2$ 的值不易测准，测量结果就会有系统误差，采用交换测量法可消除该误差。交换 $R_N$ 与 $R_X$ 的位置，不改变 $R_1$、$R_2$，再次调节电桥达到平衡，记下此时电阻箱的值，设为 $R'_N$，则有

$$R_X = \frac{R_2}{R_1}R'_N \tag{4.7.15}$$

由式（4.7.14）和式（4.7.15）可得

$$R_X = \sqrt{R_N R'_N} \tag{4.7.16}$$

由式（4.7.16）可以看出，采用交换测量法，可使 $R_X$ 的测量式中不出现 $R_1$ 和 $R_2$。因此，若自组电桥，只需有一个标准电阻和两个数值稳定但不要求准确测定的电阻即可得到 $R_X$ 的准确值。

当电桥平衡后，将 $R_X$ 稍改变 $\Delta R_X$，电桥将失衡，检流计指针将有 $\Delta n$ 格的偏转，可表示为

$$S = \frac{\Delta n}{\Delta R_X} \tag{4.7.17}$$

式中，$S$ 称为电桥（绝对）灵敏度。电桥灵敏度的大小与工作电压有关，为使电桥灵敏度足够高，电源电压不能过低，当然也不能过高，否则可能损坏电桥。显然，若 $R_X$ 改变很大范围尚不足以引起检流计指针的反应，则此电桥系统的灵敏度很低，它将对测量的精确度产生很大影响。电桥灵敏度与检流计的灵敏度、电源电压及桥臂电阻配置等因素有关，选用较高灵敏度的检流计，适当提高电源电压都可提高电桥灵敏度。如果电阻 $R_X$ 不可改变，这时可使标准电阻改变 $\Delta R_N$，其效果相当于 $R_X$ 改变 $\Delta R_X$。由式（4.7.14）可得到

$$\Delta R_X = \frac{R_1}{R_2}\Delta R_N \tag{4.7.18}$$

把式（4.7.18）代入式（4.7.17），可得

$$S = \frac{\Delta n}{\Delta R_X} = \frac{R_2 \Delta n}{R_1 \Delta R_N} \tag{4.7.19}$$

当 $R_1 = R_2$ 时，则

$$S = \frac{\Delta n}{\Delta R_N} \tag{4.7.20}$$

当电桥接近平衡时，检流计的指针在零点位置附近，标准电阻的改变量 $\Delta R_N$ 与检流计指针的偏转格数 $\Delta n$ 成正比。为减少测量误差，$\Delta n$ 不能取值太小，但又不能超出正比区域，本实验可取 $\Delta n = 5$ div。

一般检流计指针有0.2 div的偏转时，人眼便可察觉，由此可定出检流计灵敏度引起的误差限为

$$\Delta_{灵} = \frac{0.2}{S} \tag{4.7.21}$$

## 实验5 开尔文电桥法测低值电阻

惠斯通电桥测量的电阻阻值一般在10～$10^6$ Ω之间，为中值电阻。对于10 Ω以下的电阻，例如变压器绕组的电阻、金属材料的电阻等，测量线路的附加电阻（导线电阻和端钮处的接触电阻的总和为$10^{-4}$～$10^{-2}$ Ω）对测量结果的影响就不可忽略，此时若仍然使用惠斯通电桥进行测量，则测量结果将会和实际电阻值出现较大的偏离。而双电桥是在单电桥的基础上发展起来的一种可用于精确测量低值电阻的方法，该方法可以有效地消除（或减少）测量线路中的附加电阻对测量结果的影响，一般可用来测量$10^{-5}$～10 Ω之间的低值电阻。

如图4.7.11所示，用单电桥测低值电阻时，由导线电阻和端钮处的接触电阻所产生的附加电阻$R'$、$R''$与$R_X$是直接串联的，当$R'$和$R''$的大小与被测电阻$R_X$大小相比不能被忽略时，用单电桥测电阻的公式$R_X=\frac{R_3}{R_1}R_N$就不能准确地得出$R_X$的值；而且，由于$R_X$很小，若$R_1 \approx R_3$，电阻$R_N$也应是小电阻，其附加电阻（图中未画出）的影响也不能忽略，也会导致不能准确地得出$R_X$的值。

开尔文双电桥是惠斯通单电桥的变形，在测量小阻值电阻时能给出相当高的准确度，其测量线路原理如图4.7.12所示，其中$R_1$、$R_2$、$R_3$、$R_4$均为可调电阻，$R_X$为被测低值电阻，$R_N$为低值标准电阻。与图4.7.11的惠斯通单电桥进行对比，开尔文双电桥做了两点重要改进：

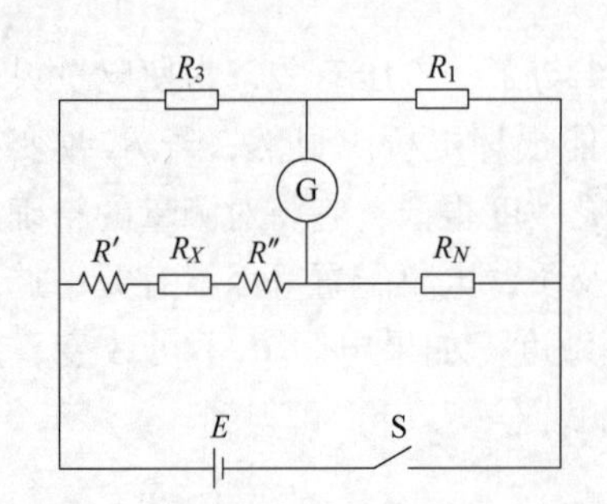

图4.7.11 惠斯通单电桥附加电阻的影响

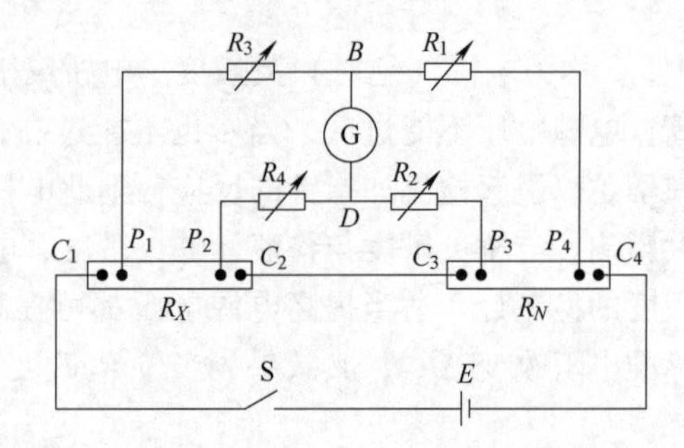

图4.7.12 开尔文双电桥原理图

① 增加了一个由$R_2$、$R_4$组成的桥臂；

② $R_N$和$R_X$由两端接法改为四端接法。其中$P_1P_2$构成被测低值电阻$R_X$，$P_3P_4$是标准低值电阻$R_N$，$P_1$、$P_2$、$P_3$、$P_4$常被称为电压接点，$C_1$、$C_2$、$C_3$、$C_4$称为电流接点。

在测量低值电阻时，$R_N$和$R_X$都很小，所以与$P_1$～$P_4$、$C_1$～$C_4$相连的8个接点的附加电阻（导线电阻和端钮接触电阻）$R'_{P1}$～$R'_{P4}$、$R'_{C1}$～$R'_{C4}$，$R_N$和$R_X$间的连线电阻$R'_L$，$P_1C_1$间的电阻$R'_{PC1}$，$P_2C_2$间的电阻$R'_{PC2}$，$P_3C_3$间的电阻$R'_{PC3}$，$P_4C_4$间的电阻$R'_{PC4}$，均应予以考虑。因此，开尔文双电桥的等效电路如图4.7.13a所示。其中$R'_{P1}$远小于$R_3$，$R'_{P2}$远小于$R_4$，$R'_{P3}$远小于$R_2$，$R'_{P4}$远小于$R_1$，均可忽略；$R'_{C1}$、$R'_{PC1}$、$R'_{C4}$和$R'_{PC4}$可以并入电源内阻，不影响测

量结果，也可不予考虑，对测量结果存在影响的只有跨线电阻 $R' = R'_{C2} + R'_{PC2} + R'_{PC3} + R'_{C3} + R'_{L}$。根据以上分析，可对开尔文双电桥的等效电路（见图4.7.13a）做进一步的简化，简化线路如图4.7.13b所示。

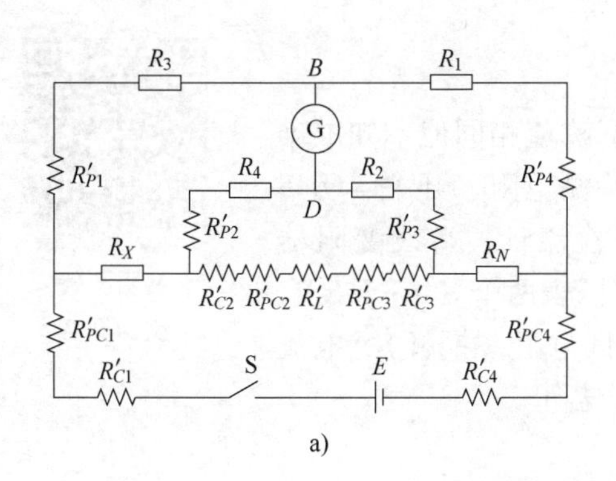


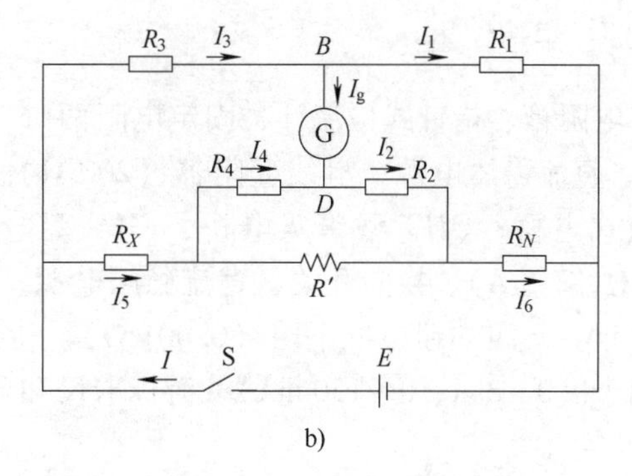


**图4.7.13　开尔文电桥等效电路图**

a）开尔文电桥的等效电路图　b）简化后的开尔文电桥等效电路图

调节 $R_1$、$R_2$、$R_3$ 和 $R_4$ 使电桥平衡。此时，$I_g = 0$，$I_1 = I_3$，$I_2 = I_4$，$I_5 = I_6$，$V_B = V_D$，且有

$$\begin{cases} I_3R_3 = I_4R_4 + I_5R_X \\ I_1R_1 = I_2R_2 + I_6R_N \\ I_2R_2 + I_4R_4 = (I_5 - I_4)R' \end{cases}$$

三式联立可得

$$R_X = \frac{R_3}{R_1}R_N + \frac{R'R_2}{R_2 + R_4 + R'}\left(\frac{R_3}{R_1} - \frac{R_4}{R_2}\right) \tag{4.7.22}$$

由式（4.7.22）可以看出，只要保证 $\frac{R_3}{R_1} = \frac{R_4}{R_2}$，即可有 $R_X = \frac{R_3}{R_1}R_N$，附加电阻对测量结果的影响就可以略去。然而，绝对意义上的 $\frac{R_3}{R_1} - \frac{R_4}{R_2} = 0$ 实际上是做不到的，这时 $R_X$ 可以看成 $\frac{R_3}{R_1}R_N$ 与一个修正值 $\Delta$ 的叠加，若此时的跨线电阻足够小，即 $R' \approx 0$，就可以在测量精度允许的范围内忽略 $\Delta$ 的影响。

通过以上两点改进，开尔文双电桥将 $R_N$ 和 $R_X$ 的导线电阻和接触电阻巧妙地转移到电源内阻和阻值很大的桥臂电阻中，又通过 $\frac{R_3}{R_1} = \frac{R_4}{R_2}$ 和 $R' \approx 0$ 的设定，消除了附加电阻对测量结果的影响，从而保证了测量低值电阻时的测量准确度。

为保证开尔文双电桥的平衡条件，可以有两种设计方式：

① 选定两组桥臂之比为 $M = \frac{R_3}{R_1} = \frac{R_4}{R_2}$，将 $R_N$ 做成可变的标准电阻，调节 $R_N$ 使电桥平衡，则计算 $R_X$ 的公式为 $R_X = MR_N$。式中，$R_N$ 称为比较臂电阻；$M$ 为电桥倍率系数。

② 选定 $R_N$ 为某固定阻值的标准电阻并选定 $R_1 = R_2$ 为某一值，联调 $R_3$ 与 $R_4$ 使电桥平衡，则计算 $R_X$ 的公式变换为

$$R_X = \frac{R_N}{R_1}R_3 \quad 或 \quad R_X = \frac{R_N}{R_2}R_4 \tag{4.7.23}$$

此时，$R_3$ 或 $R_4$ 为比较臂电阻，$\frac{R_N}{R_1}$或$\frac{R_N}{R_2}$为电桥倍率系数。实验室提供的 QJ19 型单双电桥采用的是第二种方式。

### 4.7.3 实验仪器

电阻测量仪器介绍

电阻箱、指针式检流计、固定电阻两个（标称值相同但不知准确值）、直流稳压电源、滑线变阻器（200 Ω）、待测电阻、开关、QJ45 型箱式电桥；QJ19 型单双电桥、FMA 型电子检流计、滑线变阻器（48 Ω，2.5 A）、换向开关、直流稳压电源、电压表两个（0 ~ 7.5 V、0 ~ 75 V）、四端钮标准电阻（0.001 Ω）、待测低电阻（铜杆）、电流表两个（0 ~ 3 A、0 ~ 150 mA）、游标卡尺和导线若干。

### 4.7.4 实验内容

**1. 伏安法测中值电阻**

① 估测待测电阻，选择合适的电流表电压表量程，用半偏法测相应量程的电表内阻；

② 计算伏安法内接、外接误差，设计合适的伏安法测量电路；

③ 测 8 组不同的（$V$、$I$）数据，要求读数大于电表的 1/2 量程；

④ 用一元线性回归法处理数据，求得 $R_X$ 并计算不确定度。

**2. 半偏法测检流计的内阻 $R_g$ 和电流常数 $K_i$**

**3. 伏安法测高（或低）值电阻（二选一）**

**4. 惠斯通单电桥测中值电阻**（分别采用自组法和箱式电桥法测量电阻阻值及其灵敏度）

**5. 开尔文双电桥测低值电阻**

① 按图 4.7.14 连接线路。测量 8 组不同铜杆长度对应的电阻值（$R_1$ 和 $R_2$ 的选择原则要保证测量结果有足够多的有效数字）；

② 改变铜杆的位置和方位测量铜杆的直径 8 次；

③ 用一元线性回归法计算铜杆的电阻率 $\rho$ 并计算其不确定度。

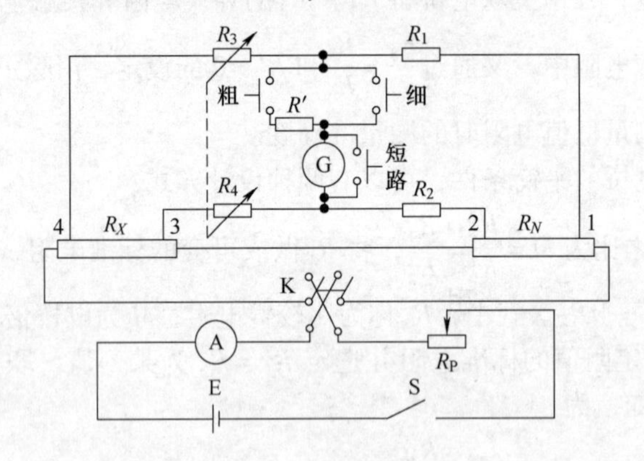


图 4.7.14 QJ19 型双电桥测量低电阻电路

### 4.7.5 思考题

① 试借助一个电阻箱，采用伏安法测出电压表的内阻 $R_V$ 和电流表的内阻 $R_A$，请说明测量方法。

② 假设连接惠斯通电桥电路时混入了一根断线，如果这根断线接在桥臂上，操作中检流计有什么现象？若断线在电源 $E$ 回路中，又会怎样？如果已经分析出电路中有一根断线，但无三用表或多余的好导线，用什么简便方法查出这根断线的位置？（提示：将可能是断的导线与肯定是好的导线在电路中的位置交换，视检流计的状态变化判定。）

③ 用一个滑线变阻器、一个电阻箱、一个待测毫安表、一个约 1.5 V 的干电池、两个开关，自组电桥测一毫安表的内阻（约 30 Ω，量程 3 mA），要求画出电路图并说明测量原理与步骤。

④ 将一量程 $I_g = 50\ \mu A$、内阻 $R_g = 4.00 \times 10^3\ \Omega$ 的表头改装为一个量程为 5 A 的安培表，并联的分流电阻是多少？应如何正确连接？

### 4.7.6 拓展研究

① 用实验方法研究电桥灵敏度与检流计的灵敏度、电源电压及桥臂电阻配置等因素的关系。

② 探究如何使用电桥法测电阻来间接实现对其他物理量的测量，比如弹性模量、电导率、磁致伸缩系数等。

## 实验方法专题讨论之六——故障排除

（本节实例取自“惠斯通电桥测中值电阻”）

故障是指因实验仪器或元件处于损坏状态而造成实验无法进行的情况。对初学者来说，遇到复杂的仪器故障（例如示波器、信号发生器等电子仪器的内部电路故障）应当立即断电关机并报告教师，同时认真记录故障发生的现象和初步判断，以供维修人员参考。对比较简单的故障应当学会自己排除，把它作为提高自己动手能力的实践机会。识别排除故障的基本方法有以下几种。

**1. 观察分析法**

认真观察、分析现象是识别和排除故障的第一步。故障发生时不仅要认真观察仪器的失常表现，而且要结合原理判断产生故障现象的原因和大概位置。例如，做电桥实验时，若检流计剧烈单向偏转，一般可判断为桥臂存在断路故障；若检流计始终不动，则是电源或 G 所在桥路存在断路故障。这里要注意两点。一是做出故障认定前必须保证仪器连接和调试操作正确，有些“故障”是操作不当引起的。例如，有的学生做电桥实验时，无意中把电阻箱 $R_N$ 的 ×10 kΩ 档设在非 0 位置，尽管他反复调节 ×100、×10 和 ×1 Ω 档的旋钮，检流计始终“一边偏”；又如检流计的制动拨钮处于锁定位置，实验时 G 始终“示零”……这些其实并非是故障引起的。二是故障发生时，要注意对仪器的保护。例如，若检流计剧烈偏转，应立即切断电源。为了确认故障发生的原因，有时需要让仪器带故障运行，这时更要强调安全。以本实验为例，可以采取的措施包括在降低电源电压的条件下操作，暂时断开检流计支路，必须接通时应串加大电阻保护，至少要严格采用短路时的跃接法等。

2. 元件替换法

用相同规格的部件来替换有疑问的部位，如故障现象消失，则表明被替换环节存在问题。例如在电桥实验中，连接导线内部断路是一种比较常见的故障。这时可以用一根无故障导线来进行替换，从而迅速把故障线找出。

3. 电压测量法⊖

根据通电时电源及各主要工作部位的电压值是否合理来进行故障的判断，它是仪器检查的一种基本方法。

故障识别的基本原则是逐步缩小故障范围，最后找到故障源。应当指出的是，在缩小故障范围的过程中，必须把所有环节考虑周全，否则可能漏掉真正的故障源而前功尽弃。下面是一个电桥实验故障判别的具体实例。按图 4.7.15 进行的自组电桥（辅助电阻 $R_1$ 和 $R_2$ 标称值为 1 kΩ，待测电阻 $R_X$ 约 200 Ω），实验时 G 始终剧烈地“一边偏”，而电路及操作都正确无误。于是首先怀疑桥臂电阻有断线。取一根好线逐个替换桥臂上的连接导线，故障依然存在。

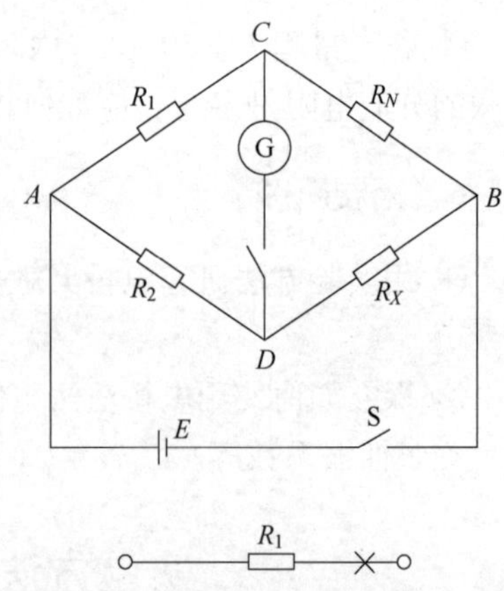

图 4.7.15　故障排除讨论

之后在教师指导下采用电压测量法。为保护检流计，先把 G 所在的桥路断开，保持余下元件的连接，并将电阻箱 $R_N$ 置于 200 Ω（约为 $R_X$）。先用适当量程的电压表（略大于或等于电源的输出电压）测得电桥的端电压 $V_{AB}$（$V_{AB}\approx 3$ V），负表笔接 $B$，正表笔接 $D$ 时读数约为 0.6 V，接 $C$ 时读数约为 0 V。由此判断 $AC$ 桥臂存在断路故障。再将正表笔由 $C$ 向 $A$ 移动，逐个测量每一个连接位置的电压，结果发现辅助电阻盒 $R_1$ 接线柱的电压读数约为 0 V，而邻近的电阻引线的电压读数却是约为 3 V。于是进一步判断是 $R_1$ 存在断路。最后发现是电阻引线与接线柱脱焊（图 4.7.15 中标“×”处）。

思考：在正常条件下 $V_C$ 和 $V_D$ 的读数应是多少？检查中判定 $AC$ 桥臂存在断路的理由是什么？如果其他桥臂存在断路，相应的电压读数将怎样分布？

顺便指出，先前采用替换法没有找到故障的原因是没有把桥臂所有可能的断线环节都替换到（只检查了接线柱外部的连线）。

除上述方法以外，常见的还有信号注入和软件测试等方法。大家可以在深入学习和经验积累的基础上逐步熟悉掌握。

⊖ 与此类似的还有电阻测量法和电流测量法。但电阻测量要在不通电的情况下进行，电流测量要断开被测电路再接入适当量程的电流表，故最方便和常用的还是电压测量法，而把电阻和电流测量作为补充检测或验证手段。

## 4.8 电位差计及其应用

补偿法在电磁测量技术中有广泛的应用，一些自动测量和控制系统中经常用到电压补偿电路。电位差计是电压补偿原理应用的典型范例，它是利用电压补偿原理使电位差计变成一内阻无穷大的电压表，用于精密测量电势差或电压。同理，利用电流补偿原理也可制作一内阻为零的电流表，用于电流的精密测量。

电位差计的测量准确度高，且避免了测量的接入误差，但它操作比较复杂，也不易实现测量的自动化。在数字仪表迅速发展的今天，电压测量已逐步被数字电压表所代替，后者因为内阻高（一般可达 $10^6 \sim 10^7\ \Omega$）、自动化测量容易而得到了广泛的应用。尽管如此，电位差计作为补偿法的典型应用，在电学实验中仍有重要的训练价值。此外，直流比较式电位差计仍是目前准确度最高的电压测量仪表，在数字电压表及其他精密电压测量仪表的检定中，常作为标准仪器使用。

### 4.8.1 实验要求

#### 1. 实验重点

① 学习补偿原理和比较测量法；

② 牢固掌握基本电学仪器的使用方法，进一步规范实验操作；

③ 培养电学实验的初步设计能力；

④ 熟悉仪器误差限和不确定度的估算。

#### 2. 预习要点

① 本实验是如何实现补偿的？由电路中哪部分对待测电源进行补偿？

② 为什么要采用比较测量法？本实验是怎样进行比较测量的？式（4.8.1）成立的条件是什么？

③ 通常要对工作电流进行标准化，这样做有什么好处？具体做法如何？

④ 怎样调节 UJ25 型箱式电位差计的工作电流？

⑤ 怎样正确使用指针式检流计？如何理解电学实验操作规程？

⑥ 如何用电位差计测量电流或电阻，没有标准电池行不行？

### 4.8.2 实验原理

#### 1. 补偿原理

测量干电池电动势 $E_X$ 的最简单办法是把电压表接到电池的正负极上直接读数（见图4.8.1），但由于电池和电压表的内阻（电池内阻 $r \neq 0$，电压表内阻 $R$ 不能看作 $\infty$），测得的电压 $V = E_X R/(R+r)$ 并不等于电池的电动势 $E_X$。它表明，因电压表的接入，总要从被测电路上分出一部分电流，从而改变了被测电路的状态。我们把由此造成的误差称为接入误差。

为了避免接入误差，可以采用如图 4.8.2 所示的“补偿”电路。如果 $cd$ 可调，$E > E_X$，则总可以找到一个 $cd$ 位置，使 $E_X$ 所在回路中无电流通过，这时 $V_{cd} = E_X$。上述原理称为补偿原理；回路 $E_X \to G \to d \to c \to E_X$ 称为补偿回路；$E \to S_1 \to A \to B \to E$ 构成的回路称为辅助回路。为了确认补偿回路中没有电流通过（完全补偿），应当在补偿回路中接入一个具有足够灵敏度的检流计 G，这种用检流计来判断电流是否为零的方法，称为零示法。

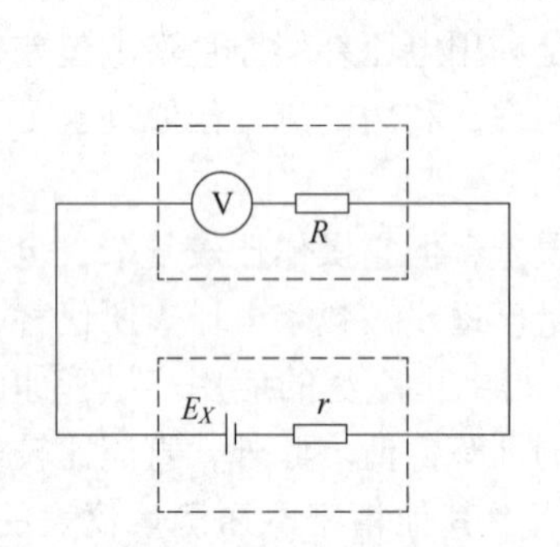


图 4.8.1　用电压表测电池电动势

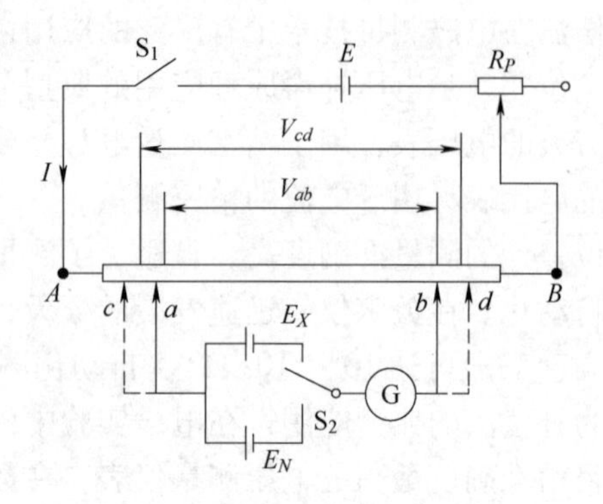


图 4.8.2　补偿法测电动势

由补偿原理可知，可以通过测定 $V_{cd}$ 来确定 $E_X$，接下来的问题便是如何精确测定 $V_{cd}$，在此采用比较测量法。如图 4.8.2 所示，把 $E_X$ 接入 $R_{AB}$ 的抽头，当抽头滑至位置 cd 时，G 中无电流通过，则 $E_X = IR_{cd}$，其中 $I$ 是流过 $R_{AB}$ 的电流；再把一电动势已知的标准电池 $E_N$ 接入 $R_{AB}$ 的抽头，当抽头滑至位置 ab 时，G 再次为 0，则 $E_N = IR_{ab}$，于是

$$E_X = \frac{R_{cd}}{R_{ab}} E_N \tag{4.8.1}$$

这种方法是通过电阻的比较来获得待测电压与标准电池电动势的比值关系的。由于 $R_{AB}$ 是精密电阻，$R_{cd}/R_{ab}$ 可以精确读出，$E_N$ 是标准电池，其电动势也有很高的准确度，因此只要在测量过程中保持辅助电源 $E$ 的稳定并且检流计 G 有足够的灵敏度，$E_X$ 就可以有很高的测量准确度。按照上述原理做成的电压测量仪器叫作电位差计。

应该指出，式（4.8.1）的成立条件是**辅助回路在两次补偿中的工作电流 $I$ 必须相等**。事实上，为了便于读数，**$I = E_N/R_{ab}$ 应当标准化**（例如取 $I = I_0 \equiv 1$ mA），这样就可**由相应的电阻值直接读出 $V_{cd}$ 即 $E_X = I_0 R_{cd}$**。在 UJ25（见图 4.8.3）中的做法是在辅助回路中串接一个可调电阻 $R_P$，按公式 $R_{ab} = E_N/I_0$ 预先设置好 $R_{ab}$，调节 $R_P$ 但不改变 $R_{ab}$，直至 $V_{ab} = E_N$；再接入 $E_X$，调节 $R_{cd}$，并保持工作电流不变。

**2. UJ25 型电位差计**

UJ25 型电位差计是一种高电势电位差计，测量上限为 1.911 110 V，准确度为 0.01 级，工作电流 $I_0 = 0.1$ mA。它的原理如图 4.8.3 所示，图 4.8.4 是它的面板，上方 12 个接线柱的功能在面板上已标明。图中的 $R_{AB}$ 为两个步进的电阻旋钮，标有不同温度的标准电池电动势的值，当调节工作电流时作标准电池电动势修正之用。$R_P$（标有粗、中、细、微的四个旋钮）作调节工作电流 $I_0$ 之用。$R_{CD}$ 是标有电压值（即 $I_0 R_X$ 之值）的六个大旋钮，用以测

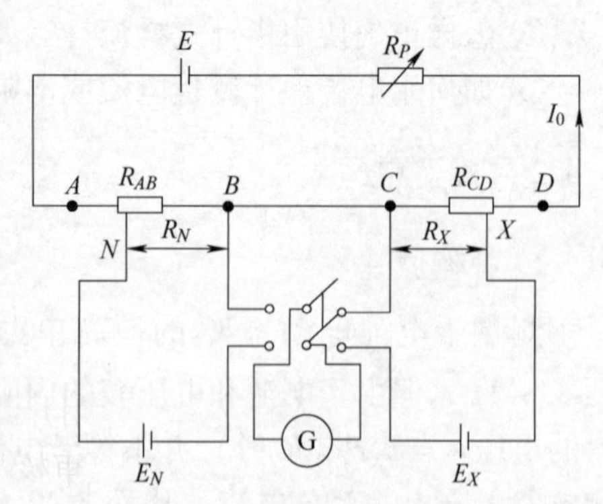


图 4.8.3　UJ25 型电位差计原理图

出未知电压的值。左下角的功能转换开关，当其处于“断”时，电位差计不工作；处于“N”时，接入$E_N$可进行工作电流的检查和调整；处于“$X_1$”或“$X_2$”时，测第一路或第二路未知电压。标有“粗”“细”“短路”的三个按钮是检流计（电计）的控制开关，通常处于断开状态，按下“粗”，检流计接入电路，但串联一大电阻$R'$，用以在远离补偿的情况下，保护检流计；按下“细”，检流计直接接入电路，使电位差计处于高灵敏度的工作状态；“短路”是阻尼开关，按下后检流计线圈被短路，摆动不止的线圈因受很大的电磁阻尼而迅速停止。

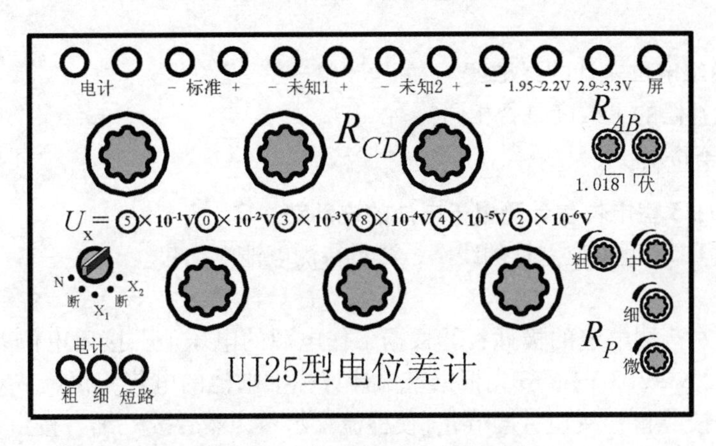


图 4.8.4 UJ25 型电位差计面板

UJ25 型电位差计使用方法如下。

① 调节工作电流：将功能转换开关置“N”，温度补偿电阻$R_{AB}$旋至修正后的标准电池电动势“1.018 V”后两位，分别按下“粗”“细”按钮，调节$R_P$至检流计指零。

② 测量待测电压：功能转换开关置“$X_1$”或“$X_2$”，分别按“粗”“细”按钮，调节$R_{CD}$至检流计指零，则$R_{CD}$的显示值即为待测电压。

### 4.8.3 实验仪器

ZX-21 电阻箱（两个）、指针式检流计、标准电池、稳压电源、待测干电池、双刀双掷开关、UJ25 型电位差计、电子检流计、待校电压表、待测电流表。

### 4.8.4 实验内容

#### 1. 自组电位差计

**（1）设计并连接自组电位差计的线路**

**提示：**

仪器介绍

① 画出电路图，注意正确使用开关，安排好工作电流标准化及$E_X$测量的补偿回路。电路图未经教师审核不能通电。② 按设计要求（$E\approx 3$ V，$E_X\approx 1.5\sim 1.6$ V，$I=I_0\equiv 1$ mA，$E_N$按温度修正公式算出），设置各仪器或元件的初值或规定值。

标准电池温度修正公式为

$$E_N\approx E_{20}-3.99\times 10^{-5}(t-20\ ℃)-0.94\times 10^{-6}(t-20\ ℃)^2+9\times 10^{-9}(t-20\ ℃)^3$$

式中，$E_{20}$为 20 ℃时的电动势，可取 $E_{20}=1.01860\ \mathrm{V}$。

**思考：**标准电池只允许通过 μA 量级的电流，检流计也不能经受大电流的冲击，怎样保证仪器的使用安全？

**（2）工作电流标准化，测量干电池电动势**

**思考：**如何用两个电阻箱串联获得所需 $R_{ab}$、$R_{cd}$，并保证在测量过程中 $I_0$ 不发生改变？

**注意：**

① 为保证测量的准确度，每次测量后应校验工作电流有无改变；② 在补偿调节中要采用跃接法。

**（3）测量自组电位差计的灵敏度**

**思考：**两次补偿的灵敏度是否相同？

2. UJ25 型电位差计

**（1）使用 UJ25 型电位差计测量干电池的电动势**

设计并连接 UJ25 型电位差计的线路，测量待测电池电动势。

**注意：**

①工作电源和待测电池的极性；②根据工作电源的电压值，接入电位差计的对应端子（1.9～2.2 V 或 2.9～3.3 V）；③先根据室温计算标准电池的电势，再调节对应旋钮使工作电流标准化；先按“粗”按钮，调节 $R_{CD}$使检流计示零，然后按“细”按钮，再次使检流计示零。

**思考：**

① 如果在按下“粗”按钮时，无论 $R_{CD}$如何调节，检流计均向一边偏，该怎么处理？

② 如果在按下“粗”按钮时，无论 $R_{CD}$如何调节，检流计指针均不动，该怎么处理？

**（2）使用 UJ25 型电位差计测量固定电阻或量程为 10 mA 的电流表的内阻**

自行设计线路图及实验方案。

**提示：**电位差计不能直接测电阻，这个矛盾可通过转换测量和比较测量的方法来解决。

3. 数据处理

① 计算自组电位差计测量结果及其不确定度，并以 UJ25 型电位差计的测量结果为标准值，计算相对误差。

**提示：**分别讨论下列误差来源对不确定度的贡献，即灵敏度误差、电阻箱的仪器误差、环境温度的变化。

② 计算表头内阻或固定电阻阻值，并估算不确定度。

### 4.8.5　思考题

① 怎样用 UJ25 型电位差计去测约为 4.5 V 的电源的电动势？画出线路图，说明测量方法。

② 根据给出的仪器，采用补偿法测出干电池的电动势，使测量结果至少有 3 位有效数字，画出原理图并作必要的说明。

仪器：直流电压表（0.5 级，量程 1.5～3.0～7.5～15 V），AC5 指针式检流计，电阻箱

(0.1 级，0 ~ 99 999.9 Ω) 两个，电源（1 A，3 V），开关两个，导线若干。

### 4.8.6 拓展研究

① 自组电位差计的基础是辅助回路在两次补偿中的工作电流必须相等，请研究实际实验过程中电流的不稳定性对实验带来的影响。

② 研究自组电位差计在电学量及非电学量精确测量的拓展和应用。

## 实验方法专题讨论之七——不确定度计算

（本节实例主要取自“补偿法和自组电位差计”）

不确定度计算是实验数据处理的重要组成部分。在科学实验中，一个没有给出不确定度的测量结果几乎会成为没有用处的数据。下面针对在撰写实验报告中出现过的一些问题，以自组电位差计为例，就不确定度的分析和计算做一个专题讨论。

**1. 正确给出被测量与直接观测量的函数关系**

这里强调的“正确”是指反映被测量与直接观测量之间的误差传递关系。例如在自组电位差计（见图4.8.5）中计算被测量 $E_X$ 不确定度时所用的表达式应写成 $E_X = \dfrac{E_N}{R_1}\dfrac{R_1+R_2}{R_1'+R_2'}R_1'$。有的学生从 $E_X = \dfrac{E_N}{R_1}R_1'$ 或 $E_X = \dfrac{E}{R_1'+R_2'}R_1'$ 出发计算 $u(E_X)$，最后未能获得正确的结果。其原因是：前者没有考虑到测量 $E_X$ 时的工作电流不仅与 $\dfrac{E_N}{R_1}$ 有关，而且也受 $R_1+R_2$ 和 $R_1'+R_2'$ 测量误差的影响；而后者则没有计及用 $E_N$ 对工作电流进行定标的过程所带来的误差。

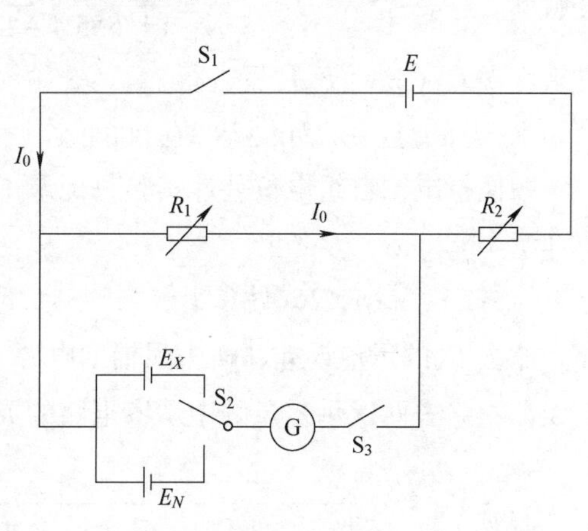


图 4.8.5 自组电位差计电路

**2. 分析测量过程的误差来源，确定不确定度分量的计算方法**

自组电位差计的主要误差来源如下：

① $R_1$、$R_2$ 和 $R_1'$、$R_2'$ 的误差，其分布范围可由电阻箱的仪器误差（限）来估计；

② $E_N$ 的示值误差和因 $E$、$E_N$ 不稳定所带入的误差；

③ 两次示零过程中示零电路的灵敏度误差。

需要指出的是：①有些误差来源并没有直接反映在被测量的计算公式中，例如本例中辅助电源 $E$ 的不稳定和示零电路的灵敏度误差，这一点在计算不确定度时要特别予以注意。②灵敏度误差不只取决于检流计的灵敏度，还与示零电路的特性有关。本例两次示零过程中的灵敏度误差是不一样的，通常 $E_N$ 内阻要比 $E_X$ 大，所以在 $E_N$ 一侧时示零电路的灵敏度会下降。

**3. 写出各直接观测量不确定度的 A 类和 B 类分量，获得各自的标准不确定度**

下面给出一组典型的测量数据（见表 4.8.1）。

表 4.8.1　自组电位差计测量数据表

$t=22.5$ ℃　$E_N=1.018\ 50$ V

| 类别 | $R_1/\Omega$ | $R_2/\Omega$ | $R_1'/\Omega$ | $R_2'/\Omega$ |
|---|---|---|---|---|
| 示值 $R_i$（$R_i'$） | 1 018.5 | 1 977.6 | 1 535.4 | 1 460.7 |
| 仪器误差限 $\Delta R_i$（$\Delta R_i'$） | 1.105 | 2.125 | 1.625 | 1.575 |
| 灵敏度测量（$n=14$ div） | —— | —— | 1 555.4 | 1 440.7 |

$$E_X=(0.001\times 1\ 535.4)\ \text{V}=1.535\ 4\ \text{V}$$

仪器误差

$$\Delta R_1=(1\ 000\times 10^{-3}+0+10\times 2\times 10^{-3}+8\times 5\times 10^{-3}+0.5\times 5\times 10^{-2}+0.020)\ \Omega=1.105\ \Omega$$

$$u(R_1)=\Delta R_1/\sqrt{3}=0.638\ \Omega$$

类似地，有　$u(R_2)=1.227\ \Omega, u(R_1')=0.938\ \Omega, u(R_2')=0.909\ \Omega$

灵敏度

$$S=\frac{14\ \text{div}}{(1.555\ 4-1.535\ 4)\ \text{V}}=700\ \text{div/V}$$

灵敏度误差（只对 $E_X$ 位置进行）：

$$\Delta_{灵}\ E_X=0.2/S=0.000\ 286\ \text{V},\ u_{灵}(E_X)=\Delta_{灵}\ E_X/\sqrt{3}=0.000\ 165\ \text{V}$$

顺便指出，自组电位差计实验只记录了一次测量结果，其原因是试测发现多次测量的读数几乎不变[⊖]。

**4. 按方差合成公式计算出被测量的合成不确定度，并给出测量结果的最终表达**

略去 $E_N$ 的示值误差；略去因辅助电源 $E$ 和标准电池 $E_N$ 在两次示零过程中的变化所带入的误差；略去两次示零过程中示零电路的灵敏度误差；并假定 $R_1$ 和 $R_1'$，$R_2$ 和 $R_2'$ 互相独立，可得

$$\frac{u(E_X)}{E_X}=\sqrt{\left[\frac{1}{R_1}-\frac{1}{R_1+R_2}\right]^2u^2(R_1)+\left[\frac{u(R_2)}{R_1+R_2}\right]^2+\left[\frac{1}{R_1'}-\frac{1}{R_1'+R_2'}\right]^2u^2(R_1')+\left[\frac{u(R_2')}{R_1'+R_2'}\right]^2}$$

$$=\frac{1}{R_1+R_2}\sqrt{\left[\frac{R_2}{R_1}u(R_1)\right]^2+[u(R_2)]^2+\left[\frac{R_2'}{R_1'}u(R_1')\right]^2+[u(R_2')]^2}=7.21\times 10^{-4}$$

$$u(E_X)=E_X\cdot\frac{u(E_X)}{E_X}=(1.535\ 4\times 7.21\times 10^{-4})\ \text{V}=0.001\ 1\ \text{V}$$

测量结果最终表达为

$$E_X\pm u(E_X)=(1.535\pm 0.001)\ \text{V}$$

**思考：** 为什么来自 $u(R_1)$ 的相对不确定度的传递因子是 $\left(\frac{1}{R_1}-\frac{1}{R_1+R_2}\right)^2$，而不是 $\left(\frac{1}{R_1}+\frac{1}{R_1+R_2}\right)^2$ 或 $\frac{1}{R_1^2}+\frac{1}{(R_1+R_2)^2}$？

---

⊖ 只做单次测量大体有两种情况：一是来自重复性误差的不确定度和其他不确定度分量相比，属于可忽略的微小误差；二是实验难以重复或因费用等原因不能重复观测。对后者要通过其他途径来获得相应的不确定度信息并参与合成。

最后再做几点讨论：

① 不确定度计算可以从相对不确定度着手，也可以从绝对不确定度出发。如按绝对不确定度进行计算，结果是

$$u(E_X)=\frac{E_N}{R_1(R_1'+R_2')}\sqrt{R_1'^2\left[\left(\frac{R_2}{R_1}\right)^2u^2(R_1)+u^2(R_2)\right]^2+R_2'^2u^2(R_1')^2+R_1'^2u^2(R_2')}=0.001\ 1\ \mathrm{V}$$

一般说来，类似以乘除和方幂为主的表达式按相对不确定度计算比较好，这样不仅运算量小，而且推导过程也简洁，不易出错。

② 灵敏度误差带入的不确定度分量与合成不确定度相比为0.000 165/0.001 0≈0.16，故按微小误差舍去。

请思考：如果灵敏度误差不能舍去，应当怎样进行方差合成？特别是来自 $E_N$ 的电流定标过程的灵敏度误差如何处理？

③ $R_1$ 和 $R_1'$、$R_2$ 和 $R_2'$ 互相独立的假定有较大的局限性，因为它们使用的是同一个电阻箱，一般会存在相关性。

# 4.9　薄透镜和单球面镜焦距的测量

透镜是光学仪器中最重要、最基本的元件，它由透明材料（如玻璃、塑料、水晶等）做成。光线通过透镜折射或反射后可以成像。掌握透镜的成像规律，是了解光学仪器的原理和正确使用光学仪器的重要基础。常用的薄透镜按其对光的会聚或发散，可分为凸透镜和凹透镜两大类。焦距是反映透镜特性的一个重要参数。无论是单个透镜还是透镜组，无论是简单的应用还是复杂的应用，常常会涉及焦距的测量问题。常用的测量方法有：自准直法、物距像距法、共轭法和平行光管法。

单球面是仅次于平面的简单光学系统，也是现在大多数光学系统的基本组元。通常按反射面是内表面还是外表面或者对光起会聚还是发散作用，将球面镜分为凹面镜和凸面镜两类。研究光通过它的折射和反射，并了解其焦距测量的简单方法，是研究一般光学系统成像的基础。

## 4.9.1　实验要求

### 1. 实验重点

① 掌握简单光路的调整方法——等高共轴调整；

② 学习几种常用的测量薄透镜焦距的方法（自准直法、共轭法、物距像距法和平行光管法等）；

③ 学习不同测量方法中消除系统误差或减小随机误差的方法；

④ 学习测量单球面镜焦距的简单方法。

### 2. 预习要点

① 什么是薄透镜？什么是近轴光线？透镜成像公式的使用条件是什么？

② 什么是自准直法？利用自准直法测透镜焦距时，如何消除透镜中心与支架刻线位置不重合造成的系统误差？

③ 什么是共轭法？用共轭法测透镜焦距有何优点？

④ 什么叫等高共轴调节？为什么要进行等高共轴调节？如何进行调节？

⑤ 什么是测读法？何处使用测读法？其目的是为了消除什么误差？

⑥ 什么是平行光管法？利用平行光管法测量透镜焦距最突出的优点是什么？

⑦ 利用平行光管法测量凸透镜焦距时，透镜与平行光管间的距离对结果有无影响？

⑧ 什么是球面镜？球面镜的曲率半径与其焦距的关系是什么？

## 4.9.2　实验原理

这里只讨论涉及薄透镜、单球面镜、近轴光线的实验。

薄透镜是指透镜的中心厚度 $d$ 远小于其焦距 $f$（$d \ll f$）的透镜。近轴光线是指通过透镜中心部分并与主光轴夹角很小的那一部分光线。为了满足近轴光线条件，常在透镜前（或后）加一带孔的屏障，即光阑，以挡住边缘光线；同时选用小物体，并做等高共轴调节，把它的中点调到透镜的主光轴上，使入射到透镜的光线与主光轴的夹角很小。在近轴光

线条件下，薄透镜的成像规律可用下式表示，即

$$\frac{1}{u}+\frac{1}{v}=\frac{1}{f} \tag{4.9.1}$$

式中，$u$为物距，实物为正，虚物为负；$v$为像距，实像为正，虚像为负；$f$为焦距，凸透镜为正，凹透镜为负。对于薄透镜，公式中$u$、$v$和$f$均从透镜的光心算起。

对于单球面镜，同样只研究其近轴区域的成像。由近轴区域内物像关系的光学（即近轴光学或高斯光学）可得知近轴单球面折射公式如下：

$$\frac{n'}{s'}-\frac{n}{s}=\frac{n'-n}{r} \tag{4.9.2}$$

式中，$n$、$n'$分别为物方和像方介质的折射率；$s$、$s'$分别为物距和像距；$r$为球面镜的曲率半径。上述公式的推导对线段的正负做了如下规定：由指定的点（如折射点）沿光线进行的方向运动所构成的线段为正；反之，为负。

从式（4.9.2）可以看出，对于给定的$s$，不同的球面（不同的$n$、$n'$和$r$）将有不同的$s'$与之相应，所以可以认为式（4.9.2）右端的项$(n'-n)/r$是一个表征球面的光学特性的常数，称为该面的光焦度，记为$\Phi$，则有

$$\Phi=\frac{n'-n}{r} \tag{4.9.3}$$

当物点在物空间主轴上的无限远处（$s=-\infty$）时，即当投射到球面上的光线平行于光轴时，则有

$$s'=\frac{n'}{n'-n}r \tag{4.9.4}$$

由此$s'$所确定的点称为折射面的像空间主焦点。由折射面顶点到该焦点的距离称为该折射面的像空间焦距，即

$$f'=\frac{n'}{n'-n}r=\frac{n'}{\Phi} \tag{4.9.5}$$

与像空间主光轴上的无限远点对应的折射面物空间的点称为折射面的物空间主焦点。由折射面到该焦点的距离称为该折射面的物空间焦距，即

$$f=-\frac{n}{n'-n}r=-\frac{n}{\Phi} \tag{4.9.6}$$

至于光线在一个球面反射镜上的反射情况，则可由令$n'=-n$的单球面折射公式获得。由式（4.9.2），当令$n'=-n$时，可得曲率半径为$r$的球面反射镜在近轴区域的反射公式如下：

$$\frac{1}{s'}+\frac{1}{s}=\frac{2}{r} \tag{4.9.7}$$

从而可得知，当$n'=-n$时，半径为$r$的单球面反射镜的焦距与曲率半径的关系如下：

$$f=f'=\frac{r}{2} \tag{4.9.8}$$

## 实验1 物距像距法测透镜焦距

### (1) 物距像距法测量凸透镜的焦距

物体发出的光经过凸透镜折射后将成像在凸透镜的另一侧，将测出的物距和像距代入透

镜成像公式（4.9.1）即可算出凸透镜的焦距，图略。

**（2）物距像距法测量凹透镜的焦距**

如图4.9.1所示，先用凸透镜 $L_1$ 使物 $AB$ 成放大倒立的实像 $A'B'$，然后将待测凹透镜 $L_2$ 置于凸透镜 $L_1$ 与像 $A'B'$ 之间，如果 $O_2A' < |f_2|$，则通过 $L_1$ 的光束经过 $L_2$ 的折射后，仍能成一实像 $A''B''$。但应注意，对凹透镜来说，$A'B'$ 为虚物，物距 $u_2 = -O_2A'$，像距 $v_2 = O_2A''$，代入成像公式即可得出

$$f_2 = u_2v_2/(u_2 + v_2) \tag{4.9.9}$$

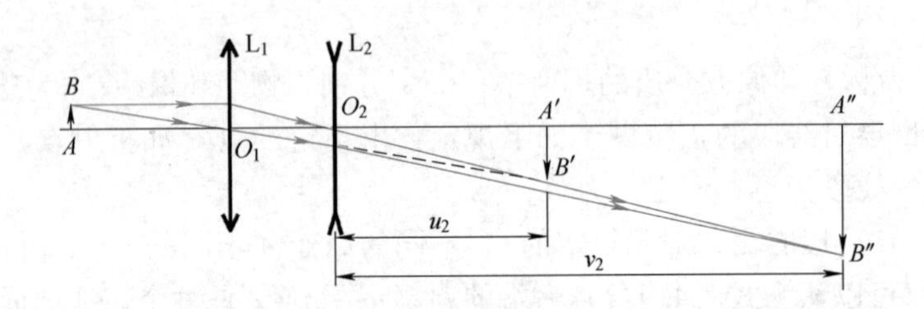


图4.9.1　物距像距法测量凹透镜的焦距

## 实验2　自准直法测透镜焦距

**（1）自准直法测量凸透镜的焦距**

如图4.9.2所示，当小孔A处于透镜L的前焦面时，光经过透镜成为平行光，若在此平行光经过的光路上放一个与透镜光轴垂直的平面反射镜M，其反射光将沿原光路返回至小孔。小孔的像与小孔反向等大，小孔与透镜的距离即为透镜焦距 $f$。这种利用调节装置本身使之产生平行光来实现调焦的方法称为“自准直”法。显然，在小孔上方的某点，在自准直时，其像应处于小孔下方的对称位置；反之亦然。

**（2）自准直法测量凹透镜的焦距**

因为凹透镜是发散透镜，所以要由它获得一束平行光，必须借助于一个凸透镜才能实现，如图4.9.3所示。先由凸透镜 $L_1$ 将小孔A成像于 $S'$ 处，然后将待测凹透镜 $L_2$ 和平面反射镜M置于凸透镜 $L_1$ 和小孔像 $S'$ 之间。如果 $L_1$ 光心 $O_1$ 到 $S'$ 之间的距离 $O_1S' > |f_2|$，则当移动 $L_2$，使 $L_2$ 的光心 $O_2$ 到 $S'$ 之间的距离 $O_2S' = |f_2|$ 时，由小孔A发出的光束经过 $L_1$、$L_2$ 后变成平行光，通过平面反射镜M的反射，又在小孔处成一清晰的实像，于是确定了像点和凹透镜的光心的位置就能测量出凹透镜的焦距 $f_2$。

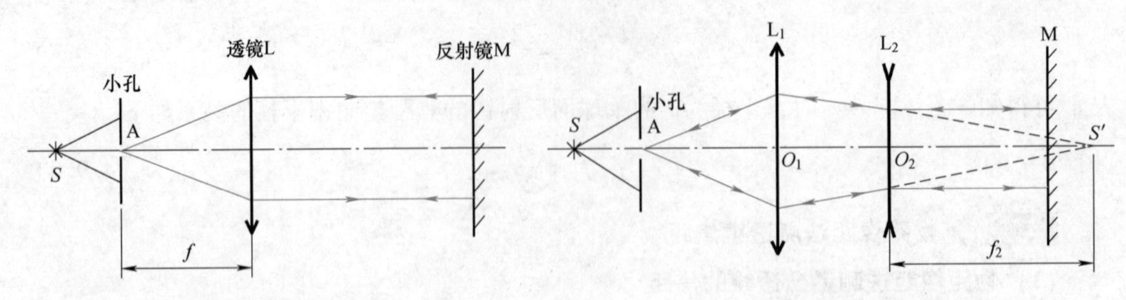


图4.9.2　自准直法测量凸透镜的焦距　　图4.9.3　自准直法测量凹透镜的焦距

## 实验3 共轭法测凸透镜焦距

设凸透镜的焦距为$f$，使物与屏的距离$L>4f$并保持不变，如图4.9.4所示。移动透镜至$x_1$处，在屏上成放大实像，再移至$x_2$处，成缩小实像。令$x_1$和$x_2$间的距离为$a$，物到像屏的距离为$b$，根据共轭关系有$u_2=v_1$，$v_2=u_1$。由式（4.9.1）和图4.9.4所给出的几何关系，可导出

$$f=\frac{b^2-a^2}{4b} \tag{4.9.10}$$

实验测出$a$和$b$，就可求出焦距$f$。此方法的优点是不必测物距$u$和像距$v$，从而避开了$u$、$v$因透镜中心不易确定而难以测准的困难。

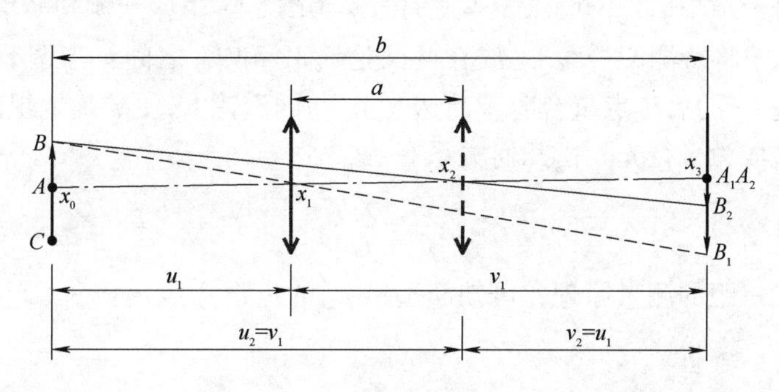


图4.9.4 共轭法测凸透镜的焦距

## 实验4 平行光管法测透镜焦距

平行光管是一种能发射平行光束的精密光学仪器，也是装校和调整光学仪器的重要工具之一。它有一个质量优良的准直物镜，其焦距的数值是经过精确测定的。本实验所用f550平行光管，其物镜焦距约550 mm（准确数值由厂家提供）。其光学系统主要结构如图4.9.5所示。

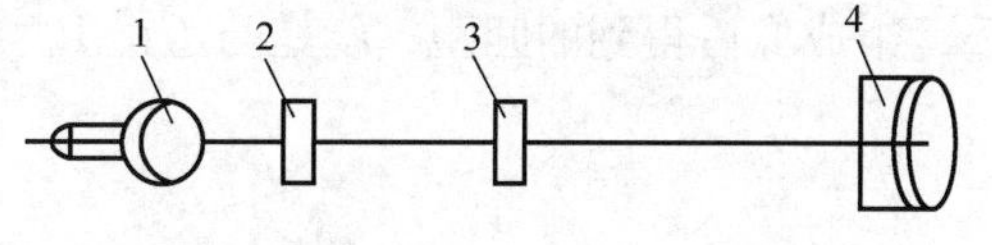


图4.9.5 平行光管光学结构图

1—光源 2—毛玻璃 3—分划板 4—物镜

在平行光管中，利用LED灯作为光源1。由于LED发出的光不是均匀的面光源，因此需要通过毛玻璃2将其转换成均匀的面光源照射分划板。分划板3置于物镜4的焦平面上，因此，从物镜射出的光为平行光。更换不同的分划板，可以提供不同用途的测量。

### （1）测量凸透镜的焦距

本实验利用物像之间的比例关系测量透镜的焦距。实验光路如图4.9.6所示，将待测透镜$L_1$置于平行光管物镜前，再将平行光管内的分划板3换成刻有五组刻线对的玻罗分划板（见图4.9.7），玻罗分划板每对刻线的间距分别为20、10、4、2、1（单位：mm）。从图中几何关系可以看出待测透镜的焦距$f_1$为

$$f_1=\frac{y_1'}{y}f_0 \tag{4.9.11}$$

式中，$y$是在玻罗分划板上所选刻线对的实际间距；$y_1'$是该刻线对在透镜$L_1$后焦面上所成像的间距；$f_0$是平行光管物镜的焦距；$f_1$是待测凸透镜$L_1$的焦距。

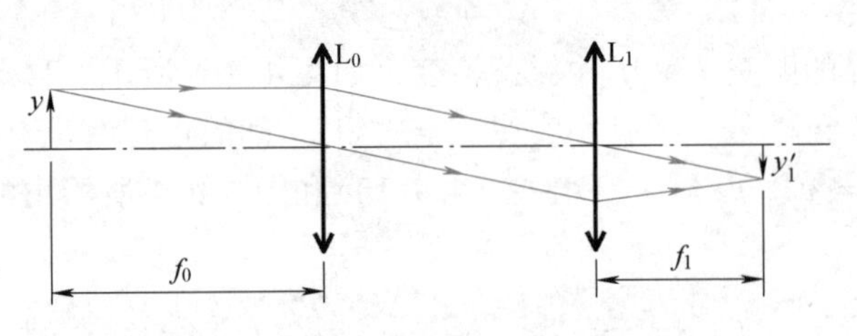

图 4.9.6　平行光管法测量凸透镜焦距光路图

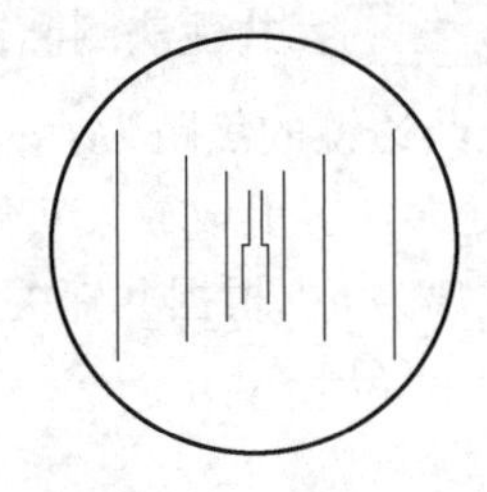

图 4.9.7　玻罗分划板

**(2) 测量凹透镜的焦距**

测量原理是将一焦距已知的凸透镜 $L_1$ 与待测凹透镜 $L_3$ 组成一伽利略望远系统，实验光路如图 4.9.8 所示。将待测凹透镜 $L_3$ 放在两凸透镜 $L_1$ 和 $L_2$ 之间，当调节凹透镜的位置使其后焦点与凸透镜 $L_1$ 的后焦点重合时，凸透镜 $L_1$ 与凹透镜 $L_3$ 便准确地组成伽利略望远镜，它们的出射光再次成为平行光，由几何关系有

$$\frac{y''}{f_2}=\frac{y_1'}{f_3}$$

又根据前述凸透镜焦距的测量原理，可知凸透镜 $L_2$ 的焦距 $f_2$ 满足：

$$f_2=\frac{y_2'}{y}f_0 \tag{4.9.12}$$

于是由式（4.9.11）、式（4.9.12）得

$$f_3=\frac{y_1'y_2'}{yy''}f_0 \quad 或 \quad f_3=\frac{y_2'}{y''}f_1 \tag{4.9.13}$$

式中，$y_2'$是玻罗分划板上某刻线对经凸透镜 $L_2$ 成像后的间距；$y''$是该刻线对经 $L_1$、$L_2$、$L_3$ 透镜组成像后得到的间距；$f_1$ 是凸透镜 $L_1$ 的焦距。

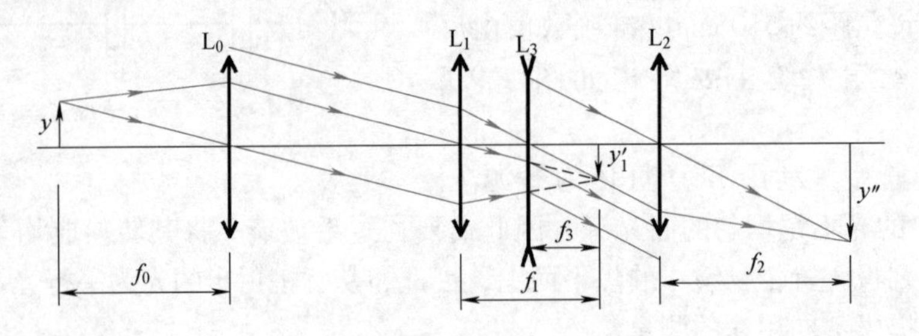


图 4.9.8　平行光管法测量凹透镜焦距光路图

## 实验 5　单球面镜焦距的测量

**(1) “双像定位法”测凸面镜的焦距**

如图 4.9.9 所示，先置物于待测凸面镜前一定距离处，这时从凸面镜里能看到一正立缩小的虚像。然后放置一个平面反射镜于物与待测凸面镜之间，这时从平面反射镜中能看到一与物等大正立的虚像。随后，一边移动平面反射镜，一边用一只眼睛观察平面镜中的像，用另一只眼睛观察凸面镜的像，直到感觉到这两个虚像在同一平面时即停止。这时，可利用下式求出待测凸面镜的曲率半径，从而求出其焦距：

$$\frac{1}{a+b}-\frac{1}{a-b}=-\frac{2}{r} \tag{4.9.14}$$

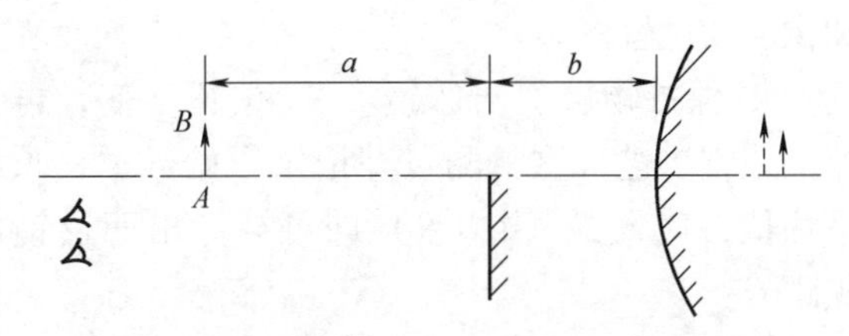


图 4.9.9 “双像定位法”测凸面镜的焦距

**（2）自准直法测凸面镜的焦距**

如图 4.9.10 所示，先置物于一辅助凸透镜前，使之成一清晰、倒立的实像，记录像点的位置；然后在实像点和凸透镜之间放置待测凸面镜，并移动它，直到在原物处看到与物等大、倒立且清晰的实像。这时，记录待测凸面镜的位置，根据像点和凸面镜的位置即可算出待测凸面镜的曲率半径（想一想，为什么?），进而算出其焦距。

**（3）自准直法测凹面镜的焦距**

如图 4.9.11 所示，置待测凹面镜于与物一定距离处，然后移动凹面镜直到在原物处出现一与物等大、倒立且清晰的实像为止。这时记下物及凹面镜的位置，其差值即为待测凹面镜的曲率半径，进而算出其焦距。

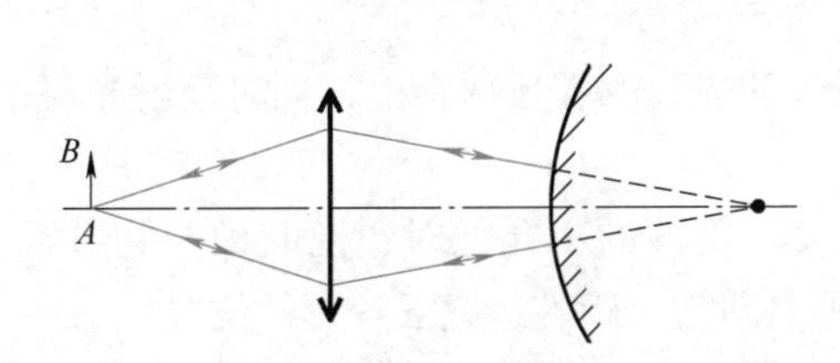


图 4.9.10 自准直法测凸面镜的焦距

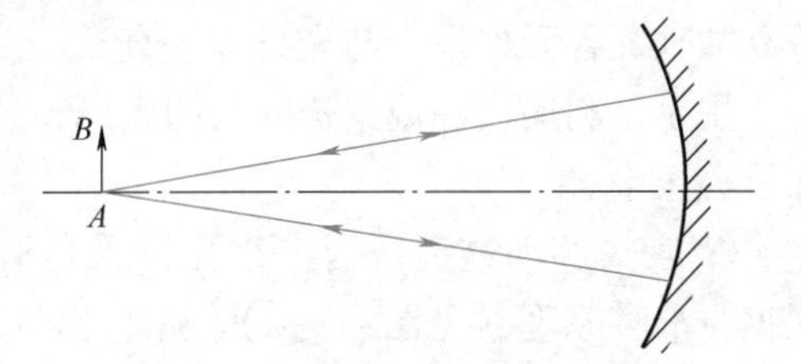


图 4.9.11 自准直法测凹面镜的焦距

### 4.9.3 实验仪器

光具座、凸透镜、凹透镜、光源、屏、箭状孔、小孔、叉丝分划板、平行光管（含十字叉丝、玻罗分划板）、测微目镜、半导体激光器、凸面镜、凹面镜、平面反射镜。

### 4.9.4 实验内容

导轨法测焦距

**实验 1 物距像距法测透镜焦距**

**（1）物距像距法测量凸透镜的焦距**

请自行设计操作步骤。

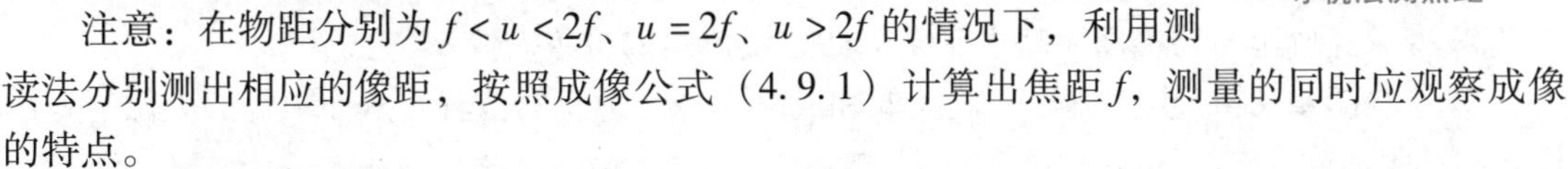

注意：在物距分别为 $f<u<2f$、$u=2f$、$u>2f$ 的情况下，利用测读法分别测出相应的像距，按照成像公式（4.9.1）计算出焦距 $f$，测量的同时应观察成像的特点。

**（2）物距像距法测量凹透镜的焦距**

① 将物屏、辅助凸透镜 $L_1$ 和像屏放在光具座上，使物屏与像屏的间距略大于 $4f_1$。

② 移动凸透镜的位置，使像屏上成一个清晰的像，固定凸透镜 $L_1$，并测读像屏位置。

③ 在 $L_1$ 和像屏之间插入待测凹透镜 $L_2$，移动像屏，直至屏上出现较清晰的像。调节凹透镜 $L_2$ 的上下、左右位置，使像的中心与原凸透镜第一次成像的中心重合。固定像屏，然后仔细缓慢地前后移动凹透镜 $L_2$ 的位置，直至像屏上出现最清晰的像。记录此时凹透镜 $L_2$

和像屏的位置。

④ 保持物屏、凸透镜 $L_1$ 的位置不变，再按照上述方法进行重复测量并记录原始数据，求出平均值，代入式（4.9.9）即可计算出凹透镜的焦距 $f_2$。

**提示：** 由于透镜中心与支架刻线位置不重合，上述方法测出的焦距将存在系统误差 $\Delta$（见图 4.9.12）。为减小该误差，采用对称测量法，将透镜反转 180°，重复以上测量，然后取两者的平均值。

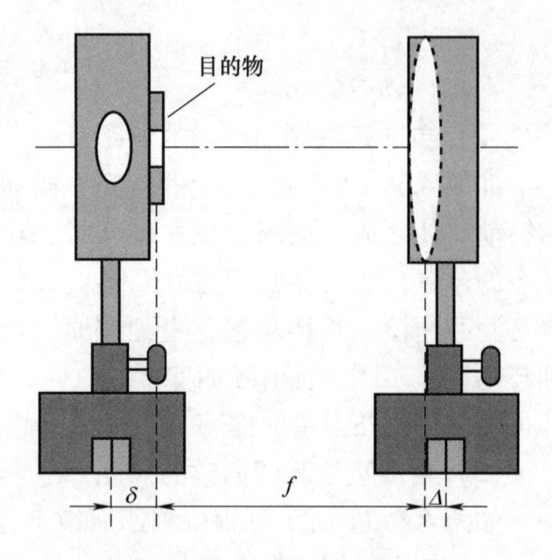


图 4.9.12　元件中心与支架刻线位置不重合的系统误差

### 实验 2　自准直法测透镜焦距

**（1）自准法测量短、凸透镜焦距**

① 目测粗调物（小孔）、透镜、平面反射镜等高共轴，各元件平面与光具座垂直。

**提示：** 利用白屏观察透镜后的光斑，调节各元件使光斑落在反射镜上，同时反射光斑落在透镜正中。

② 前后移动透镜，当在小孔旁看到清晰、等大、反向的小孔像时，说明像与物共面，根据自准直原理（见图 4.9.2），此时物与透镜间距离即为焦距 $f_1$。记下各元件位置。

**注意：**

① 要记录原始刻度，不要直接记录距离。

② 物支架刻线位置与小孔位置不重合，两者之间修正值为 $\delta$（见图 4.9.12）。

③ 要采用对称测量法消除透镜中心与支架刻线位置不重合的系统误差（参见 4.9.4 小节“**物距像距法测透镜焦距**”后面的提示）。

**（2）自准法测量凹透镜的焦距**

请按照图 4.9.3 自行设计操作步骤。注意：

① 物通过凸透镜和凹透镜后成的像稍暗。

② 应保持物屏和凸透镜的位置不变，重复多测几次。

### 实验 3　共轭法测凸透镜的焦距

① 用箭状孔作为物，并将物调至与透镜等高共轴。

② 将像屏放至与物屏间距略大于 4 倍凸透镜焦距的位置。

③ 参照图 4.9.4，分别测出成放大像和成缩小像时透镜的位置，从而求得放大像与缩小像之间的距离 $a$。

**提示：** 由于透镜成像的清晰程度有一个范围，不易精确定位，可将透镜自左向右移动找到清晰像，记下位置 $x$，再将透镜自右向左移动找到清晰像，记位置 $x'$，取两位置的中心

$$x = \frac{x + x'}{2}$$

作为透镜成像位置。此方法又称测读法。

④ 记录物、屏位置，求出物屏间距 $b$。

⑤ 重复测量，求出平均值，代入式（4.9.10）可求出待测透镜的焦距。

**实验4　平行光管法测透镜焦距**

平行光管法测焦距

**（1）等高共轴调节**

本实验中各元件的等高共轴调节极为重要，特别是测凹透镜焦距时，若共轴调节不准，就可能观察不到成像。该实验中等高共轴的调节思路如下：

① 目测粗调各光学元件等高共轴。这一步很重要，做得不好会给后面的细调带来困难。

② 利用细激光束的高准直特性进行细调。在平行光管的焦平面上放置十字叉丝分划板，让激光束照射叉丝中心，并从平行光管的物镜中心出射，此时可以在物镜后的白屏上观察到十字叉丝的衍射图案。沿导轨移动白屏，观察屏上激光光点的位置是否改变，相应调节激光和平行光管的方向，直至移动白屏时光点的位置不再变化，至此激光光束与导轨平行；然后逐个放入其他光学元件并调节这些元件的方位，按照光轴上的物点仍应成像在光轴上的原理，使之沿导轨移动过程中，出射的激光光点位置不变。

③ 利用透镜成像原理进一步细调各光学元件等高共轴。换上LED扩展光源，先记录下某透镜成像的十字叉丝位置，再依次放入其他透镜，仅调节该透镜的高低、左右，使所成十字叉丝像的中心位置保持不变即可。

**（2）测量凸透镜焦距$f_1$**

将平行光管分划板换成玻罗分划板，按图4.9.7所示原理放置并调节透镜$L_1$，使从测微目镜中观察到清晰、无视差的玻罗分划板像。通过测微目镜测出某刻线对（或某些刻线对）像距$y_1'$，由式（4.9.11）求得凸透镜焦距$f_1$。为了提高测量精度，在实际测量时应尽可能读取较多的刻线位置或使用间距较大的刻线对。

**（3）测量凹透镜焦距$f_3$**

用前述测量凸透镜焦距的方法调整好另一凸透镜$L_2$，测出同一对刻线像距$y_2'$，保持$L_2$与测微目镜之间的距离不变。再按图4.9.8加上凸透镜$L_1$和待测凹透镜$L_3$，调整它们之间的距离，当两者焦距重合构成无焦系统时，凹透镜将出射平行光，即测微目镜中将再次出现清晰的玻罗分划板成像，测出此时某对刻线像距$y''$。由式（4.9.13）算得凹透镜焦距$f_3$。

以上测量中须注意消除螺纹间隙误差，还应合理设计测量方案，以保证足够多的测量数据。值得注意的是，此时观察到的玻罗分划板图像已经被放大，在测微目镜中只能看到玻罗分划板中心的线对，如果等高共轴调整不准确，将无法观察到完整的线对。

**实验5　单球面镜焦距的测量**

由于实验原理及方法均较简单，请根据测量原理自行设计操作步骤。

**提示：**在用“双像定位法”测量凸面镜焦距的实验中，判断经平面镜成像和凸面镜成像是否在同一平面时，关键是要两眼分别看其中的一个像。

**数据处理**

① 自行设计表格，记录各测量数据。

② 计算各透镜及单球面镜的焦距及其不确定度，并写出各焦距最后结果的规范表达。

③ 注意平行光管法测量透镜焦距时，采用玻罗分划板上不同间距的刻线对测量透镜焦

距属于不等精度多次测量，测量结果不能简单求平均。不等精度多次测量的加权平均及其不确定度计算参见式（1.4.17）。

### 4.9.5　思考题

① 如图 4.9.13 所示，一物 $AB$，其中心已调在透镜的光轴上，并且已完成“自准直”的调节。试用作图法求出此时像的位置与大小。

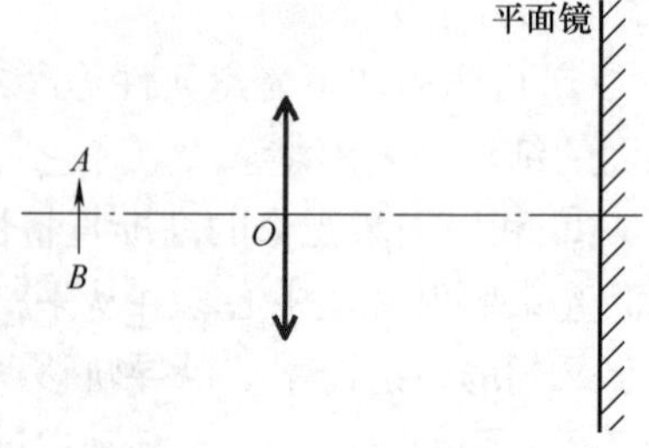


图 4.9.13　思考题①图

② 用自准法测量凸透镜焦距时，平面镜与凸透镜之间的距离对成像位置和清晰度有什么影响？平面镜法线与光轴的夹角对成像位置有什么影响？（通过实验观察后，画出光路图进行分析说明。）

③ 在自准法测量凸透镜焦距过程中，可能会发现有两个像，但只有其中一个才是我们需要的，如何判别？并分析另一个像的成因。

④ 用共轭法测量凸透镜焦距时，未做透镜反转 180°的测量，那么透镜中心与支架刻线位置不重合是否会给实验结果带来误差？为什么？

⑤ 用实验中观察到的现象说明在用共轭法测量凸透镜焦距时，为什么取物屏距离要稍大于 $4f$，而不是甚大于 $4f$，更不能小于 $4f$？

⑥ 凹面镜和凸透镜都对光起会聚作用，那么奥运圣火的采集用的是前者还是后者？试举几个单球面镜在日常生活中的典型应用，并解释其原理。

### 4.9.6　拓展研究

① 设计实验方法改进自准直法测量凹透镜焦距。

② 探究新型薄透镜焦距测量方法。

## 4.10 分光仪的调整及其应用

分光仪是分光测角仪的简称，它能较精确地测量平行光线的偏转角度。借助它并利用反射、折射、衍射等物理现象，可完成偏振角、晶体折射率、光波波长等物理量的测量，其用途十分广泛。近代摄谱仪、单色仪等精密光学仪器也都是在分光仪的基础上发展而成的。

### 4.10.1 实验要求

**1. 实验重点**

① 了解分光仪的构造及其主要部件的作用；

② 学习并掌握分光仪的调节原理与调节方法；

③ 掌握自准直法和逐次逼近调节法，巩固消视差调节技术；

④ 学会用反射法测量三棱镜的顶角。

**2. 预习要点**

**实验1 分光仪的调整**

① 分光仪调好后应满足的条件是什么？

② 望远镜聚焦于无穷远依据的是什么原理？其判别标志是什么？若未达到要求，应调整什么部位？

③ 望远镜光轴与主轴垂直的标志是什么？为什么正反两面的绿十字要与上叉丝重合，而不是与中心叉丝重合？未达要求时采用什么方法进行调节？

④ 平行光管出射平行光的标志是什么？平行光管光轴与主轴垂直的标志是什么？

**实验2 三棱镜顶角的测量**

① 三棱镜的放置原则是什么？调好的标志是什么？此时是否还可用半调法？

② 分光仪为什么设两个读数窗？怎样正确读数并计算转角 $\theta$？如何判断哪个数据有可能是经过360°后的读数？

③ 为什么每次测量前都要改变初始读数？有的同学习惯于每次将初始读数调至某一整刻度上，即游标读数为零处，试分析这样做有什么弊端？

**实验3 棱镜折射率的测量**

① 什么是偏向角？怎样寻找最小偏向角并进行测量？

② 什么是掠入射角？它与最小偏向角的测量有哪些不同之处？

③ 掠入射法要求采用扩展光源，应怎样获得？

**实验4 平板玻璃折射率的测量**

① 本实验观察到的干涉条纹是怎样产生的？

② 试由图4.10.13推导出相邻两束光线的光程差公式：$\Delta L=2n_3d\cos i$。

③ 如何准确测量入射角？实验中看到怎样的现象即保证了望远镜、平行光管均与平面镜垂直？

④ 计算平板玻璃折射率时如何应用逐差法？列出相关数据记录表格。

## 4.10.2 实验原理

分光仪

### 实验1 分光仪的调整

**(1) 分光仪的结构**

分光仪的结构因型号不同各有差别，但基本结构是相同的，一般都由底座、刻度读数盘、自准直望远镜、平行光管、载物平台五部分组成，今就JJY型分光仪（见图4.10.1）介绍如下：

**1) 三角底座**

在三角底座中心，装有一垂直的固定轴，望远镜、主刻度圆盘、游标刻度圆盘都可绕它旋转，这一固定轴称分光仪主轴。

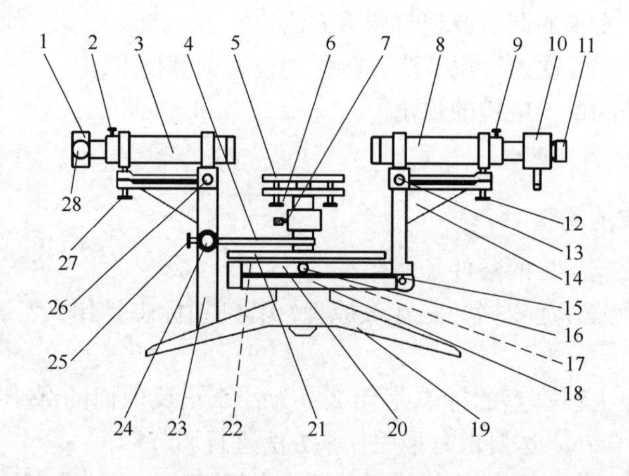


**图4.10.1 JJY型分光仪**

1—狭缝套筒 2—狭缝套筒锁紧螺钉 3—平行光管 4—制动架 5—载物台 6—载物台调平螺钉 7—载物台与游标盘联结螺钉 8—望远镜 9—望远镜锁紧螺钉 10—阿贝式自准直目镜 11—目镜视度调节手轮 12—望远镜光轴俯仰调节螺钉 13—望远镜光轴水平调节螺钉 14—支臂 15—望远镜微调螺钉 16—望远镜与度盘联结螺钉 17—望远镜固紧螺钉（位于图后与螺钉16对称位置） 18—制动架（一） 19—底座 20—转座 21—度盘 22—游标盘 23—立柱 24—游标盘微调螺钉 25—游标盘固紧螺钉 26—平行光管光轴水平调节螺钉 27—平行光管光轴俯仰调节螺钉 28—狭缝宽度调节螺钉

**2) 刻度圆盘**

圆盘上刻有角度数值的称主刻度盘，在其内侧有一游标盘，在游标盘上相对180°处刻有两个游标。主刻度盘和游标刻度盘都垂直于仪器主轴。并可绕主轴转动。

读数系统由主刻度盘和游标盘（角游标）组成，沿度盘一周刻有360大格，每格1度，每大格又分成两小格，所以每小格为30分，主刻度盘内侧有一游标盘。主刻度盘可以和望远镜一起转动，游标盘可以和载物台一起转动。游标盘在它的对径方向有两个游标刻度，游标刻度的30小格对应主刻度盘刻度的29小格，所以这一读数系统的准确度为1分。它的读数原理与游标卡尺完全相同。

**3) 载物平台**

载物平台用来放置光学元件，如棱镜、光栅等，在其下方有载物台调平螺钉三只，以调节平台倾斜度（见图4.10.1中的6）。用螺钉7可调节载物平台的高度，并当固紧时平台与游标刻度盘固联。固紧螺钉25，可使游标盘与主轴固联；拧动螺钉24，可使载物台与游标盘一起微动。

**4）自准直望远镜**

自准直望远镜的结构如图4.10.2所示。它由目镜、全反射棱镜、叉丝分划板及物镜组成。目镜装在A筒中，全反射棱镜和叉丝分划板装在B筒内，物镜装在C筒顶部，A筒通过手轮可在B筒内前后移动，B筒（连A筒）可在C筒内移动。叉丝分划板上刻有双“十”字形叉丝和透光小“十”字刻线，并且上叉丝与小“十”字刻线对称于中心叉丝，全反射棱镜紧贴其上。开启光源$S$时，光线经全反射棱镜照亮小“十”字刻线。当小“十”字刻线平面处在物镜的焦平面上时，从刻线发出的光线经物镜成平行光。如果有一平面镜将这平行光反射回来，再经物镜，必成像于焦平面上，于是从目镜中可以同时看到叉丝和小“十”字刻线的反射像，并且无视差（图4.10.3a）。如果望远镜光轴垂直于平面反射镜，反射像将与上叉丝重合（图4.1.3b）。这种调望远镜使之适于观察平行光的方法称为自准法，这种望远镜称为自准直望远镜。

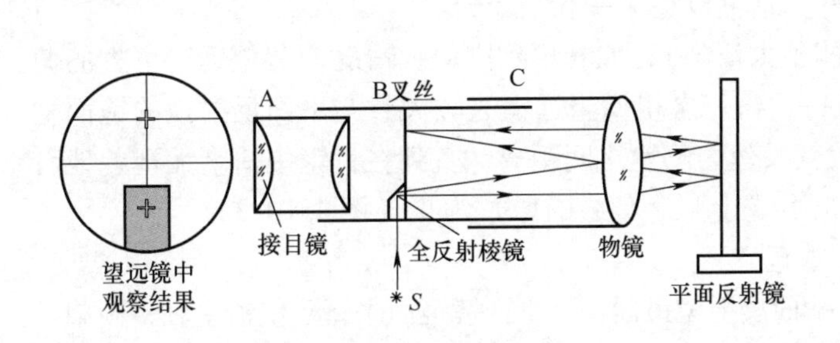


图4.10.2 自准直望远镜

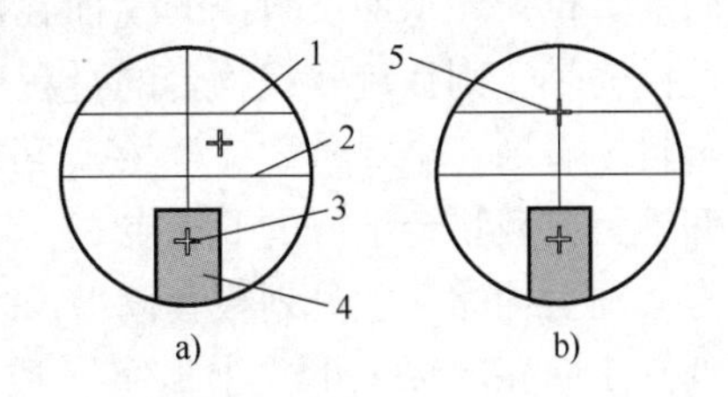


图4.10.3 叉丝分划板和反射“十”字像

1—上叉丝 2—中心叉丝 3—透光“十”字刻线 4—绿色背景 5—“十”字刻线的反射像（绿色）

望远镜可通过螺钉16的固紧与主刻度盘固联，又可通过螺钉17的固紧与主轴固联，此时拧动望远镜微调螺钉15，望远镜将连同主刻度盘绕主轴微动。

**5）平行光管**

平行光管与底座固联，靠近仪器主轴的一端装有平行光管的物镜，另一端装有可调狭缝套管，前后移动套管，使狭缝处在物镜的焦平面上，于是由狭缝产生的光，通过物镜后成平行光。

**（2）分光仪的调节原理及方法**

分光仪常用于测量入射光与出射光之间的角度，为了能够准确测得此角度，必须满足两个条件：第一个条件是入射光与出射光（如反射光、折射光等）均为平行光；第二个条件是入射光与出射光都与刻度盘平面平行。为此须对分光仪进行调整：使平行光管发出平行光，其光轴垂直于仪器主轴（即平行于刻度盘平面）；使望远镜接受平行光，其光轴垂直于仪器主轴；并须调整载物平台，使其上旋转的分光元件的光学平面平行于仪器主轴。下面介绍调整方法：

**1）粗调**

调节水平调节螺钉（图4.10.1之13）使望远镜居支架中央，并目测调节望远镜俯仰螺钉（图 4. 10. 1 之 12），使光轴大致与主轴垂直，调节载物平台下方三只螺钉外伸部分等长，使平台平面大致与主轴垂直。这些粗调对于望远镜光轴的顺利调整至关重要。

**2）调整望远镜**

Ⅰ. 望远镜调焦于无穷远

调节要求：根据前述自准直原理，当叉丝位于物镜焦平面时，叉丝与小“十”字刻线的反射像共面，即绿“十”字与叉丝无视差，此时望远镜只接受平行光，或称望远镜调焦于无穷远。

调节方法：在载物平台上（图 4. 10. 4）放置平面反射镜，构成图 4. 10. 2 所示自准直光路。

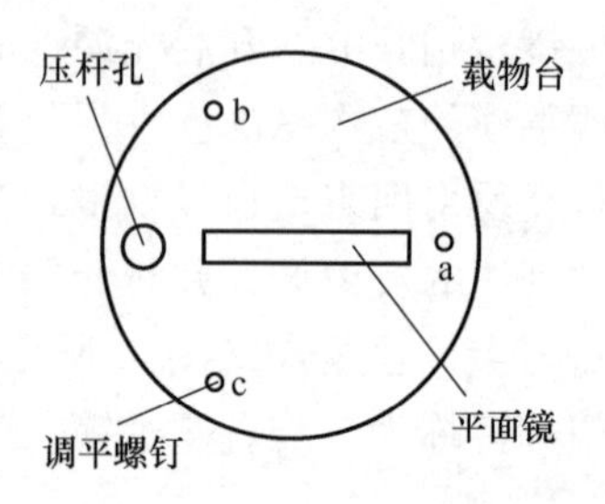


图 4. 10. 4　平面镜的放置

开启内藏照明灯泡，照明透光小“十”字形刻线。调节目镜 A（转动目镜筒手轮 A，筒壁螺纹结构使 A 筒在 B 筒内前后移动），改变目镜与叉丝分划板之间距离，直至看清分划板上的双“十”字形叉丝。旋转载物台，改变平面反射镜沿水平方向的方位，若平面反射镜的镜面在俯仰方向上已大致垂直于望远镜光轴，则在旋转载物台的过程中，总可以在某一位置，通过目镜看到一个绿色“十”字（可能不太清晰），如看不到则应视情况调节望远镜下方的俯仰螺钉或载物台下方的 b（或 c）螺钉，再一次粗调望远镜光轴大致与平面反射镜的镜面垂直。前后伸缩叉丝分划板套筒 B，改变叉丝与物镜之间距离，直到在目镜中清晰无视差地看到一个明亮的绿色小“十”字（透光小“十”字刻线的像）为止（图 4. 10. 3a）。

Ⅱ. 调整望远镜光轴与仪器主轴垂直

调整原理：若望远镜光轴垂直于平面反射镜镜面，且平面镜镜面平行于仪器主轴，则望远镜光轴必垂直于仪器主轴。此时若将载物台绕仪器主轴转 180°，使平面镜另一面对准望远镜，望远镜光轴仍将垂直于平面镜。若望远镜光轴开始时垂直于平面镜，但不垂直于主轴，亦即平面镜镜面不平行于主轴，则将平面镜反转 180°后，望远镜光轴不再垂直于平面镜镜面。

由光路成像原理知道，当望远镜光轴垂直于平面镜镜面时，反射像绿“十”字与上叉丝重合。若同时有平面镜镜面平行于仪器主轴，则平面镜反转 180°后，仍有望远镜光轴与平面镜垂直，绿“十”字仍与上叉丝重合。此时必有望远镜光轴垂直于主轴。若平面镜镜面不平行于仪器主轴，则平面镜反转 180°后，绿“十”字与上叉丝将不再重合。

调整方法：在望远镜调焦于无穷远的基础上，观察绿色小“十”字，一般它会偏离上叉丝，调节载物台调平螺钉 b 或 c，使绿色小“十”字向上叉丝移近 1/2 的偏离距离，再调节望远镜俯仰调节螺钉，使绿色小“十”字与上叉丝重合，如图 4. 10. 5 所示，这时，望远镜光轴与平面镜镜面垂直。将平面镜反转 180°，重复调节载物台调平螺钉 b 或 c，并调节望远镜俯仰调节螺钉，使绿色小十字各自消除 1/2 与上叉丝的偏离量，再次使望远镜光轴与平面镜镜面垂直。如此重复几次，直至平面镜绕主轴旋转 180°，绿色小“十”字始终都落在上叉丝中心为止。每进行一次调节，望远镜光轴与主轴垂直状态及平面镜与主轴的平行状态就改善一次。多次调节，逐渐达到完全改善为止，故称为逐次逼近调节。又由于每次各调 1/2 偏离量，又称半调法。

Ⅲ. 调整叉丝分划板的纵丝与主轴平行

分划板的上叉丝与纵丝是互相垂直的。当纵丝与主轴不平行时，绕主轴转动望远镜，在

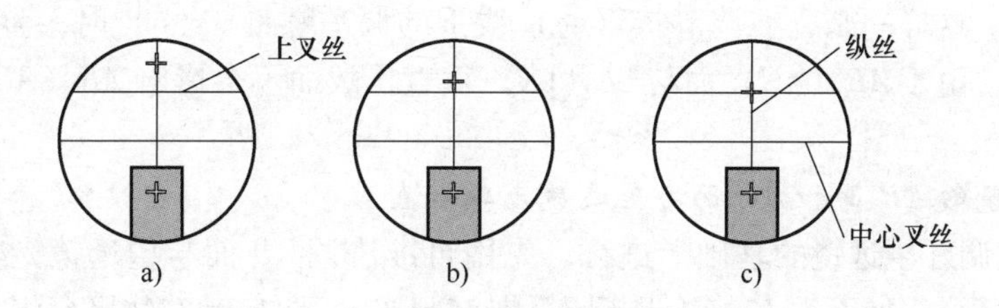


图4.10.5 半调法

a）绿“十”字偏离上叉丝中央 b）调平台螺钉，减少1/2偏离 c）调望远镜俯仰，再减少1/2偏离，绿“十”字回到上叉丝中央

望远镜视场中，会看到绿色小“十”字的运动轨迹与上叉丝相交。只要微微转动（不能有前后滑动！）镜筒B，达到绿色小“十”字的运动轨迹与上叉丝重合，叉丝方向就调好了。

**3）平行光管的调整**

Ⅰ. 使平行光管产生平行光

当被光所照明的狭缝刚好位于透镜的焦平面上时，平行光管出射平行光。

调整方法：将已调节好的望远镜对准平行光管，拧动狭缝宽度调节手轮（图4.10.1之28），打开狭缝，松开狭缝套筒锁紧螺钉（图4.10.1之2），前后移动狭缝套筒，当在已调焦无穷远的望远镜目镜中无视差地看到边缘清晰的狭缝像时，平行光管即发出平行光。

Ⅱ. 调平行光管光轴与仪器主轴垂直

望远镜光轴已垂直主轴，若平行光管与其共轴，则平行光管光轴同样垂直主轴。

调整方法：旋转望远镜至观察到狭缝像，调整平行光管俯仰调节螺钉（图4.10.1之27），使狭缝像的中点与中心叉丝重合（中心叉丝与狭缝中点都可视为望远镜与平行光管光轴所垂直通过的地方）；或将狭缝横放，调平行光管俯仰调节螺钉至狭缝的固定边与中心叉丝重合。

至此，分光仪的调整已基本完成，现已满足两个条件：①入射光与出射光均为平行光；②入射光与刻度盘平面平行。但出射光还未调至与刻度盘平面平行，这一步与具体的测量内容有关，需结合分光仪的应用来进行。

## 实验2 三棱镜顶角的测量

### （1）三棱镜的调整

**1）调整要求**

欲测三棱镜顶角，必须使望远镜的光轴旋转平面垂直于待测顶角$A$的两光学平面$AB$面和$AC$面（图4.10.6），即望远镜分别对准$AB$面和$AC$面时均应有绿“十”字与上叉丝重合。

**2）三棱镜的放置**

如图4.10.6所示，按逆时针方向称三棱镜的三个顶角为$A$、$B$、$C$，$AB$、$AC$构成待测顶角$A$的光学面，$BC$为磨砂面。放置时，令三棱镜的$AB$（$BC$、$AC$）边平行于载物平台上的径

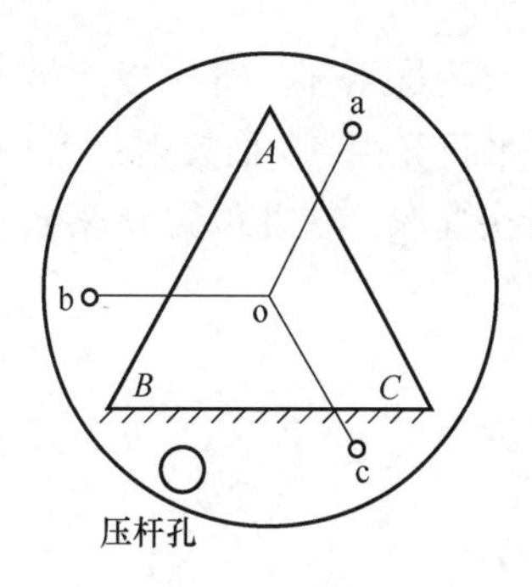


图4.10.6 三棱镜放置方法

线 oa（ob、oc）。这样一来，在调节 oa（oc）线下的调平螺钉 a（c）时，整个棱镜将以 bc（ba）为轴转动，由于 *AB*（*AC*）面与 bc（ba）垂直，故而不会影响 *AB*（*AC*）面与仪器主轴的相对关系。

**3）调三棱镜的 *AB* 面和 *AC* 面与望远镜光轴垂直**

此调整在已调好望远镜的基础上进行。先用自准法调 *AB* 面与望远镜光轴垂直（即 *AB* 面与仪器主轴平行），如不垂直，可调节调平螺钉 b 或 c；再转动载物平台将 *AC* 面转向望远镜，此时可且只可调节调平螺钉 a，使 *AC* 面与望远镜光轴垂直，因为调 a 不会破坏已调好的 *AB* 面与望远镜光轴的垂直关系。

从以上叙述中可体会到，三棱镜的放置与调平螺钉的调节要遵循调整第二个面的方位时，不致改变第一面的方位的原则。按照此原则，并掌握当某调平螺钉到平台中心的连线与三棱镜的一棱面平行时，调节此螺钉不会改变该棱面的方位的规律，调整就会得心应手，否则会给调整带来麻烦。

在调整三棱镜的过程中，应保证望远镜光轴的旋转平面与主轴的垂直关系不变，否则将造成测量角度的误差，降低分光仪测角的准确度。

**（2）三棱镜顶角的测量原理**

**1）反射法**

反射法测顶角须使入射平行光经 *AB*、*AC* 面反射后能通过望远镜，而望远镜是绕主轴旋转的，所以 *AB* 和 *AC* 面的反射平行光必须通过主轴才能进入望远镜。在图 4.10.7a 中，主轴中心 *O* 远离顶角 *A*，*AB*、*AC* 面的反射光不能通过主轴，从而也就不通过望远镜，只有如图 4.10.7b 所示，顶角 *A* 处于主轴中心 *O* 附近时，*AB*、*AC* 面的反射光才能进入望远镜。所以测量顶角时，应尽量将顶角 *A* 平移靠近主轴中心处。

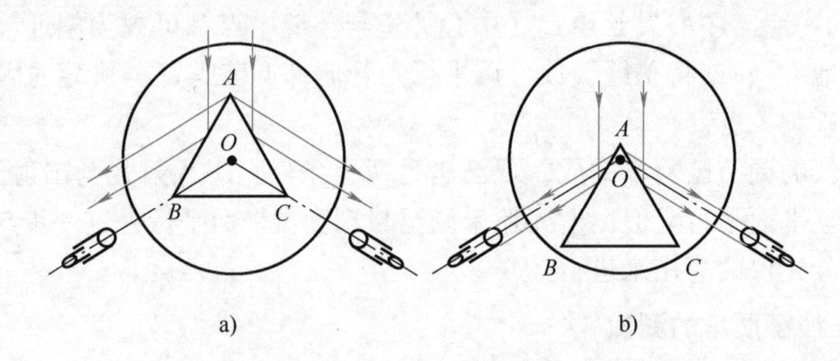


图 4.10.7　三棱镜顶角应靠近主轴中心

测量原理：将三棱镜置于已调整好的分光仪的载物平台上，顶角 *A* 对准平行光管，使部分平行光由 *AB* 面反射；另一部分平行光由 *AC* 面反射。当望远镜在Ⅰ位置观察到 *AB* 面反射的狭缝像，在Ⅱ位置观察到 *AC* 面反射的狭缝像时，则望远镜转过了角度 $\theta$，由图 4.10.8 可知

$$\theta = A + i_1 + i_2 \tag{4.10.1}$$

又因为

$$A = i_1 + i_2 \tag{4.10.2}$$

故有

$$A = \frac{\theta}{2} \tag{4.10.3}$$

**2）自准法**

测量原理：在前面调三棱镜的 $AB$ 面和 $AC$ 面与望远镜光轴垂直的过程中，当分别看到绿“十”字与上叉丝重合时，望远镜所转过的角度为 $\theta$，则由图 4.10.9 易得

$$A = 180° - \theta \tag{4.10.4}$$

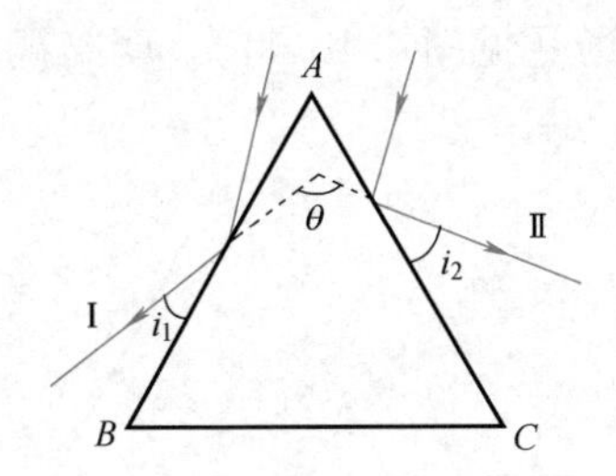


图 4.10.8 反射法测棱镜顶角

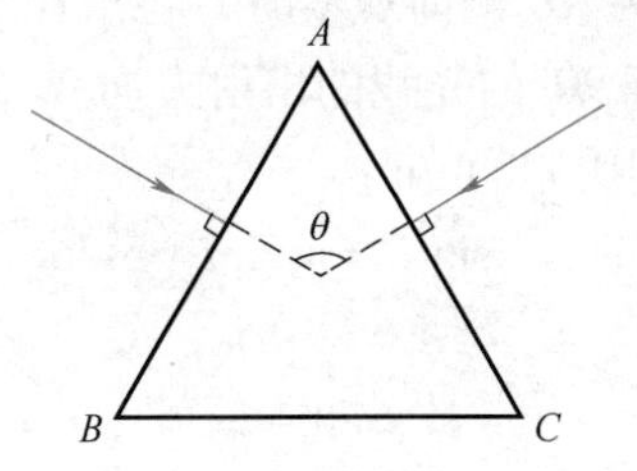


图 4.10.9 自准法测棱镜顶角

## 实验3 棱镜折射率的测量

**（1）最小偏向角法**

如图 4.10.10 所示，单色平行光束入射到三棱镜 $AB$ 面，经折射后由 $AC$ 面出射，出射光线与入射光线的夹角称为偏向角 $\delta$。

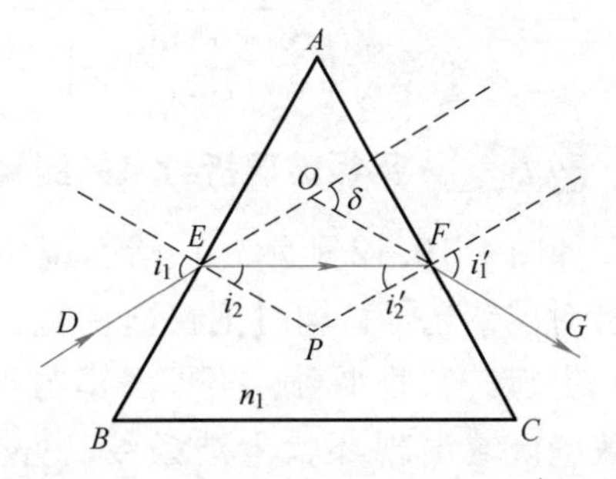


图 4.10.10 最小偏向角法测棱镜折射率

沿主截面入射的光线 $DE$ 在界面 $AB$ 上发生第一次折射，由折射定律有

$$\sin i_1 = n_1 \sin i_2 \tag{4.10.5}$$

折射光线 $EF$ 入射到界面 $AC$ 上发生第二次折射，同理有

$$n_1 \sin i_2' = \sin i_1' \tag{4.10.6}$$

设三棱镜顶角为 $A$，由△$EOF$ 和△$EPF$ 可知

$$A = i_2 + i_2', \delta = (i_1 - i_2) + (i_1' - i_2') = (i_1 + i_1') - (i_2 + i_2') = (i_1 + i_1') - A \tag{4.10.7}$$

可见对顶角一定的棱镜而言，偏向角 $\delta$ 随入射角 $i_1$ 而变，对某一个 $i_1$ 值，偏向角有最小值 $\delta_{\min}$，称为最小偏向角。由最小偏向角条件 $\frac{\mathrm{d}\delta}{\mathrm{d}i_1} = 0$ 可以证得

$$i_1 = i_1' \quad 或 \quad i_2 = i_2' \tag{4.10.8}$$

将式（4.10.8）代入式（4.10.7），得

$$i_2' = \frac{A}{2}, i_1' = \frac{1}{2}(\delta_{\min} + A) \tag{4.10.9}$$

将式（4.10.9）代入式（4.10.6），得

$$n_1 = \frac{\sin \frac{\delta_{\min} + A}{2}}{\sin \frac{A}{2}} \tag{4.10.10}$$

**（2）掠入射法**

用单色扩展光源照射到三棱镜 $AB$ 面上，使扩展光源以约 90°角掠入射棱镜。全反射定律告诉我们，满足

$$n_2\sin i_2 = 1 \tag{4.10.11}$$

即光线以 90°入射时，棱镜内折射角 $i_2$ 最大，为 $i_{2\max}$。当扩展光源从各个方向射向 $AB$ 面时，凡入射角小于 90°的，折射角必小于 $i_{2\max}$，出射角必大于 $i'_{1\max}$；而大于 90°的入射光不能进入棱镜，这样在 $AC$ 侧面观察时，将出现半明半暗的视场（见图 4.10.11）。明暗视场的交线就是入射角 $i_1 = 90°$的光线的出射方向。

由图 4.10.11 可知

$$\sin i'_1 = n_2\sin i'_2 \tag{4.10.12}$$

又

$$A = i_2 + i'_2 \tag{4.10.13}$$

所以

$$i'_2 = A - i_2 \tag{4.10.14}$$

联立式（4.10.11）、式（4.10.12）和式（4.10.14），可解得

$$n_2 = \sqrt{\left(\frac{\cos A + \sin i'_{1\min}}{\sin A}\right)^2 + 1} \tag{4.10.15}$$

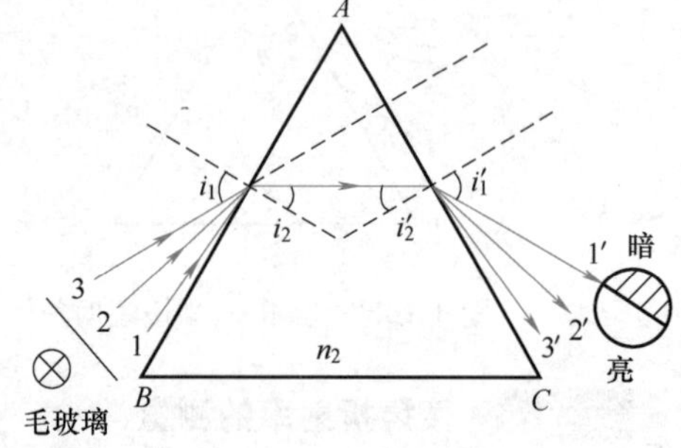


图 4.10.11　掠入射法测棱镜折射率

## 实验 4　平板玻璃折射率的测量

如图 4.10.12 所示，在前面调好望远镜及平行光管光轴与主轴垂直的基础上，将平行光管对准钠光灯，同时把狭缝调宽，然后放上平面镜（实际为反射率较大的平行平板玻璃）并旋转载物平台，当平面镜与平行光管光轴接近垂直时，可从望远镜中看到平行光管狭缝区域出现环状干涉条纹，并且在转动平面镜的同时，条纹的粗细疏密随之发生变化。

产生这一干涉现象的原因是，经平行光管出射的平行光，在平板玻璃的上、下表面多次反射（见图 4.10.13），最终在平面镜下表面形成多光束干涉，相邻两束光线的光程差 $\Delta L = 2n_3d\cos i$，故产生圆环形等倾干涉条纹。

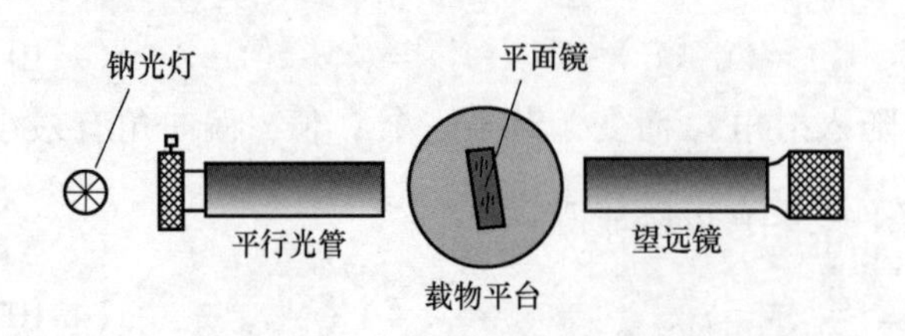


图 4.10.12　实验现象的观察

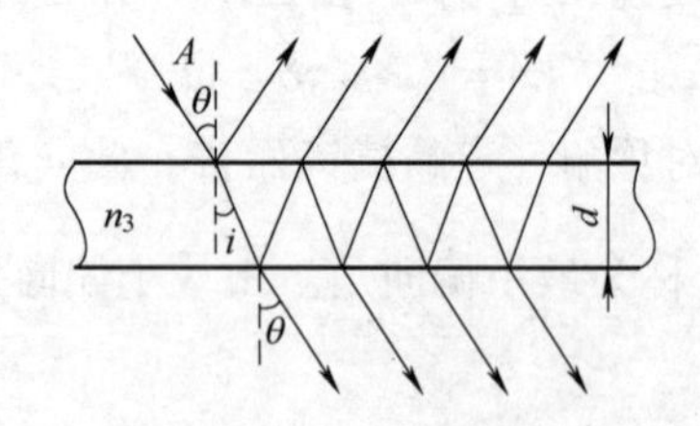


图 4.10.13　多光束干涉

以某条条纹为准，转动平行平板玻璃，使视野中的条纹向外转过 $N$ 条，可得如下结论：

第 $k$ 级明纹条件为

$$\Delta L_k = 2n_3d\cos i_k = k\lambda$$

又 $\dfrac{\sin\theta}{\sin i} = n_3$，所以有

$$2d\sqrt{n_3^2-\sin^2\theta_k}=k\lambda \tag{4.10.16}$$

同理，对第 $k+N$ 级明纹有

$$2d\sqrt{n_3^2-\sin^2\theta_{k+N}}=(k+N)\lambda \tag{4.10.17}$$

由式（4.10.16）、式（4.10.17）可得

$$\frac{N\lambda}{2d}=\sqrt{n_3^2-\sin^2\theta_{k+N}}-\sqrt{n_3^2-\sin^2\theta_k} \tag{4.10.18}$$

将式（4.10.18）平方得

$$\left(\frac{N\lambda}{2d}\right)^2=n_3^2-\sin^2\theta_{k+N}+n_3^2-\sin^2\theta_k-2\sqrt{(n_3^2-\sin^2\theta_{k+N})(n_3^2-\sin^2\theta_k)} \tag{4.10.19}$$

将式（14.10.19）整理得

$$2\sqrt{(n_3^2-\sin^2\theta_{k+N})(n_3^2-\sin^2\theta_k)}=2n_3^2-\sin^2\theta_{k+N}-\sin^2\theta_k-\left(\frac{N\lambda}{2d}\right)^2 \tag{4.10.20}$$

$$4(n_3^2-\sin^2\theta_{k+N})(n_3^2-\sin^2\theta_k)=4n_3^4-4n_3^2\left[\sin^2\theta_{k+N}+\sin^2\theta_k+\left(\frac{N\lambda}{2d}\right)^2\right]+\left[\sin^2\theta_{k+N}+\sin^2\theta_k+\left(\frac{N\lambda}{2d}\right)^2\right]^2 \tag{4.10.21}$$

$$4\sin^2\theta_{k+N}\sin^2\theta_k=-4n_3^2\left(\frac{N\lambda}{2d}\right)^2+\left[\sin^2\theta_{k+N}+\sin^2\theta_k+\left(\frac{N\lambda}{2d}\right)^2\right]^2 \tag{4.10.22}$$

$$4n_3^2=\left(\frac{2d}{N\lambda}\right)^2(\sin^2\theta_{k+N}-\sin^2\theta_k)^2+\left(\frac{N\lambda}{2d}\right)^2+2(\sin^2\theta_{k+N}+\sin^2\theta_k) \tag{4.10.23}$$

$$n_3=\frac{1}{2}\sqrt{\left(\frac{2d}{N\lambda}\right)^2(\sin^2\theta_{k+N}-\sin^2\theta_k)^2+\left(\frac{N\lambda}{2d}\right)^2+2(\sin^2\theta_{k+N}+\sin^2\theta_k)} \tag{4.10.24}$$

由于钠光波长 $\lambda$ 很小，易知 $\left(\frac{N\lambda}{2d}\right)^2$ 为小量，而从前面的叙述又知，只有在入射角很小的情况下才能观察到干涉条纹，因此 $2(\sin^2\theta_{k+N}+\sin^2\theta_k)$ 也为小量，故式（4.10.24）中后两项可以忽略，可得折射率 $n_3$ 的近似表达式为

$$n_3\approx\frac{d}{N\lambda}(\sin^2\theta_{k+N}-\sin^2\theta_k)=\frac{d}{2N\lambda}(\cos2\theta_k-\cos2\theta_{k+N}) \tag{4.10.25}$$

因 $\theta_k$、$\theta_{k+N}$很小，上式也可以表示为

$$n_3\approx\frac{d}{N\lambda}\sin(\theta_{k+N}+\theta_k)\cdot\sin(\theta_{k+N}-\theta_k) \tag{4.10.26}$$

### 4.10.3 实验仪器

分光仪、平面反射镜、三棱镜、钠灯及电源。

### 4.10.4 实验内容

**实验1 分光仪的调整**

要求达到：

① 平面镜反射回来的绿色“十”字与叉丝无视差；

② 平面镜正、反两面反射回来的绿色“十”字均与上叉丝重合，且转动平台过程中绿

色“十”字沿上叉丝移动；

③ 狭缝像与叉丝无视差，且其中点与中心叉丝等高。

## 实验2 三棱镜顶角的测量

**(1) 调整三棱镜**

将三棱镜放置于载物台上，使待测顶角 $A$ 靠近中心，并使其一个光学面与载物台上的某根径线平行，用压杆固定好棱镜。将望远镜对准三棱镜某光学平面，调节与另一光学平面平行的载物台径线下螺钉，使绿色“十”字与上叉丝重合。同理再调整另一光学平面。

**思考**：调整三棱镜的过程中，能否使用半调法？

**(2) 用反射法或自准法测棱镜顶角**

为了准确测定三棱镜顶角，除了严格调整分光仪和三棱镜以外，尚须准确读取数据和掌握正确的测量方法。

**1) 偏心差的消除**

在分光仪的生产过程中，分光仪的主刻度盘和游标盘不可能完全同心，读数时不可避免地将产生偏差，称为偏心差，这是仪器本身的系统误差。消除办法是采用对径读数法。设开始时，左边游标的读数为 $\alpha_1$，右边游标的读数为 $\beta_1$，当望远镜或载物台转过某一角度后，左边游标的读数为 $\alpha_2$，右边游标的读数为 $\beta_2$，可以由左边的读数得其转角 $\theta_1=\alpha_2-\alpha_1$，由右边读数得其转角 $\theta_2=\beta_2-\beta_1$，然后取其平均

$$\theta=\frac{1}{2}(\theta_1+\theta_2)=\frac{1}{2}[(\alpha_2-\alpha_1)+(\beta_2-\beta_1)] \tag{4.10.27}$$

这就可以消除偏心差，得到准确的结果。(证明见本实验附录)

**2) 减小主刻度盘刻度不均匀所造成的系统误差**

如果主刻度盘刻度不均匀，测量时将产生一定的系统误差，为了减少此系统误差，需在刻度盘不同部位进行多次测量，然后取其平均值。

测量方法：每次测量时应改变初始值，即松开主刻度盘与望远镜的固紧螺钉（图4.10.1之16），单独旋转主刻度盘50°~60°，测量次数不少于5次。

**注意**：在推动望远镜时，应推动望远镜支臂（图4.10.1之14），切勿直接推镜筒，以免破坏望远镜与仪器主轴的垂直关系，造成角度测量的超差。

**(3) 数据处理**

① 原始数据列表表示；

② 计算顶角 $A$ 及其不确定度 $u(A)$。

## 实验3 棱镜折射率的测量

**(1) 用最小偏向角法测棱镜折射率**

旋转载物平台，使平行光沿图4.10.10所示方向入射三棱镜的 $AB$ 面，用望远镜在 $AC$ 面观察折射光线，之后沿某方向缓慢转动平台（改变入射角），可看到谱线随平台转动向一个方向移动，当移到某个位置时突然向反方向折回，这一转折位置即该谱线的最小偏向位置。测量此位置处谱线与入射光线夹角，此即最小偏向角 $\delta_{min}$。

**（2）用掠入射法测棱镜折射率**

移开平行光管，在光源方向放置一毛玻璃，旋转载物平台使三棱镜 $AB$ 面近似与光源平行，如图 4.10.11 所示，然后用望远镜在 $AC$ 面寻找半明半暗交界线，测量该交界线与 $AC$ 面法线之间夹角 $i_1'$。

**（3）数据处理**

在消除偏心差和减小主刻度盘刻度不均匀系统误差的基础上进行多次测量，计算棱镜玻璃折射率 $n_1(n_2)$ 及其不确定度 $u(n_1)[u(n_2)]$。

**实验4 平板玻璃折射率的测量**

**（1）测量平面镜法线位置**

在载物台上放置平面镜，转动平台使平面镜反射回来的绿十字与望远镜竖叉丝及平行光管狭缝固定边三者重合。

**（2）观察并测量干涉条纹**

参考图 4.10.12 所示方向，转动载物台直至从平行光管狭缝像中观察到干涉条纹，以某一条为基准，每转过若干条记录一次条纹位置读数，测量数据不少于 10 组。

**注意：**应使测量范围尽可能充满可观察条纹的范围，即转过的条纹数应尽可能多些。

**（3）数据处理**

用逐差法计算平板玻璃的折射率 $n_3$ 及其不确定度 $u(n_3)$。

### 4.10.5 思考题

① 为什么当绿“十”字对准上叉丝中心时，望远镜光轴必和平面镜镜面垂直？（作光路图说明）

② 在调好望远镜基础上，欲测定直角三棱镜的直角顶角，应如何放置和调整此三棱镜？（作图表示并说明方法）

③ 用半调法调整望远镜光轴与仪器主轴垂直时，若每次调整量严格为 1/2 偏离量（实际上做不到），问反转平面镜正反面各几次，就可以使望远镜光轴垂直仪器主轴？

### 4.10.6 拓展研究

① 探究平板玻璃折射率测量实验中干涉条纹不清晰的原因并提出改进方案。

② 设计实验，利用分光仪巧妙而准确地测量其他物理参量。

### 4.10.7 附录：分光仪偏心差消除的证明

由于制造分光仪时，游标盘（与平台固联）的圆心和主标盘的圆心不可能完全重合，如图 4.10.14 所示，外圆表示主标盘，圆心为 $O$，内圆表示游标盘，圆心为 $O'$，两个游标固接在其直径两端并与主标盘圆弧相接触，通过 $O'$ 的虚线表示两个游标零线的连线。当游标盘实际转过 $\theta$ 角

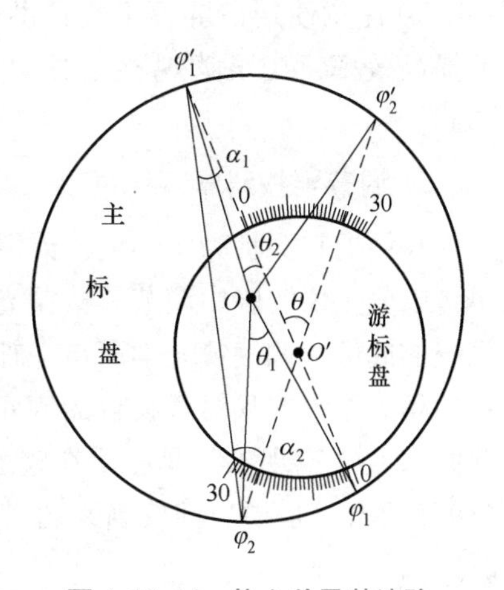


图 4.10.14 偏心差及其消除

时，游标的零线在主标盘圆弧刻度上移过的刻度（对应主标盘刻度）为 $\varphi_1$、$\varphi_2$，所读出的角度是主标盘的圆心角 $\theta_1$ 和 $\theta_2$，而不是 $\theta$，由此产生的误差叫作偏心差。由几何关系可知：

$$\alpha_1 = \frac{1}{2}\theta_1, \quad \alpha_2 = \frac{1}{2}\theta_2$$

且 $\theta = \alpha_1 + \alpha_2$，即 $\theta = \frac{1}{2}(\theta_1 + \theta_2)$。因此，为了消除偏心差，我们实验时应取两个游标读出的转角平均值 $\frac{1}{2}(\theta_1 + \theta_2)$ 作为真正的转角 $\theta$，此称对径读数法。

## 实验方法专题讨论之八——光学仪器的调整

（本节实例主要取自“分光仪的调整及其应用”和“迈克尔逊干涉仪的调整”）

仪器的调整和正确使用是物理实验的基本训练，光学仪器的调节尤其如此。下面对光学仪器的调节规律做一个小结，希望它有助于提高学生的实验操作能力。

### 1. 必须做好仪器的粗调

粗调看似粗糙，却是基础。光学仪器比较精密，调节范围小，仪器粗调做不好，常常会使实验无法进行下去。

① 粗调前要让仪器处于正确的初态，例如调节分光仪前使望远镜和载物台大体水平，且螺钉有上下调整的足够余量；调节迈克尔逊干涉仪，应使激光束入射到反射镜面 $M_1$、$M_2$ 的中央，$M_1$ 和 $M_2$ 的方位螺钉和微调拉簧处于半紧半松状态；调节光具座上光学元件的共轴前，应让支在滑块上的各个元件在自由度调节范围内均有适度的余量，支架的基准高度要适中等。

② 粗调必须达到规定的基本要求，例如对分光仪的望远镜进行细调前，必须能在望远镜的视野中看到平面镜两面的反射像；细调迈克尔逊干涉仪反射镜面的方位螺钉前，应当先调激光器，使反射回来的中心光点与小孔呈对称分布（否则可能造成全反镜方位螺钉调节余量“不够”）。

③ 注意使用白屏等工具帮助进行目测粗调，利用它们来找光点（斑）进行调节，常可提高效率，当眼睛观察不便（例如光强过大或光束偏离过远找不到光路）时，更是如此。

### 2. 调节要按科学规律办事

我们把它概括为 4 句话：弄清原理，选对部件（旋钮），观察现象，明确标志。

以分光仪实验中调节三棱镜光学面为例。“弄清原理”是指利用已调好的望远镜自准直系统的成像，调棱镜光学面与主轴平行；“选对部件（旋钮）”是指按要求放好棱镜与载物台的相对位置，只对载物台的底角螺钉进行调节（不允许调整其他部件，特别是望远镜的俯仰）；“观察现象”是指应在望远镜内看到反射回来的绿十字，否则应再做载物台的调整；“明确标志”是指当且仅当来自棱镜两个光学面的绿十字均与望远镜分划板的上叉丝重合时，调节完成。

下面再以分光仪实验为例，把调节过程分部列表（见表 4.10.1）予以说明。

表 4.10.1 调节过程分部列表

| 调节要求 | 弄清原理 | 选对部件（旋钮） | 观察现象 | 明确标志 |
| --- | --- | --- | --- | --- |
| 叉丝成像 | 叉丝对目镜成像 | 转动目镜旋轮 | 叉丝像（黑） | （黑）叉丝清晰成像 |
| 望远镜对平行光聚焦 | 十字经物镜—平面镜—物镜成像 | 移动望远镜套筒 | 反射十字像（绿） | （绿）十字与叉丝无视差清晰成像 |
| 望远镜光轴垂直主轴 | | 半调望远镜俯仰和平台螺钉 | 平面镜翻转两面的绿十字位置 | （绿）十字与上叉丝重合 |
| 纵叉丝平行主轴 | | 转动望远镜套筒 | 反射十字像的移动轨迹 | （绿）十字沿上叉丝移动 |
| 平行光管出射平行光 | 狭缝经平行光管透镜—望远镜物镜成像 | 移动狭缝套筒 | 狭缝像 | 狭缝与叉丝无视差清晰成像 |
| 平行光管光轴垂直主轴 | | 调平行光管俯仰 | 狭缝像位置 | 狭缝像中点与中心叉丝重合 |
| 三棱镜光学面平行主轴 | 十字经物镜—棱面镜—物镜成像 | 调平台螺钉 | 反射十字像 | （淡绿）十字与上叉丝重合 |

### 3. 光学元件的同轴等高或共轴调节

在光具座上进行光学实验要达到两方面的调节要求：一是所有光学元件的光轴重合；二是光轴与导轨平行。调节的原理是利用光的传播或成像规律。要点是：采用激光束作光源时，以调激光束与导轨平行为基础（将白屏置于光具座的前后位置，细调激光束，使白屏上的光点前后重合）；采用普通光源，则以透镜的两次成像为基础（“大像追小像”调好透镜与光源的共轴）。在此基础上，逐个加入其他光学元件进行调节。这时一般只需调节后加的元件，使其中心落在光路的中央并且成像（或光斑）的中心位置不变即可。

# 4.11　光的干涉实验 1（分波面法）

干涉是波动特有的现象。当两列波重叠时，在一定条件下，在空间形成稳定的强度周期性分布，这种现象叫作干涉。强度分布的周期性与描述波动空间周期性的波长密切相关。

两束光波相遇叠加产生干涉的必要条件是：

① 频率相同；

② 振动方向相同；

③ 相位差恒定。

分波面干涉法

尽管干涉现象是多种多样的，但为满足上述相干条件，总是[illegible]由同一光源发出的光分成两束或两束以上的相干光，使它们各经不同的路径后再次相遇而产生干涉。产生相干光的方式有两种：分波阵面法和分振幅法。本节所涉及的菲涅耳双棱镜干涉和劳埃镜干涉均属于分波阵面法；而迈克尔逊干涉、牛顿环干涉和劈尖干涉等则属于分振幅法。

双棱镜干涉实验是 1818 年法国科学家菲涅耳在建立较严密的光干涉理论时设计提出来的，为波动光学奠定了理论基础。该实验设计思路非常巧妙，利用简单的仪器不仅可得到相干光源，而且利用几何关系通过测量毫米量级的长度成功推算出了光波的波长。

## 4.11.1　实验要求

### 1. 实验重点

① 熟练掌握采用不同光源进行光路等高共轴调节的方法和技术；

② 用实验研究菲涅耳双棱镜干涉和劳埃镜干涉并测定单色光波长；

③ 学习用激光和其他光源进行实验时不同的调节方法。

### 2. 预习要点

① 双棱镜干涉和劳埃镜干涉的原理有哪些异同？分别加以说明。

② 在波长的测量公式（4.11.4）中，$a$、$D$、$\Delta x$ 分别具有什么物理意义？实际的“屏”在什么位置？$a$ 由什么决定？实际测量时，$a$ 和 $D$ 用什么方法测得？

③ 用激光作光源与用钠光作光源，进行等高共轴调节时有哪些不同？各有哪些主要步骤？

④ 在激光干涉实验中，需使用扩束镜把狭窄的平行激光束变为点光源发出的球面波，这时虚光源的位置在哪里？$S$ 和 $S'$ 应当怎样计算？

⑤ 怎样消除测微目镜的空程误差？

⑥ 如何用一元线性回归方法计算条纹间距 $\Delta x$？自变量如何选取？

## 4.11.2　实验原理

### 1. 菲涅耳双棱镜干涉

**（1）基本原理**

菲涅耳双棱镜可以看作是由两块底面相接、棱角很小（约为 1°）的直角棱镜合成。若置

单色光源 $S_0$ 于双棱镜的正前方，则从 $S_0$ 射出的光束通过双棱镜的折射后，变为两束相重叠的光，这两束光仿佛是从光源 $S_0$ 的两个虚像 $S_1$ 及 $S_2$ 射出的一样（见图 4.11.1）。由于 $S_1$ 和 $S_2$ 是两个相干光源，所以若在两束光相重叠的区域内放一屏，即可观察到亮暗相间的干涉条纹。

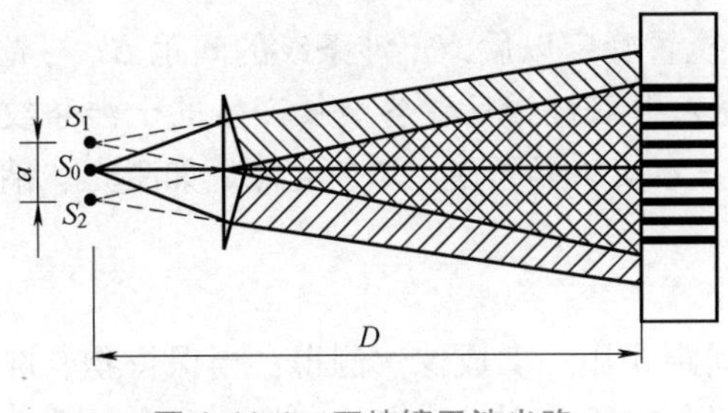


图 4.11.1 双棱镜干涉光路

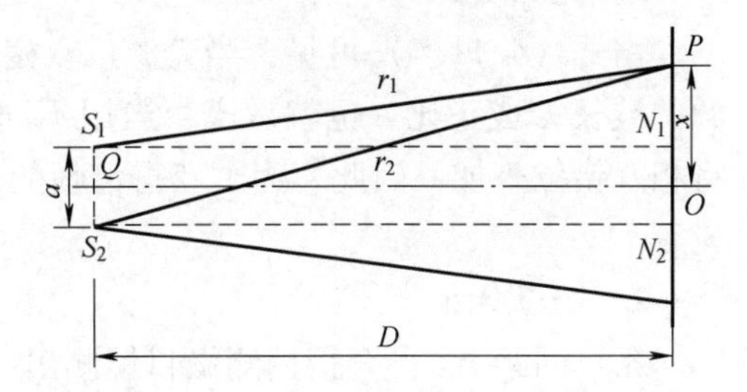


图 4.11.2 双棱镜干涉光程差计算图

现在根据波动理论中的干涉条件来讨论虚光源 $S_1$ 和 $S_2$ 所发出的光在屏上产生的干涉条纹的分布情况。如图 4.11.2 所示，设虚光源 $S_1$ 与 $S_2$ 的距离为 $a$，$D$ 是虚光源到屏的距离。令 $P$ 为屏上的任意一点，$r_1$ 和 $r_2$ 分别为从 $S_1$ 和 $S_2$ 到 $P$ 点的距离，则由 $S_1$ 和 $S_2$ 发出的光线到达 $P$ 点的光程差是

$$\Delta L = r_2 - r_1$$

令 $N_1$ 和 $N_2$ 分别为 $S_1$ 和 $S_2$ 在屏上的投影，$O$ 为 $N_1N_2$ 的中点，并设 $OP = x$，则从 $\triangle S_1N_1P$ 及 $\triangle S_2N_2P$ 得

$$r_1^2 = D^2 + \left(x - \frac{a}{2}\right)^2, \quad r_2^2 = D^2 + \left(x + \frac{a}{2}\right)^2$$

两式相减，得

$$r_2^2 - r_1^2 = 2ax$$

另外又有 $r_2^2 - r_1^2 = (r_2 - r_1)(r_2 + r_1) = \Delta L(r_2 + r_1)$。通常 $D$ 较 $a$ 大很多，所以 $r_2 + r_1$ 近似等于 $2D$，因此得光程差为

$$\Delta L = \frac{ax}{D} \tag{4.11.1}$$

如果 $\lambda$ 为光源发出的光波的波长，干涉极大和干涉极小处的光程差为

$$\Delta L = \frac{ax}{D} = \begin{cases} k\lambda & (k = 0, \pm 1, \pm 2, \cdots) \quad \text{亮纹} \\ \dfrac{2k+1}{2}\lambda & (k = 0, \pm 1, \pm 2, \cdots) \quad \text{暗纹} \end{cases}$$

即亮、暗条纹的位置为

$$x = \begin{cases} \dfrac{D}{a}k\lambda & (k = 0, \pm 1, \pm 2, \cdots) \quad \text{亮纹} \\ (2k+1)\dfrac{D}{a}\dfrac{\lambda}{2} & (k = 0, \pm 1, \pm 2, \cdots) \quad \text{暗纹} \end{cases} \tag{4.11.2}$$

由式（4.11.2）可知，相邻干涉亮纹（或暗纹）之间距离为

$$\Delta x = \frac{D}{a}\lambda \tag{4.11.3}$$

所以当用实验方法测得 $\Delta x$、$D$ 和 $a$ 后，即可算出该单色光源的波长

$$\lambda = \frac{a}{D}\Delta x \tag{4.11.4}$$

**（2）实验方案**

**1）光源的选择**

由式（4.11.4）可见，当光源、双棱镜及屏的位置确定以后，干涉条纹的间距 $\Delta x$ 与光源的波长 $\lambda$ 成正比。也就是说，当用不同波长的光入射双棱镜后，各波长产生的干涉条纹将相互错位叠加。因此，为了获得清晰的干涉条纹，本实验必须使用单色光源，如激光、钠光等。

**2）测量方法**

条纹间距 $\Delta x$ 可直接用测微目镜测出。虚光源间距 $a$ 用二次成像法测得：当保持物、屏位置不变且间距 $D$ 大于 $4f$ 时，移动透镜可在其间两个位置分别成清晰的实像，一个是放大像，一个是缩小像。设 $b$ 为两虚光源缩小像间距，$b'$ 为放大像间距，则两虚光源的实际距离为 $a = \sqrt{bb'}$，其中 $b$ 和 $b'$ 由测微目镜读出。同时根据两次成像的规律，若分别测出成缩小像和放大像时的物距 $S$、$S'$，则物到像屏的距离（即虚光源和测微目镜叉丝分划板之间的距离）$D = S + S'$。根据式（4.11.4），得波长与各测量值之间关系为

$$\lambda = \frac{\Delta x \sqrt{bb'}}{S + S'} \tag{4.11.5}$$

**3）光路组成**

本实验的具体光路布置如图 4.11.3 所示，S 为半导体激光器，K 为扩束镜，B 为双棱镜，P 为偏振片，E 为测微目镜。L 是为测虚光源间距 $a$ 所用的凸透镜，透镜位于 $L_1$ 位置将使虚光源 $S_1$、$S_2$ 在目镜处成放大像，透镜位于 $L_2$ 位置虚光源在目镜处成缩小像。所有这些光学元件都放置在光具座上，光具座放置在附有米尺刻度的光学导轨上，可直接读出各元件的位置。

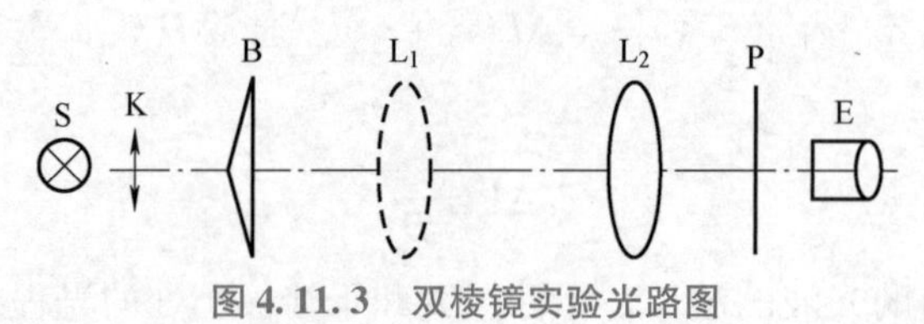


图 4.11.3　双棱镜实验光路图

**2. 劳埃镜干涉**

劳埃镜干涉原理如图 4.11.4 所示。单色光源 $S$ 发出的光（波长 $\lambda$）以几乎掠入射的方式在平面镜 $MN$ 上发生反射，反射光可以看作是在镜中的虚像 $S'$ 发出的。$S$ 和 $S'$ 发出的光波在其交叠区域发生干涉，与双棱镜干涉同理，可得相邻条纹间距为

$$\Delta x = \frac{D}{d}\lambda \tag{4.11.6}$$

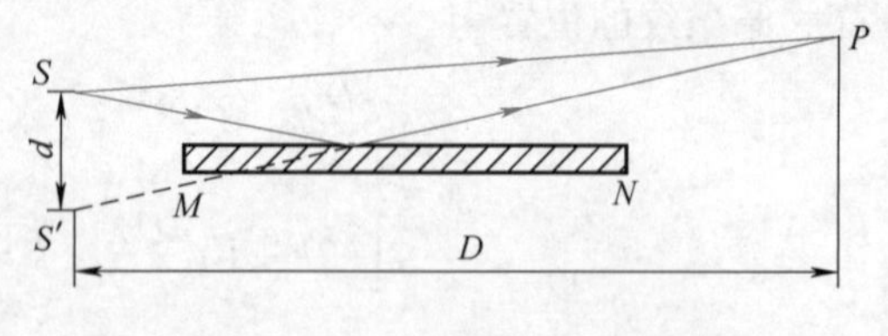


图 4.11.4　劳埃镜干涉原理图

式中，$d$ 为光源 $S$ 和其虚像 $S'$ 的间距；$D$ 是观察屏到光源的距离。同样，当测得 $\Delta x$、$D$ 和 $d$ 后，可得该单色光源的波长

$$\lambda = \frac{d}{D}\Delta x \tag{4.11.7}$$

## 4.11.3 实验仪器

光学导轨及光具座、双棱镜、测微目镜、凸透镜、扩束镜、偏振片、白屏、可调狭缝、半导体激光器、钠光灯。

## 4.11.4 实验内容

### 实验 1 激光的双棱镜干涉与劳埃镜干涉

**（1）各光学元件的共轴调节**

**1）调节激光束平行于光学导轨**

沿导轨移动白屏，观察屏上激光光点的位置是否改变，相应调节激光方向，直至在整根导轨上移动白屏时光点的位置均不再变化，至此激光光束与导轨平行。

**2）调双棱镜或劳埃镜与光源共轴**

① 双棱镜干涉：将双棱镜插于横向可调光具座上进行调节，使激光点打在双棱镜的棱脊正中位置，此时双棱镜后面的白屏上应观察到两个等亮并列的光点（这两个光点的质量对虚光源像距 $b$ 及 $b'$ 的测量至关重要）。此后将双棱镜置于距激光器约 30 cm 的位置。

② 劳埃镜干涉：将劳埃镜插于横向可调光具座上进行调节，使劳埃镜镜面尽量与导轨平行，然后在白屏上观察双光源像，再微调劳埃镜，使双光源像等亮且相距较近。

**3）粗调测微目镜与其他元件等高共轴**

将测微目镜放在距双棱镜（或劳埃镜）约 70 cm 处，调节测微目镜，使光点穿过其通光中心。（切记：此时激光尚未扩束，绝不允许直视测微目镜内的视场，以免激光灼伤眼睛。）

**4）粗调凸透镜与其他元件等高共轴**

将凸透镜插于横向可调光具座上，放在双棱镜（或劳埃镜）后面，调节透镜，使双光点穿过透镜的正中心。

**5）用扩束镜使激光束变成点光源**

在激光器与双棱镜（或劳埃镜）之间距双棱镜（或劳埃镜）20 cm 处放入扩束镜并进行调节，使激光穿过扩束镜。在测微目镜前放置偏振片，旋转偏振片使测微目镜内视场亮度适中。（注意：在此之前应先用白屏在偏振片后观察，使光点最暗。）

**6）用二次成像法细调凸透镜与测微目镜等高共轴**

参照本书 3.2 节光学实验预备知识，通过“大像追小像”，不断调节透镜与测微目镜位置，直至虚光源大、小像的中心均与测微目镜叉丝中心重合。

**7）干涉条纹调整**

去掉透镜，适当微调双棱镜或劳埃镜，使通过测微目镜观察到清晰的干涉条纹。

**（2）波长的测量**

① 测条纹间距 $\Delta x$。连续测量 20 个条纹的位置 $x_i$。如果视场内干涉条纹没有布满，则可对测微目镜的水平位置略作调整；视场太暗可旋转偏振片调亮。

② 测量虚光源缩小像间距 $b$ 及透镜物距 $S$。

**提示：** 测 $b$ 时应在鼓轮正反向前进时，各做一次测量。

**注意：**

ⅰ. 不能改变扩束镜、双棱镜（或劳埃镜）及测微目镜的位置。（想一想为什么）

ⅱ. 用测微目镜读数时要消除空程。

③ 用上述同样方法测量虚光源放大像间距 $b'$ 及透镜物距 $S'$。

**(3) 数据处理**

① 用一元线性回归法或逐差法计算条纹间距 $\Delta x$。

② 由公式 $\lambda=\frac{\Delta x\ \sqrt{bb'}}{S+S'}$ 计算入射光源的波长，并与光源波长标称值对比求相对误差（半导体激光器波长标称值 $\lambda_0=650\ \mathrm{nm}$，钠光波长标称值 $\lambda_{钠}=589.3\ \mathrm{nm}$）。

③ 计算 $\lambda$ 的不确定度 $u(\lambda)$ 并给出最后结果表述。

**提示：**

ⅰ. $u(\Delta x)$ 要考虑回归或逐差的 A 类不确定度以及仪器误差。

ⅱ. $u(b)$、$u(b')$、$u(S)$ 和 $u(S')$ 均应考虑来自成像位置判断不准而带来的误差，可取 $\Delta(S)=\Delta(S')=0.5\ \mathrm{cm}$，$\frac{\Delta b}{b}=\frac{\Delta b'}{b'}=0.025$。

ⅲ. 为简单起见，略去 $S$ 与 $b$、$S'$ 与 $b'$ 的相关系数，把他们均当作独立测量量处理。

## 实验 2　钠光的双棱镜干涉与劳埃镜干涉

**(1) 调节各元件等高共轴**

钠光与激光的干涉原理和测量方法是完全相同的，但由于光源性质的不同，使得共轴调节的方法有很大差别。

**1）调整狭缝与凸透镜等高共轴**

将狭缝紧贴钠灯放在光具座上，接着依次放上透镜（$f\approx 20\ \mathrm{cm}$）和白屏，用二次成像法使狭缝与透镜等高共轴。

**2）调整测微目镜、狭缝和透镜等高共轴**

用测微目镜取代白屏，并置于距狭缝略大于 80 cm 位置上，进一步用二次成像法调至测微目镜叉丝与狭缝、透镜等高共轴。

**3）调整双棱镜或劳埃镜与其他元件共轴**

① 双棱镜干涉：在狭缝与透镜之间放上双棱镜，使双棱镜到狭缝的距离约 20 cm，上下左右移动双棱镜并转动狭缝，直至在测微目镜中观察到等长并列（表示棱脊平行于狭缝）、等亮度（表示棱脊通过透镜光轴）的两条狭缝缩小像。

② 劳埃镜干涉：移去透镜，在狭缝后面放上劳埃镜，通过劳埃镜目测观察双光源像，调整狭缝取向至两狭缝像相互平行，再调整劳埃镜使双光源等亮且相距较近。

**(2) 干涉条纹的调整**

要通过测微目镜看到清晰的干涉条纹，实验中必须满足两个条件：①狭缝宽度足够窄，以使缝宽上相应各点为相干光，具有良好的条纹视见度。但狭缝不能过窄，过窄光强太弱，同样无法观察到干涉条纹。②棱镜的脊背或劳埃镜反射形成的虚狭缝必须与狭缝的取向相互平行，否则缝的上下相应各点光源的干涉条纹互相错位叠加，会降低条纹视见度，也无法观察到干涉条纹。

调整方法如下：

① 双棱镜干涉：在上述各光学元件调整的基础上，移去透镜，进一步交替微调狭缝宽

度和狭缝取向，反复若干次，直至通过测微目镜看到最清晰的干涉条纹为止。

② 劳埃镜干涉：通过测微目镜进行观察，同时微调劳埃镜和狭缝宽度及狭缝取向，直至出现清晰的干涉条纹。

**(3) 波长的测量及数据处理**

测量方法及数据处理与激光干涉相同。

### 4.11.5 思考题

① 已知透镜焦距 $f \approx 20$ cm，设测 $S$ 时位置判断不准的最大偏差 $\Delta(S)=0.5$ cm，试计算由此引起 $b$ 测量的最大相对偏差 $\frac{\Delta b}{b}$ 是多少？（提示：在整个测量过程中始终满足 $D=S+S'\geq 4f$。）

② 扩束镜的焦距为 $f$，如何计算 $S$ 和 $S'$？实验中使用的是100倍的扩束镜（透镜放大率定义为 $M=\frac{S_0}{f}$，$S_0=25$ cm。想一想，为什么这样定义？），又如何计算 $S$ 和 $S'$？

③ 根据你的测量数据，定量讨论哪个（些）量的测量对结果准确度的影响最大？原因何在？

### 4.11.6 拓展研究

① 交换激光双棱镜实验中扩束镜与双棱镜的位置，研究条纹宽度与虚光源间距的关系，并研究由此测量激光波长的公式及方法。

② 本实验中使用二次成像法测量测微目镜到光源的距离 $D$，研究利用物距 $S=2f$ 时，用物距像距相等法测量 $D$，以及分析比较两种方法各自的误差。

③ 钠灯双棱镜干涉实验中，加入凸透镜进行成像测量，研究透镜置于非成像位置时在测微目镜中观察到的干涉条纹的形成原因及其特征，分析推导条纹间距与波长的关系。

## 实验方法专题讨论之九——原始数据的记录

（本节实例主要取自“菲涅耳双棱镜干涉测波长”）

原始数据是记录实验和测量过程最重要的基础材料，必须做到完整、严格、准确。下面针对以往出现过的问题再做几点讨论。

一份完整的原始数据记录应当包括实验的日期、名称和方法，所用的测量仪器、规格。被测数据不仅涉及计算公式中要用到的观测量，还应当包括有关的影响量的数值。例如，双棱镜测波长中应当同时列出光源、扩束镜、双棱镜、透镜（观察放大和缩小的虚光源像时）以及测微目镜（支架）的位置。表面上，计算 $\lambda$ 时不需要知道双棱镜和测微目镜的位置，但实际上它们对虚光源到观察屏的距离 $D$ 和条纹间距 $\Delta x$ 的大小都有影响。认真记录这些数据不仅可供误差分析和数据检验使用，而且一旦怀疑测量结果有误，可以迅速按记录恢复实验条件进行复测、分析。

实验中 $D$ 是通过虚光源成放大和缩小像时的透镜位置 $X_1$、$X_2$ 来计算的：$D=|X_1-X_0|+|X_2-X_0|$（$X_0$ 是虚光源在光具座上的位置）。如果测微目镜的支架位置是 $X_3$，则应有 $D$ 接

近但稍大于 $|X_3 - X_0|$。因此 $X_3$ 有助于检查放大像和缩小像位置判别是否正确，以及测量数据是否合理。

**思考：** $D$ 与 $|X_3 - X_0|$ 的差值应当等于什么？该差值大约为多大？

一份合格的实验原始数据记录是严肃科学态度的体现。数据必须记录在正规的数据记录单上，不允许随意拿一张纸做草率的记录。应当用钢笔一类的书写工具，而不宜用铅笔做记录。对落笔有误或出现粗差的结果，允许删除但不要涂改，做到数据不用，记录留下。这也是科学态度的一种体现。有时，被删除的数据还可能有（甚至是有重要）价值而未被理解。历史上的一个著名例子是诺贝尔物理奖的获得者密立根在他精确测量电子电荷的论文中有一条注解：我已去掉了在一个带电油滴上明显观测到的但没有重复出现过的结果，按该油滴的电荷比得到的 $e$ 值大约要小 30%。

记录原始数据时，应当做到：按照数据规律列出表格；物理量必须有单位；记录的有效数字正确；记录的是未经加工的原始读数。

以双棱镜实验为例，原始数据可分列成三个表格，它们是放置在光学导轨上的光具座上各元件的位置、干涉条纹的位置和两虚光源大小像位置的测量记录。测微目镜的读数单位为 mm，光具座上元件位置的读数可用 cm 作单位。测微目镜的读数应估读到 0.001 mm；元件在光具座上的位置按最小分度的 1/10 可以估读到 0.1 mm，但由于读数窗刻线与刻度尺的视差及窗线本身宽度的影响，测量结果写至 0.5 mm 比较合理。

这里特别要对原始读数做一点说明。它是指从测量装置上直接记录的读数，未做任何计算。这样做的重要性在于免除人为因素可能带入的潜在干扰，保持数据的记录正确与规范。例如，电表读数只记录指针的偏转格数而把乘以分度值放到数据处理中去进行。

同样地，本实验中应直接记录元件或条纹的位置而不是元件或条纹之间的距离。记录原始数据时，还有一个标尺过零（整米）的记录问题。按图 4.11.5 中箭头所在位置应分别记为 84.55 cm 和 13.35(+100) cm，不要写成 −15.45 cm 和 13.35 cm。在分光仪实验中也有类似的情况，转角过零时应当加 360°。

图 4.11.5　标尺过零和原始数据的记录

表 4.11.1 是一个测量干涉条纹的错误记录。请思考：作为原始数据它有哪些毛病？

表 4.11.1　测量干涉条纹的错误记录

| 1 | 2 | 3 | 4 | 5 | 6 | 7 | 8 | 9 | 10 |
|---|---|---|---|---|---|---|---|---|---|
| 0.271 | 0.239 | 0.278 | 0.261 | 0.262 | 0.262 | 0.238 | 0.249 | 0.261 | 0.260 |
| 11 | 12 | 13 | 14 | 15 | 16 | 17 | 18 | 19 | 20 |
| 0.260 | 0.275 | 0.257 | 0.257 | 0.252 | 0.256 | 0.274 | 0.267 | 0.257 | 0.258 |

## 4.12　光的干涉实验 2（分振幅法）

利用透明媒质的第一表面和第二表面对入射光依次反射，将入射光振幅分解为若干部分，由这些光波相遇所产生的干涉称为分振幅法干涉。如生活中常见的水面薄油层、肥皂泡以及某些昆虫翅膀上显示的彩色条纹，就是由不同表面反射的光波形成的干涉。

本系列实验包括的迈克尔逊干涉、牛顿环和劈尖干涉都属于分振幅法干涉。

迈克尔逊干涉仪是由美国科学家迈克尔逊（A. A. Michelson）于 1881 年精心设计的，迈克尔逊和莫雷合作利用此干涉仪研究以太漂移，结果否定了以太的存在，为爱因斯坦的狭义相对论奠定了基础。

牛顿环是英国科学家牛顿在 1675 年首先观察到的。牛顿环是光的波动性最好的证明之一，常用来检验光学元件表面曲率。

### 4.12.1　实验要求

#### 1. 实验重点

**实验 1　迈克尔逊干涉**

① 熟悉迈克尔逊干涉仪的结构，掌握其调整方法；

② 通过实验观察，认识点光源非定域干涉条纹的形成与特点；

③ 利用干涉条纹变化的特点测定光源的波长。

**实验 2　牛顿环干涉**

① 加深对等厚干涉的基本规律和用分振幅法实现干涉的实验方法的认识；

② 掌握利用牛顿环干涉测定透镜曲率半径的一种方法；

③ 正确使用读数显微镜，注意空程误差的消除。

**实验 3　劈尖干涉**

① 进一步加深对等厚干涉现象及原理的理解；

② 学会利用劈尖干涉现象测量细丝直径（或薄片厚度）的方法；

③ 学习用逐差法处理数据的方法。

#### 2. 预习要点

**实验 1　迈克尔逊干涉**

① 在迈克尔逊干涉仪光路中，有一块补偿板 $G_2$，试说明它是如何起补偿作用的？

② 本实验为什么称为非定域干涉？它有什么特点？与牛顿环实验的干涉条纹有什么不同？

③ 当改变 $d$ 时，条纹有什么变化？如何根据这一现象来计算被测光波的波长？

④ 迈克尔逊干涉仪的调整主要依据光的反射原理，试根据此原理说明调整的主要步骤和方法。

⑤ 迈克尔逊干涉仪的读数装置应如何调零？其最小分度值是多少？

**实验 2 牛顿环干涉**

① 牛顿环干涉条纹形成在哪一个面上（即定域在何处）？产生的条件是什么？为什么把它称为分振幅的等厚干涉？

② 调节读数显微镜焦距应注意什么？测量牛顿环直径时应如何安排测量顺序？干涉环的环数是否可从第一级取起？

③ 本实验如何才能使用一元线性回归来进行数据的拟合？不知道条纹确切的级数时怎么办？自变量怎么选？线性拟合中的常数项 $a$ 有没有具体的物理意义？

**实验 3 劈尖干涉**

① 如何制作劈尖样品？产生劈尖干涉的原理是什么？

② 理想的劈尖干涉条纹的形状应该是什么样子？它与劈尖棱边（即玻璃板交线）的关系如何？

③ 劈尖干涉条纹与牛顿环干涉条纹有何异同？分别说明之。

## 4.12.2 实验原理

**实验 1 迈克尔逊干涉**

**(1) 迈克尔逊干涉仪的光路**

迈克尔逊干涉仪的光路如图 4.12.1 所示，从光源 $S$ 发出的一束光射在分束板 $G_1$ 上，将光束分为两部分：一部分从 $G_1$ 的半反射膜处反射，射向平面镜 $M_2$；另一部分从 $G_1$ 透射，射向平面镜 $M_1$。因 $G_1$ 和全反射平面镜 $M_1$、$M_2$ 均成45°角，所以两束光均垂直射到 $M_1$、$M_2$ 上。从 $M_2$ 反射回来的光，透过半反射膜；从 $M_1$ 反射回来的光，为半反射膜反射。二者相遇叠加，在 E 处即可观察到干涉条纹。光路中另一平行平板 $G_2$ 与 $G_1$ 平行，其材料及厚度与 $G_1$ 完全相同，以补偿两束光在玻璃板 $G_1$ 中的光程差，称为补偿板。

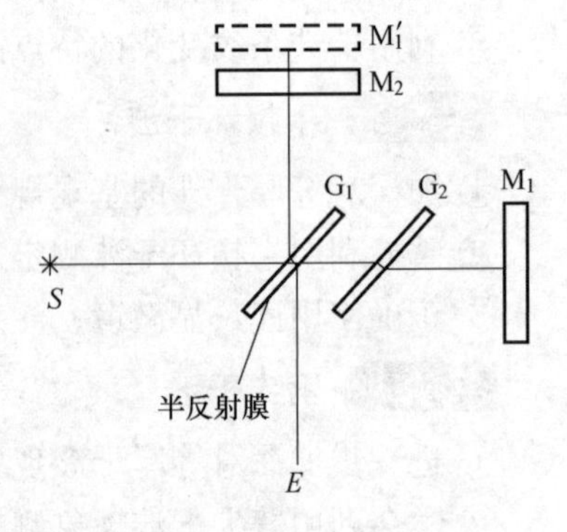


图 4.12.1 迈克尔逊干涉光路

反射镜 $M_1$ 是固定的，$M_2$ 可以在精密导轨上前后移动，以改变两束光之间的光程差。$M_1$、$M_2$ 的背面各有三个螺钉用来调节平面镜的方位。$M_1$ 的下方还附有两个方向相互垂直的拉簧，调节它们的松紧，能使 $M_1$ 支架产生微小变形，以便精确地调节 $M_1$。

在图 4.12.1 所示的光路中，$M_1'$是 $M_1$ 被 $G_1$ 半反射膜反射所形成的虚像。对观察者而言，两相干光束等价于分别从 $M_1'$和 $M_2$ 反射而来，迈克尔逊干涉仪所产生的干涉花样就如同 $M_2$ 与 $M_1'$之间的空气膜所产生的干涉一样。若 $M_1'$与 $M_2$ 平行，则可视作折射率相同、厚度相同的薄膜；若 $M_1'$与 $M_2$ 相交，则可视作折射率相同、夹角恒定的楔形薄膜。

**(2) 单色点光源的非定域干涉条纹**

如图 4.12.2 所示，$M_2$ 平行 $M_1'$且相距为 $d$。点光源 $S$ 发出的一束光，对 $M_2$ 来说，正如 $S'$处发出的光一样，即 $SG = S'G$，而对于在 $E$ 处的观察者来说，由于 $M_2$ 的镜面反射，$S'$点光源如处于 $S_2'$位置处一样，即 $S'M_2 = M_2S_2'$。又由于 $G_1$ 半反射膜的作用，$M_1$ 的位置如处于

$M_1'$位置处一样。同样对 $E$ 处的观察者，点光源 $S$ 如处于 $S_1'$位置处。所以 $E$ 处的观察者所观察到的干涉条纹，犹如虚光源 $S_1'$、$S_2'$发出的球面波，它们在空间处处相干，把观察屏放在 $E$ 空间不同位置处，都可以见到干涉条纹，所以这一干涉是非定域干涉。

如果把观察屏放在垂直于 $S_1'$、$S_2'$连线的位置上，则可以看到一组同心圆，而圆心就是 $S_1'$、$S_2'$的连线与屏的交点 $E$。设在 $E$ 处（$ES_2'=L$）的观察屏上，离中心 $E$ 点远处有某一点 $P$，$EP$ 的距离为 $R$，则两束光的光程差为

$$\Delta L=\sqrt{(L+2d)^2+R^2}-\sqrt{L^2+R^2}$$

$L\gg d$ 时，展开上式并略去 $d^2/L^2$，则有

$$\Delta L=2Ld/\sqrt{L^2+R^2}=2d\cos\varphi$$

式中，$\varphi$ 是圆形干涉条纹的倾角。所以亮纹条件为

$$2d\cos\varphi=k\lambda\quad(k=0,1,2,\cdots)\tag{4.12.1}$$

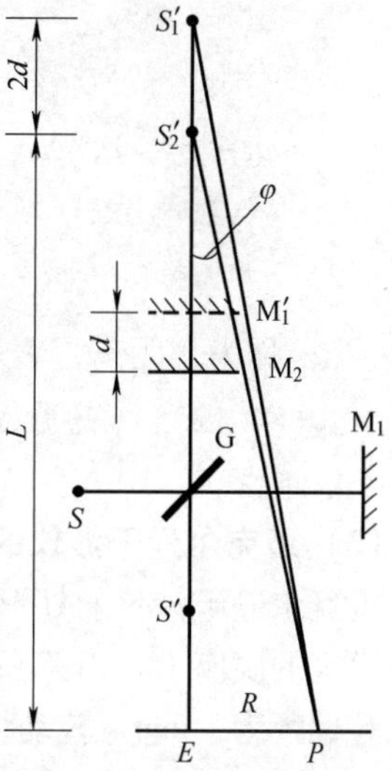

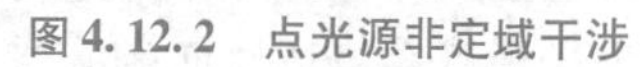

图 4.12.2　点光源非定域干涉

由上式可知，点光源非定域圆形干涉条纹有如下几个特点：

① 当 $d$、$\lambda$ 一定时，$\varphi$ 角相同的所有光线的光程差相同，所以干涉情况也完全相同；对应于同一级次，形成以光轴为圆心的同心圆环。

② 当 $d$、$\lambda$ 一定时，如 $\varphi=0$，干涉圆环就在同心圆环中心处，其光程差 $\Delta L=2d$ 为最大值，根据亮纹条件，其 $k$ 也为最高级数。如 $\varphi\neq0$，$\varphi$ 角越大，则 $\cos\varphi$ 越小，$k$ 值也越小，即对应的干涉圆环越往外，其级次 $k$ 也越低。

③ 当 $k$、$\lambda$ 一定时，如果 $d$ 逐渐减小，则 $\cos\varphi$ 将增大，即 $\varphi$ 角逐渐减小。也就是说，同一 $k$ 级条纹，当 $d$ 减小时，该级圆环半径减小，看到的现象是干涉圆环内缩（吞）；如果 $d$ 逐渐增大，同理，看到的现象是干涉圆环外扩（吐）。对于中央条纹，若内缩或外扩 $N$ 次，则光程差变化为 $2\Delta d=N\lambda$。式中，$\Delta d$ 为 $d$ 的变化量，所以有

$$\lambda=2\Delta d/N\tag{4.12.2}$$

④ 设 $\varphi=0$ 时最高级次为 $k_0$，则

$$k_0=2d/\lambda$$

同时在能观察到干涉条纹的视场内，最外层的干涉圆环所对应的相干光的入射角为 $\varphi'$，则最低的级次为 $k'$，且

$$k'=\frac{2d}{\lambda}\cos\varphi'$$

所以在视场内看到的干涉条纹总数为

$$\Delta k=k_0-k'=\frac{2d}{\lambda}(1-\cos\varphi')\tag{4.12.3}$$

当 $d$ 增加时，由于 $\varphi'$ 一定，所以条纹总数增多，条纹变密。

⑤ 当 $d=0$ 时，$\Delta k=0$，即整个干涉场内无干涉条纹，见到的是一片亮暗程度相同的视场。

⑥ 当 $d$、$\lambda$ 一定时，相邻两级亮条纹有下列关系：

$$\begin{cases} 2d\cos\varphi_k = k\lambda \\ 2d\cos\varphi_{k+1} = (k+1)\lambda \end{cases} \tag{4.12.4}$$

设 $\overline{\varphi}_k \approx \frac{1}{2}(\varphi_k + \varphi_{k+1})$，$\Delta\varphi_k = (\varphi_{k+1} - \varphi_k)$，且考虑到 $\overline{\varphi}_k$、$\Delta\varphi_k$ 均很小，则可证得

$$\Delta\varphi_k = -\frac{\lambda}{2d\overline{\varphi}_k} \tag{4.12.5}$$

式中，$\Delta\varphi_k$ 称为角距离，表示相邻两圆环对应的入射光的倾角差，反映圆环条纹之间的疏密程度。式（4.12.5）表明 $\Delta\varphi_k$ 与 $\overline{\varphi}_k$ 成反比关系，即圆环条纹越往外，条纹间的角距离就越小，条纹越密。

**（3）迈克尔逊干涉仪的机械结构**

迈克尔逊干涉仪的外形如图 4.12.3 所示，其机械结构如图 4.12.4 所示。导轨 7 固定在一个稳定的底座上，由三只调平螺钉 9 支承，调平后可以拧紧固定圈 10 以保持底座稳定。丝杠 6 螺距为 1 mm。转动粗动手轮 2，经过一对传动比为 10∶1 的齿轮副带动丝杠旋转，与丝杠啮合的开合螺母 4 通过转档块及顶块带动镜 11 在导轨面上滑动，实现粗动。移动距离的毫米数可在机体侧面的毫米刻尺 5 上读得，通过读数窗口，在刻度盘 3 上读到 0.01 mm。转动微动手轮 1，经 1∶100 蜗轮副传动，可实现微动，微动手轮的最小刻度值为 0.000 1 mm。注意：转动粗动手轮时，微动齿轮与之脱离，微动手轮读数不变；而转动微动手轮时，则可带动粗动齿轮旋转。滚花螺钉 8 用于调节丝杠顶紧力，此力不宜过大，已由实验技术人员调整好，学生不要随意调节该螺钉。

迈克尔逊干涉仪

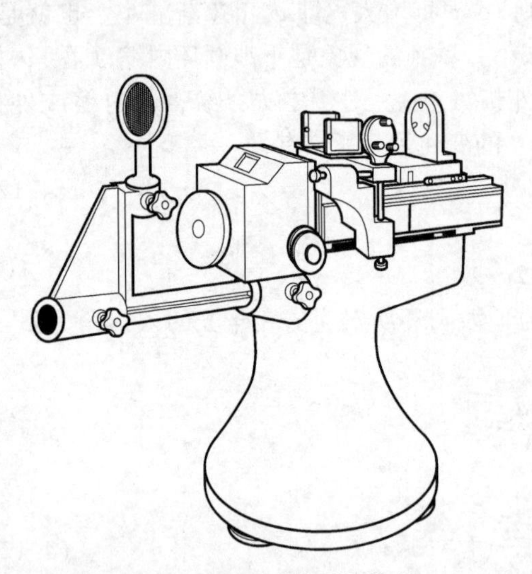

图 4.12.3　迈克尔逊干涉仪

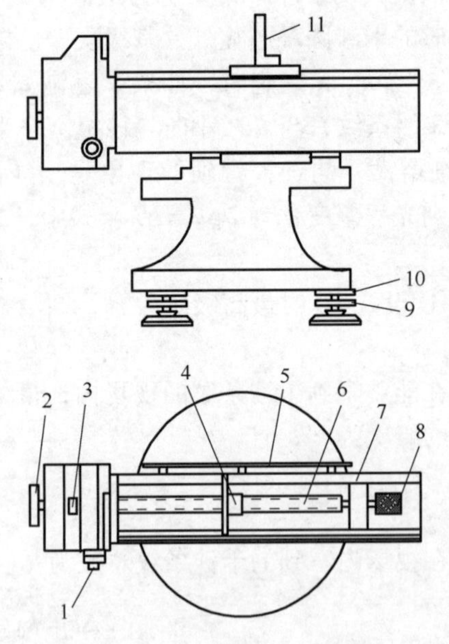


图 4.12.4　干涉仪机械结构

使用时要注意以下几点：

① 调整部件时用力要适当，不可强旋硬扳。

② 经过精密调整的仪器部件上的螺钉都涂有红漆，不要擅自转动。

③ 反射镜、分光镜表面只能用吹耳球吹气去尘，不允许用手摸、哈气及擦拭。

④ 读数装置调零方法：先将微动手轮顺时针调至“0”，然后再将粗动手轮顺时针转至对齐任一刻线，此后微动手轮可带动粗动手轮一起旋转。

## 实验2 牛顿环干涉

将一曲率半径相当大的平凸玻璃透镜A放在一平板玻璃B的上面即构成一个牛顿环仪，如图4.12.5下面部分所示。自光源$S$发出的光经过透镜L后成为平行光束，再经过倾斜为45°的平板玻璃M反射后，垂直地照射到平凸透镜上。入射光分别在空气层的两表面（平凸透镜的下表面和平板玻璃的上表面）反射后，透过M进入读数显微镜T，在读数显微镜中可以观察到以接触点为中心的圆环形干涉条纹——牛顿环。如果光源发出的光是单色光，则牛顿环是亮暗相间的条纹；如果光源发出的光是白光，则牛顿环是彩色条纹。

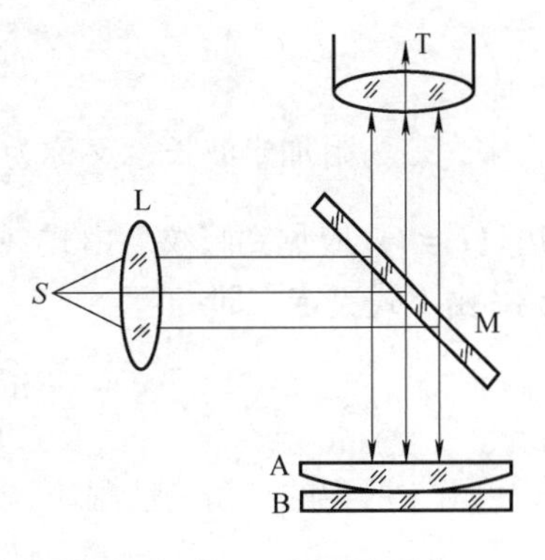

图4.12.5 牛顿环干涉

根据光的干涉条件，在空气厚度为$e$的地方，有

$$\begin{cases} 2e+\dfrac{\lambda}{2}=k\lambda & (k=1,2,3,\cdots)\text{亮纹} \\ 2e+\dfrac{\lambda}{2}=(2k+1)\dfrac{\lambda}{2} & (k=0,1,2,\cdots)\text{暗纹} \end{cases} \tag{4.12.6}$$

式中，左端的$\lambda/2$为“半波损失”。令$r$为条纹半径，从图4.12.6中给出的几何关系得

$$R^2=r^2+(R-e)^2$$

化简后得

$$r^2=2Re-e^2$$

当$R\gg e$时，上式中的$e^2$可以略去，因此

$$e=\frac{r^2}{2R}$$

将此式代入上述干涉条件，并化简，得

$$\begin{cases} r^2=(2k-1)R\dfrac{\lambda}{2} & (k=1,2,3,\cdots) \quad \text{亮纹} \\ r^2=k\lambda R & (k=0,1,2,\cdots) \quad \text{暗纹} \end{cases} \tag{4.12.7}$$

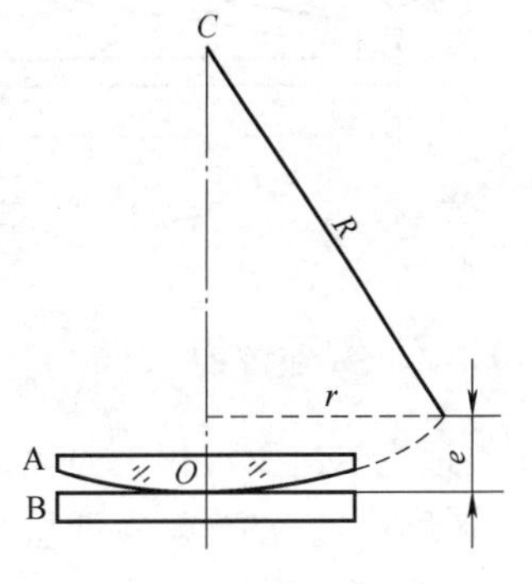

图4.12.6 光程差计算用图

由式（4.12.7）可以看出，如果测出了亮纹（或暗纹）的半径$r$，就可定出平凸透镜的曲率半径$R$。在实际测量中，暗纹比较容易对准，故以测量暗纹为宜，并且通常测量直径$D$比较方便，于是可将公式变为

$$D^2=4k\lambda R \quad (k=0,1,2,\cdots) \tag{4.12.8}$$

需要注意的是，由于在接触点处有尘埃以及玻璃的弹性形变，因此牛顿环的中心级数$k$不易确定，用式（4.12.8）测定$R$时尚需做适当处理。

## 实验3 劈尖干涉

劈尖样品的制作过程和测量细丝直径（或薄片厚度）原理如下：

如图4.12.7所示，将待测细丝（或薄片）放入两块光学平板玻璃之间，则在两玻璃之间形成劈尖形的空气薄膜。用单色平行光垂直入射到玻璃板上时，由劈尖间的空气薄膜上下两表面所反射的光相互干涉，如图 4.12.8 所示，结果在空气薄膜的上表面（即上玻璃板的下表面）产生一系列亮暗相间、相互平行且间隔相等的等厚干涉条纹。

设空气劈尖某一位置的厚度为 $e$，则该点处上下两表面反射的两束光线之间的光程差为

$$\delta = 2e + \frac{\lambda}{2} \tag{4.12.9}$$

式中，$\frac{\lambda}{2}$为附加半波长，又称为半波损失。由于有半波损失，在两块玻璃板之间相接处即棱边（$e=0$）应见到暗纹。由式（4.12.6）可知，任何两个相邻的亮纹（或暗纹）之间的距离 $l$ 由下式决定，即

$$l\sin\theta = e_{k+1} - e_k = (k+1-k)\frac{\lambda}{2} = \frac{\lambda}{2} \tag{4.12.10}$$

由于劈尖的夹角一般很小，所以有 $\sin\theta \approx \frac{d}{L}$，代入式（4.12.10）可得

$$d = \frac{L}{l} \cdot \frac{\lambda}{2} \tag{4.12.11}$$

式中，$L$ 为细丝位置到劈尖尖端之间的距离。当 $\lambda$ 已知时，通过读数显微镜观察干涉条纹并测量出 $L$、$l$，就可以确定细丝直径（或薄片厚度）的大小。

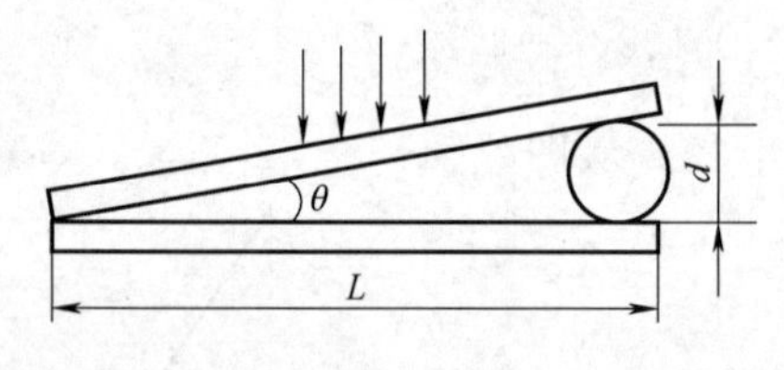

图 4.12.7 劈尖

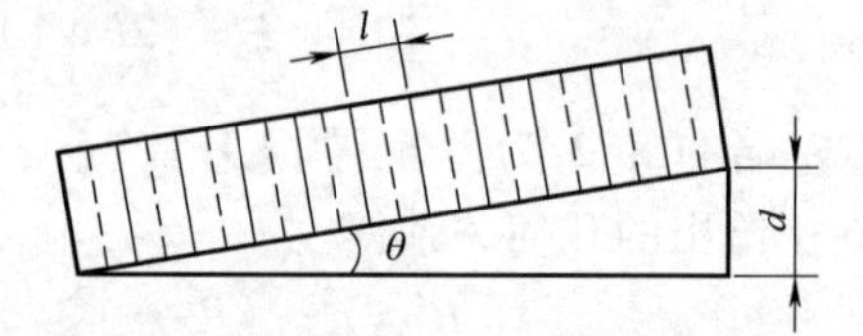

图 4.12.8 劈尖干涉条纹

## 4.12.3 实验仪器

迈克尔逊干涉仪、氦氖激光器、小孔、扩束镜、毛玻璃；牛顿环仪、读数显微镜（附45°玻璃片）、钠光灯；两块平行光学玻璃、待测细丝（或薄片）。

## 4.12.4 实验内容

氦氖激光器

**实验 1 迈克尔逊干涉**

**（1）迈克尔逊干涉仪的调整**

① 调节激光器方位，使激光束水平地入射到 $M_1$、$M_2$ 反射镜中部并基本垂直于仪器导轨。

方法：首先将 $M_1$、$M_2$ 背面的三个螺钉及 $M_1$ 的两个微调拉簧均拧成半松半紧，然后上下移动、左右旋转激光器并调节激光管俯仰，使激光束入射到 $M_1$、$M_2$ 反射镜的中心，并使由 $M_1$、$M_2$ 反射回来的光点回到激光器光束输出端口的中点附近。

② 调节 $M_1$、$M_2$ 互相垂直。

方法：在光源前放置一小孔，让激光束通过小孔入射到 $M_1$、$M_2$ 上，根据反射光点的位置对激光束方位做进一步细调。在此基础上调整 $M_1$、$M_2$ 背面的三个方位螺钉，使两镜的反

射光斑（最亮的一个）均与小孔重合，这时 $M_1$ 与 $M_2$ 基本垂直。

**（2）点光源非定域干涉条纹的观察和测量**

① 将激光束用扩束镜扩束，以获得点光源。这时毛玻璃观察屏上应出现条纹。

② 调节 $M_1$ 镜下方两个微调拉簧，使产生圆环非定域干涉条纹。这时 $M_1$ 与 $M_2$ 的垂直程度进一步提高。

③ 将另一小块毛玻璃放到扩束镜与干涉仪之间，以便获得面光源。放下毛玻璃观察屏，用眼睛直接观察干涉环，同时仔细调节 $M_1$ 的两个微调拉簧，直至眼睛上下、左右晃动时，各干涉环大小不变，即干涉环中心没有吞吐，只是圆环整体随眼睛一起平动。此时得到面光源定域等倾干涉条纹，说明 $M_1$ 与 $M_2$ 严格垂直。

④ 移走小块毛玻璃，将毛玻璃观察屏放回原处，仍观察点光源等倾干涉条纹。改变 $d$ 值，使条纹外扩或内缩，利用式（4.12.2），测出激光的波长。要求圆环中心每吞（或吐）100 个条纹，即亮暗交替变化 100 次记下一个 $d$，连续测 10 个值。

提示：

ⅰ. 测量应沿微动手轮顺时针旋转方向进行。

ⅱ. 测量前必须严格消除空程误差。通常应使微动手轮顺时针前进至条纹出现吞吐后，再继续顺时针旋微动手轮几十圈以上。

**（3）数据处理**

① 原始数据列表表示。

② 用逐差法处理数据。

③ 计算波长及其不确定度，并给出测量的结果表述。

提示：只要不发生计数错误，条纹连续读数的最大判断误差不会超过 $\Delta N = 1$。

## 实验2 牛顿环干涉

牛顿环和劈尖实验

**（1）干涉条纹的调整**

按图 4.12.5 所示放置仪器，使用钠灯作为光源，光源 $S$ 发出的光经平板玻璃 M 的反射进入牛顿环仪。调节读数显微镜的目镜至清晰地看到十字叉丝，然后由下向上移动显微镜镜筒（为防止压坏被测物体和物镜，不得由上向下移动），看清牛顿环干涉条纹。

提示：若牛顿环干涉条纹不清晰，可能的原因之一是显微镜的 45°反光镜方位不合适，应根据实际情况进行适当的调整。

**（2）牛顿环直径的测量**

连续测出 10 个以上干涉条纹的直径。

提示：

① 测量前先定性观察条纹是否都在显微镜的读数范围之内。

② 由于接触点附近玻璃存在形变，故中心附近的圆环不宜用来测量。

③ 读数前应使叉丝中心和牛顿环的中心重合。

④ 为了有效地消除空程带来的误差，不仅要保证单方向转动鼓轮（稍有倒转，则全部数据作废），而且要在叉丝推进一定的距离以后（例如 5 个条纹以上）才开始读数。

**（3）数据处理**

① 自行设计原始数据列表。

② 由式（4.12.8）用一元线性回归方法计算平凸透镜的曲率半径。

③ 学习用计算机编程来处理数据。

**实验3 劈尖干涉**

**（1）劈尖样品的制作**

把两块光学平板玻璃叠在一起，一端插入待测的细丝（或薄片），则两玻璃片之间形成一个劈尖形的空气薄膜，称为“劈尖”。把做好的劈尖放在读数显微镜的平台上，打开钠光灯，使光垂直入射到劈尖的尖端位置，调节显微镜观察干涉条纹判断劈尖是否做好，好的劈尖条纹应与劈尖棱边平行。不合要求的应重新制作。

**（2）观察劈尖干涉条纹并测量条纹间距**

① 用与调节牛顿环同样的方法，调出清晰的亮暗相间的直条纹。

② 测量细丝位置到劈尖尖端的距离 $L$，要求进行多次重复测量。提示，注意消除空程误差。

③ 用物理量放大测量法测出10条以上暗纹位置。具体方法如下：从干涉区左端某一暗纹开始测量，记下初始读数 $X_0$；然后右移叉丝，每移过 $n$ 条暗纹，分别记录一个读数 $X_{0+n}$，$X_{0+2n}$，…，$X_{0+9n}$。通过测量多个条纹间距来最终确定 $l$，可以提高测量精度。

**（3）数据处理**

① 自行设计细丝到劈尖尖端之间的距离 $L$ 及相邻干涉条纹间距 $l$ 的原始数据列表。

② 用逐差法处理数据，计算出细丝直径的测量结果及其不确定度，并写出最后的结果表述。

### 4.12.5 思考题

**实验1 迈克尔逊干涉**

① 如果用一束平面光波代替点光源所产生的球面光波照射到干涉仪上，在观察屏处将得到怎样的干涉条纹？

② 当 $M_1$ 不严格垂直 $M_2$ 时会观察到什么现象？为什么？

③ 如果前后两次看到的干涉条纹，一个间距小（密），另一个间距大（疏），问哪种情况下的 $d$ 小？如果视野中只出现了一两条粗大的干涉条纹，说明了什么？

④ 迈克尔逊干涉仪常被用来测量空气的折射率。方法是在其中一臂的光路上，插入厚度为 $t$ 的透明密封气室，开始将气室抽成真空，然后对气室缓慢充气到大气压，同时观察条纹的变化。请说明测量原理并导出计算公式。

**实验2 牛顿环干涉**

① 在实验中若遇到下列情况，对实验结果是否有影响？为什么？

ⅰ. 牛顿环中心是亮斑而非暗斑。

ⅱ. 测 $D_m$ 和 $D_n$ 时，叉丝交点未通过圆环的中心，因而测量的是弦长，而非真正的直径（图4.12.9）。

② 牛顿环法常被工厂用于产品表面曲率的检验，方法是把一块标准曲率的透镜放在被检透镜上（图4.12.10），观察干涉条纹数目及轻轻加压时条纹的移动。试问如果被检凸透镜曲率半径偏小，将观察到什么现象？为什么？

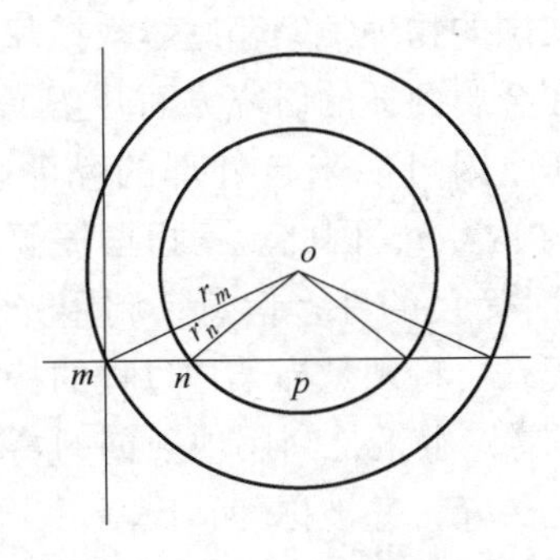


图 4.12.9 牛顿环思考题①图

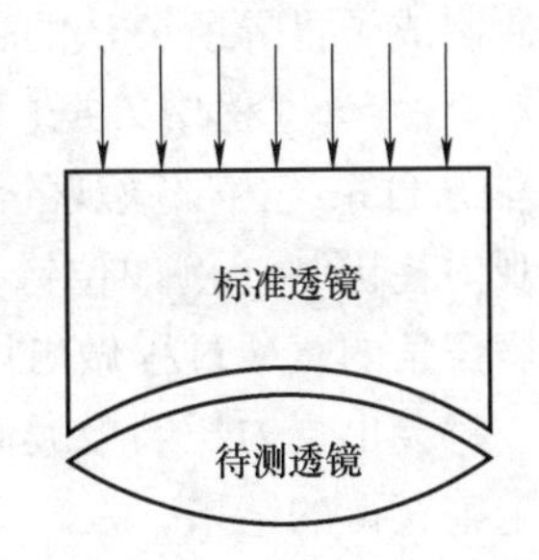


图 4.12.10 牛顿环思考题②图

**实验3 劈尖干涉**

① 从理论上看，劈尖棱边和牛顿环中央应为暗纹，但实验中有时呈现出亮点，为什么？如何消除？

② 如果将劈尖中的空气改为水或汽油，干涉条纹将如何变化？

### 4.12.6 拓展研究

① 实验中通过改变毛玻璃观察屏的放置方位（倾斜不同的角度），研究空间两个点光源的非定域干涉条纹特征，并结合理论分析条纹差异的原因。

② 在迈克尔逊干涉仪的动镜一臂插入一块均匀介质薄膜（或玻璃板），研究分别利用白光和激光作为光源，如何测量均匀介质薄膜（或玻璃板）的折射率。

## 实验方法专题讨论之十——实验仪器的创新构思

（本节论述源自“光杠杆法测弹性模量”“扭摆法测转动惯量”“双电桥测低电阻”“菲涅耳双棱镜干涉测波长”和“迈克尔逊干涉仪的调整和波长测量”等实验）

基本实验中有许多实验来自实验大师的巧妙构思。对它们做进一步的分析，有利于我们把握实验设计所蕴涵的丰富的物理内容，体会到物理大师们深邃的实验思想方法、巧妙的仪器设计创新和精湛的实验测量技能。几位著名的物理学家如图 4.12.11 所示。

葛庭燧

开尔文(W.汤姆孙)

菲涅耳

迈克尔逊

图 4.12.11 著名物理学家

扭摆和光杠杆是最普通的物理实验仪器，然而我国的物理学家葛庭燧教授却把两者巧妙地结合起来，研制成了世界所公认的葛氏扭摆，并在金属内耗的研究方面开拓了一个新的方法和领域。扭摆在摆动过程中，振幅不断衰减，其原因可能来自外部的黏滞阻力等原因（外耗），也可能来自系统内部微观的能量耗散机制（内耗），因此观察扭摆振幅的衰减过程有可能获得微观内耗机制（例如位错、点缺陷和界面等）的许多信息；利用光杠杆放大原理，可以对扭摆摆角的衰减过程做出详尽的描述和记录。特别是当某种过程的特征时间和振动周期相同时，将会出现内耗的极大值（内耗峰）。葛先生正是利用他独创的葛氏摆，揭示了一系列前人未曾获得的结果，发现了晶粒间界的弛豫峰，并被称为葛氏峰。

大家知道，由于引（接）线和接触电阻所造成的附加电阻的影响，普通电桥不能用来进行低电阻的测量。英国物理学家开尔文（W. 汤姆孙）提出了双电桥的设计，使矛盾迎刃而解。解决低阻测量矛盾的核心是采用四端连线的办法，把附加电阻分别归入其他支路而使被测低电阻不受影响。以最简单的伏安法测电阻为例。如图 4.12.12 所示，采用了四端连线后，一部分附加电阻被引入电压表支路，另一部分归入电流表支路。和电压表电阻相比，附加电阻可以略去，因此电压表上的电压也就可以看成施加在被测电阻两端的实际电压，而电流表的读数可以看成就是流过被测电阻的实际电流（一般可以略去电压表的分流影响，必要时也可按电压表内阻做出修正）。这时被测电阻的测量准确度将不会受到附加电阻的干扰。按照四端连线的办法构成的双电桥就称为开尔文或汤姆孙电桥。

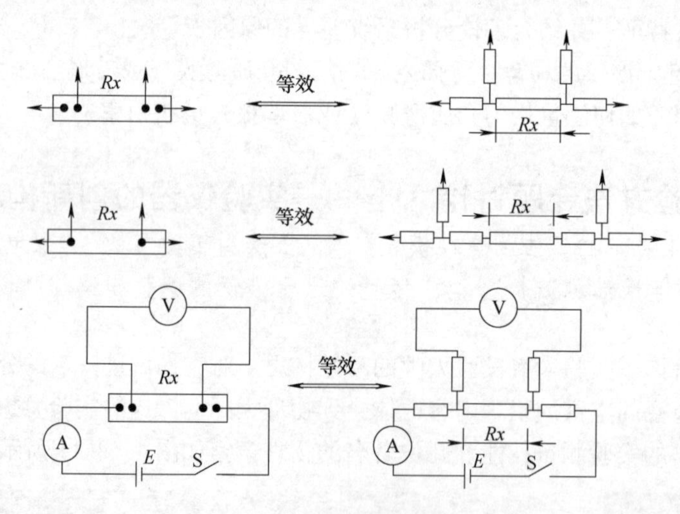


图 4.12.12　低电阻的四端连线

光是一种波动。波动的基本特征是存在干涉和衍射现象，波的强度在空间重新分布。但是观察光的干涉比观察无线电波、声波等来自宏观波源的干涉现象要困难得多。这是因为普通光源来自原子、分子等微观客体的自发辐射，而不同原子、分子发出的光波在振动方向和位相上都是随机的，因此两个独立光源不会产生干涉现象。获得稳定的光波干涉图样的办法是采用同一列波形成两个相干光源。双棱镜实验的巧妙构思就是用一个底边做在一起的双棱镜（图 4.12.13），由于棱镜的折射，由 $S$ 发出的波阵面被分成了不同方向传播的两部分，它们好像是由虚光源 $S_1$ 和 $S_2$ 发出的，因此在两列波的重叠区域产生干涉。只要夹角 $\alpha$ 比较小，就可以有较大的干涉区和条纹间距。

请思考：虚光源 $S_1$ 和 $S_2$ 的距离、干涉区和条纹间距的大小与夹角有什么关系？

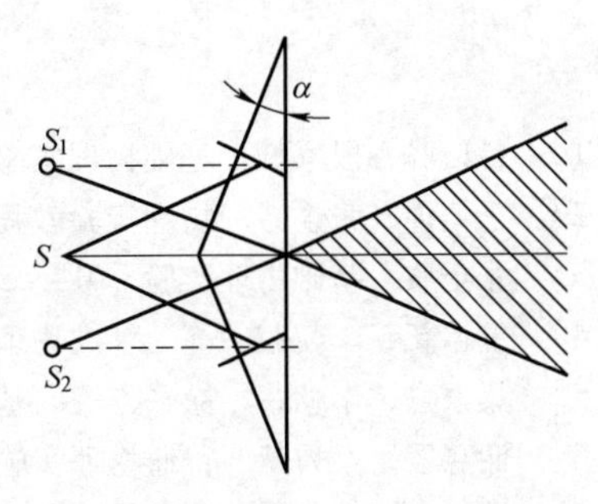


图 4.12.13　菲涅尔双棱镜

迈克尔逊干涉仪是一个设计非常巧妙的分振幅双光束干涉装置（图 4.12.1）。由光源发出的光，经分束镜分成相互垂直的两束光；它们反射回来又经分束镜相遇发生干涉。其光路实际上是在 $M_1$、$M_2'$之间形成了一个空气薄膜，并且这个薄膜的厚度和形状可以根据需要而变化。光源、物光、参考光和观察屏四者在布局上彼此完全分开，每一路都有充分的空间，可以安插其他器件进行调整处理，测量上有很大的灵活性。加上精密的机械传动和读数测量系统，迈克尔逊干涉仪构成了现代各种干涉仪的基础。它不仅在物理学的发展史上占有十分显著的地位，在现代的实验和计量测试中也有重要的应用价值。

迈克尔逊干涉仪既可使用点光源，也可使用扩展光源；既可观察非定域条纹，也可研究定域条纹；既可实现等倾干涉条纹，也可获得等厚干涉条纹。因此，在迈克尔逊干涉仪上可以进行各种干涉实验，观察到形状不同的干涉图样，有很高的教学训练价值。

做实验，仪器固然重要，但最根本的还是人。葛庭燧教授有一句名言："简单的仪器设备也能够得到重要的成果"㊀。关键是看你的基本功和灵活应用基础知识解决重要问题特别是前沿课题的创新能力。

---

㊀ 葛庭燧．扭摆的故事——简单的仪器与重要的结果［J］．物理，1992，1：9-16.

# 参考文献


[1] 吕斯骅，段家忯．基础物理实验［M］．北京：北京大学出版社，2002.
[2] 丁慎训，张连芳．物理实验教程［M］．2 版．北京：清华大学出版社，2002.
[3] 张士欣．基础物理实验［M］．北京：北京科学技术出版社，1993.
[4] 邬铭新，李朝荣，等．基础物理实验［M］．北京：北京航空航天大学出版社，1998.
[5] 梁家惠，李朝荣，徐平，等．基础物理实验［M］．北京：北京航空航天大学出版社，2005.
[6] 谢慧瑗，梁秀慧．普通物理实验指导：电磁学［M］．北京：北京大学出版社，1989.
[7] 陈怀琳，邵义全．普通物理实验指导：光学［M］．北京：北京大学出版社，1990.
[8] 林抒，龚镇雄．普通物理实验［M］．北京：高等教育出版社，1987.
[9] 赵凯华，钟锡华．光学：下册［M］．北京：北京大学出版社，1984.
[10] 李允中，潘维济．基础光学实验［M］．天津：南开大学出版社，1987.
[11] 张三慧，史田兰．光学近代物理［M］．北京：清华大学出版社，1991.
[12] 杨介信，陈国英．普通物理实验：电磁学部分［M］．北京：高等教育出版社，1986.
[13] 何圣静．物理实验手册［M］．北京：机械工业出版社，1989.
[14] MEINERS H F，et al. Laboratory Physics［M］. 2th ed. Hoboken：John wiley &Sons. Inc，1987.
[15] WHIILE R M，et al. Experimental physics for students［M］. London：Chapman & Hall ltd，1973.
[16] 刘智敏，刘风．现代不确定度方法与应用［M］．北京：中国计量出版社，1997.
[17] 翟国栋．误差理论与数据处理［M］．北京：科学出版社，2015.
[18] 钱政，贾果欣．误差理论与数据处理［M］．北京：科学出版社，2013.